闽三角城市群生态安全及海岸带生态修复研究丛书

面向韧性城市建设的高密度城区屋顶绿化规划研究——以厦门岛为例

左 进 董 菁等 著

科学出版社

北 京

内 容 简 介

快速城市化引发的高密度建设给城市可持续发展带来了巨大挑战，屋顶绿化作为绿色建筑技术，被认为是解决土地资源短缺与生态建设矛盾的有效措施。本书面向韧性城市建设中高密度城区的复杂问题，综合大数据计算与应用思想、新时代生态理性规划思想以及城市空间信息技术与机器学习等智能技术，提出在数据驱动下的高密度城区屋顶绿化规划方法体系。本书分为7章：第1章论述韧性城市建设下高密度城区空间环境特征、屋顶绿化需求以及关键问题；第2章提出高密度城区屋顶绿化规划理论方法（规划方法引领篇）；第3～6章分别针对屋顶绿化潜力评估、规划实施、效益评估的全系统规划流程，介绍相关规划技术与实践路线（规划技术支撑篇）；第7章阐述城市屋顶绿化公共政策体系（政策体系保障篇）。

本书可供城乡规划学、建筑学、风景园林学、遥感科学等相关领域的研究人员阅读参考，以及为从事城市建设、生态环境保护等工作的政府决策者提供参考。

审图号：厦S［2022］18号

图书在版编目(CIP)数据

面向韧性城市建设的高密度城区屋顶绿化规划研究：以厦门岛为例／左进等著．—北京：科学出版社，2022.10

（闽三角城市群生态安全及海岸带生态修复研究丛书）

ISBN 978-7-03-066586-7

Ⅰ.①面…　Ⅱ.①左…　Ⅲ.①屋顶-绿化规划-研究-厦门

Ⅳ.①TU985.12

中国版本图书馆CIP数据核字（2020）第211865号

责任编辑：杨逢渤／责任校对：樊雅琼

责任印制：吴兆东／封面设计：无极书装

科学出版社 出版

北京东黄城根北街16号

邮政编码：100717

http://www.sciencep.com

北京虎彩文化传播有限公司 印刷

科学出版社发行　各地新华书店经销

*

2022年10月第 一 版　开本：787×1092　1/16

2023年 6 月第二次印刷　印张：12 1/4

字数：300 000

定价：168.00元

（如有印装质量问题，我社负责调换）

左进

天津大学建筑学院副教授、博士生导师，天津大学建筑与城市科学研究院常务副院长、城乡历史保护与发展研究所副所长、城市更新与智能技术研究室主任。担任中国城市科学研究会韧性城市专委会委员、中国城市科学研究会城市更新专委会委员、中国建筑防水协会种植屋面技术分会专家委员会委员等。2020 年获天津市首批大数据优秀人才。长期从事城市更新与智慧社区建设、生态规划与遥感大数据应用、韧性城市与智能技术应用等研究与实践，先后承担了十三五国家重点研发计划课题（子项）、国家自然科学基金等 7 项国家级课题、6 项省部级课题，出版专著 4 部、译著 1 部，在 *Journal of Cleaner Production*、*Building and Environment*、《生态学报》等国内外重要学术期刊发表论文 50 余篇。2021 年获得第十七届天津市社会科学优秀成果奖三等奖，主持或主要承担完成的设计研究与实践获得全国优秀城乡规划设计一等奖 1 项、二等奖 1 项，省部级优秀城乡规划设计、优秀勘察设计一等奖 4 项、三等奖 3 项。

董菁

大连理工大学助理研究员、天津大学城乡规划学博士。研究方向为城市更新、韧性城市、生态规划。主持国家自然科学基金项目 1 项、省部级课题 1 项、市级项目 1 项，参与“十三五”国家重点研发计划课题、国家社会科学基金艺术学项目等多项重要科研课题。参与出版专著《遥感大数据智能计算》；以第一作者在 *Journal of Cleaner Production*、*Science of the Total Environment*、《生态学报》、《国际城市规划》等国内外重要学术期刊发表论文 10 余篇。参与完成的规划设计研究与实践获得全国优秀城乡规划设计二等奖 1 项，省部级优秀城乡规划设计一等奖 1 项、三等奖 1 项，大连理工大学学术成果奖（科技）二等奖 1 项。

序 /

城市化与气候变化是当前全球最为关注的话题，是21世纪城市规划面临的两大挑战。这一时期，为了应对城市问题、探索理想城市发展模式，韧性城市的治理理念应运而生。2020年11月，党的十九届五中全会审议通过的《中共中央关于制定国民经济和社会发展第十四个五年规划和二〇三五年远景目标的建议》首次提出建设“韧性城市”。习近平主席在2020年9月召开的联合国大会上表示：“中国将提高国家自主贡献力度，采取更加有力的政策和措施，二氧化碳排放力争于2030年前达到峰值，努力争取在2060年前实现碳中和”，而韧性城市是实现碳达峰、碳中和的重要路径。在城市环境方面，韧性城市强调通过城市更新、景观重建提升城市应对环境问题的能力。

目前我国正处于可持续发展转型的关键时期，城市环境面临着前所未有的挑战，这些挑战在高密度城区的体现更为突出。党和国家对此高度重视，党的十八大以来，我国推进了一系列生态文明体制重大改革，创新环境提升理念和模式，将城市环境问题的研究明确列入《中共中央 国务院关于加快推进生态文明建设的意见》《中共中央 国务院关于建立国土空间规划体系并监督实施的若干意见》《中共中央关于制定国民经济和社会发展第十四个五年规划和二〇三五年远景目标的建议》等一系列国家重大发展规划和政策中。从党和国家制定的一系列中长期发展规划和相关政策中可以看到，提升城市环境品质、加快韧性城市建设，是推动供给侧结构性改革的重要任务，是城市公民最直接的利益所在，是国家新时代生态文明建设的重大战略任务。

左进博士团队长期从事绿色屋顶与城市生态规划、韧性城市、城市更新等领域的研究与实践，尤其聚焦遥感大数据驱动下的高密度城区规划方法与应用实践。《面向韧性城市建设的高密度城区屋顶绿化规划研究——以厦门岛为例》一书是左进博士与其研究团队的重要成果。该书依托高分遥感、机器学习等智能技术的创新发展，面向高密度城区屋顶绿化建设的迫切需求，构建集“粒化（数据提取）—重组（指标计算）—关联（空间优化）”为一体的城市屋顶绿化规划方法，提出“潜力评估—规划实施—效益评估”的全流程规划技术体系，制定中国适宜地区城市屋顶绿化政策指导框架，为城市屋顶绿化的可持续发展提供理论与实践指引。

我乐见左进博士团队专著的出版，该书具有专业的规范性、结构的合理性、逻辑的严密性、方法的科学性、内容的系统性，它凝聚了作者多年教学、科研、实践的思考与体会。相信该书的出版能够促进城市屋顶绿化在各行各业的相互交流与进一步发展，早日实现屋顶绿化的规范化与标准化，助力碳达峰、碳中和，推进新时代国家生态文明建设。希望左进博士团队在今后的学术道路上不断探索创新。

骆剑承

中国科学院空天信息创新研究院　研究员

2021年1月于北京

前　言 /

快速城市化进程使高密度发展成为我国城市建设的现实选择，中国是高密度城区分布最集中的国家之一，这些地区主要集中在经济发达的城市密集区，如长江三角洲、珠江三角洲、京津冀、海峡西岸等城市群，它们集聚了全国近 78% 的人口，创造了超过 80% 的 GDP。在高密度城区，城市的人口膨胀、生态建设与用地和资源之间的矛盾等问题表现得更加突出，热岛效应显著、城市内涝严峻等环境问题比其他城市地区更加严重。如何最小化高密度城区建成环境的负面影响，成为推动城市向韧性可持续方向转型的当务之急。屋顶绿化作为生态修复与景观重建的绿色技术，是高效经济利用城市存量空间、解决生态建设与用地紧缺矛盾、提升高密度城区环境品质的有效途径。以屋顶绿化为突破口，利用其在缓解城市热岛效应、改善雨水径流调控等多方面对高密度城区环境的综合改善，探索科学规划实施的新方法、新路径，是提高环境问题应对能力、推进韧性城市建设的重要内容。

从全球范围来看，屋顶绿化技术越来越多地用于解决高密度城区的环境问题，受到不同国家的城市规划者、研究人员和决策者的关注。2019 年 12 月我国正式实施的《城市绿地规划标准》（GB/T 51346-2019）提出城市绿地系统专业规划根据城市建设需要可以增加立体绿化规划等专业规划，2019 年中国工程建设标准化协会公布由住房和城乡建设部科技与产业化发展中心主编的团体标准《绿色建材评价标准　屋面绿化材料》（征求意见稿），进一步推动屋顶绿化行业向产业化、集群化发展。然而，屋顶绿化相关研究主要集中在街区、建筑等中微观尺度，城市宏观尺度研究相对缺乏。城市屋顶绿化规划大多还停留在方法探索阶段，规划方法和技术手段都还缺乏必要的研究积累。目前仅上海、深圳、厦门等地开展了城市立体绿化专项规划的编制工作，极大地限制了城市屋顶绿化规划体系的建立，已成为我国高密度城区环境提升、韧性城市建设亟待解决的前沿性科学问题。

高分遥感与机器学习等智能技术的创新发展，使得快速、精准获取现势数据信息开展城市屋顶绿化规划研究成为可能。本书尝试基于多学科融合、多技术集成的研究，探索新时代韧性城市规划理念引导下如何构建高密度城区屋顶绿化规划方法，在此基础上，提出屋顶绿化规划的技术体系，并辅以合理的屋顶绿化推广政策体系，形成保障高密度城区屋顶绿化规划科学编制与有效实施的技术与政策体系。在技术层面，集成“潜力评估—规划实施—效益评估”的全流程规划技术体系，在政策层面，结合国际经验借鉴与因地制宜发展，构建我国适宜地区城市屋顶绿化推广政策体系框架，以期为城市屋顶绿化规划实施的科学分析、规划决策和实施行动提供有效的技术支持，从而促进城市韧性可持续发展、推动生态文明建设。

左　进

2021 年 1 月于天津

目　录 /

第 1 章
韧性城市与屋顶绿化

快速城市化引发的高密度建设给城市可持续发展带来了巨大挑战，成为科学界和公众关注的焦点。如何最小化高密度城区建成环境的负面影响，成为推动城市向韧性可持续方向转型的当务之急。屋顶绿化作为生态修复与景观重建的绿色技术，是高效经济利用城市存量空间、解决生态建设与用地紧缺矛盾、提升高密度城区环境品质的有效途径。因此，高密度城区屋顶绿化规划的科学研究，对于改善高密度城区环境问题、促进高密度城区可持续发展具有重要意义。本章首先通过介绍韧性城市建设背景下高密度城区的空间环境特征，提出城市屋顶绿化的迫切需求，并通过系统回顾相关研究揭示当前研究的不足之处，明确本书的关键问题与切入点。

1.1 韧性城市建设的时代背景

城市化和气候变化是当前全球最为关注的话题（Santamouris et al.，2015），是 21 世纪城市规划面临的两大挑战与基本思考。随着全球变暖，世界各地暴雨、高温、冰灾等极端天气频发，严重威胁城市发展。与此同时，20 世纪 50 年代以后世界城市化进程进入了快速发展时期（McLellan et al.，2016）。世界 50% 以上人口居住在城市地区，预计到 2030 年发达国家城市化水平将超过 80% （Antrop，2004）。快速城市化进程引发的空间结构失衡对环境产生了一系列的负面影响，如空气污染、雨水径流、城市热岛效应以及生物多样性减少。中华人民共和国自成立以来，经历了世界历史上规模最大、速度最快的城市化进程。据国家统计局最新报告，中国城镇常住人口从 1978 年的 1.7 亿人增加到 2018 年的 8.3 亿人，增长了约 3.88 倍；城镇化率从 1978 年的 17.92% 增加到 2018 年的 59.58%，用 40 年左右的时间完成超过 50% 的城市化率，这是一个高度“压缩型”的城市化进程（张京祥和陈浩，2010）。无论从需求侧的人口数量变化来看，还是从供给侧的城市建成区增长来看，我国的城市化进程已处于全球增长前沿（赵燕菁等，2019）。在这一史无前例的进程中，我国经历着突破自然法则的过程，其所蕴含的城市系统脆弱性和危机日益显现（肖文涛和王鹭，2019），突出表现如下：①气候脆弱性显著，如中国地表平均温度上升 0.9 ~ 1.5℃ （图 1-1）、部分城市暴雨洪涝灾害频发（汪光焘，2018）；②资源浪费严重，如城市存量用地挖潜严重不足；③环境问题严峻，如大气中 CO_2 含量增多、空气污染严重，中国 500 多个大型城市中只有不到 1% 达到世界卫生组织公布的《空气质量标准》

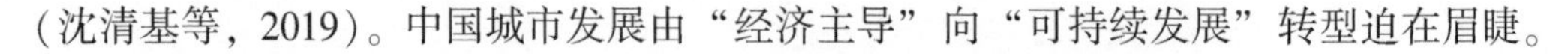

（沈清基等，2019）。中国城市发展由“经济主导”向“可持续发展”转型迫在眉睫。

图 1-1　1951 ~ 2019 年全国平均气温历年变化

资料来源：国家气候中心

为了应对城市危机和挑战、探索理想城市发展模式，强调在面对自然和社会的压力与急性冲击后可以凭借其动态平衡、自我修复等特性保持抗压、适应和可持续发展的韧性城市的治理理念应运而生（肖文涛和王鹭，2019）。2020 年 10 月 29 日，党的第十九届中央委员会第五次全体会议审议通过的《中共中央关于制定国民经济和社会发展第十四个五年规划和二〇三五年远景目标的建议》（简称《建议》）首次提出建设“韧性城市”。《建议》提出“加强城镇老旧小区改造和社区建设，增强城市防洪排涝能力，建设海绵城市、韧性城市”。在城市环境方面，韧性城市强调通过规划与城市更新改造提升城市应对自然灾害的能力，要求城市空间、基础设施在自然灾害后有较强的恢复能力，即生态韧性（陈利等，2017）。与此同时，习近平主席在 2020 年 9 月 22 日召开的联合国大会上表示：“中国将提高国家自主贡献力度，采取更加有力的政策和措施，二氧化碳排放力争于 2030 年前达到峰值，努力争取 2060 年前实现碳中和”，而韧性城市是走向碳中和的必然步骤，碳中和离不开韧性城市建设。由于城市的发展和经济增长是不可阻挡的，因此，关于与城市有关的环境问题解决战略将是今后几十年的优先事项，中国需要面向韧性城市建设，创造环境友好型城市。

1.2　高密度城区空间环境特征

1.2.1　城市发展呈现出高密度态势

21 世纪是世界城市化发展的时代，在城市化进程中由于人口增长的压力以及土地资源的限制，通过高密度的土地利用与城市空间的竖向开发来提高空间利用率是城市发展的必然趋势，高密度已经成为“新型全球生活方式”（杜兰，2011）。目前学术界还没有形成对高密度城市的统一量化标准。其中，李敏和叶昌东（2015）基于 Demographia（美国城市规划咨询机构）发布的 2012 年全球 1500 多个城市人口在 50 万人以上的统计数据开展的研究提出高密度城市的标准为 15 000 人/km^2；Burton（2002）提出集聚环境性能（表征紧凑城市紧凑度的指标）和紧凑度在人口密度为 16 800 人/km^{2}以下时呈正相关，高于此值则呈负相关。有鉴于此，本书高密度城市（城区）标准定为 16 000 人/km^2。根据 Demographia 在《世界城市群研究》① 中发布的全球人口超过 50 万的 1050 个已确定的城市建成区的人口、土地面积和人口密度，2020 年全球高密度城市共 44 个，主要分布在亚洲地区，其中印度最多（19 个），中国有 2 个（香港、澳门）；其余多分布在非洲地区（图 1-2）。高密度城市较少出现在欧洲、美国等西方发达国家和地区。一方面，城市化发展历程包括“城市化（中心城区人口和经济迅速增长）—郊区化（郊区人口增长超过中心城区）—逆城市化（中心城区出现衰落，人口净减少）—再城市化（中心城区复兴，人口重新回升）”，人口高密度化主要出现在城市化快速发展阶段（李敏和叶昌东，2015），发展中国家多处于快速城市化阶段，导致人口高密度化的快速发展。而西方发达国家已经经历过快速发展阶段，郊区化、逆城市化都进一步降低了人口密度。另一方面，发展中国家大部分处于工业化初、中期，第二产业占比大，劳动密集型行业以及较快发展的第三产业造成城市人口的大量聚集，促使城市人口高密度发展。

图 1-2　2020 年全球高密度城市分布示意图

资料来源：作者自绘

从世界范围来看，人口高密度向大城市、特大城市聚集是亚洲城市化的主要特征，因此一些亚洲国家的大城市比欧美具有更高的密度（史北祥等，2021）。作为世界最大的发

① Demographia. Demographia World Urban Areas［EB/OL］.［2021-11-15］. http://www.demographia.com/db-worldua.pdf.

展中国家，中国人口众多，城市化速率远超同时期的西方国家。然而，我国山地较多、可建设用地较少，在快速城市化进程中，城市中心人口基数大、用地资源紧缺与空间需求的矛盾使高密度发展成为自然的解决途径与我国城市建设的现实选择。以集中化的高密度开发模式为主的城市的人口规模、建设用地规模和建筑规模都呈现出膨胀式发展的趋势（李和平和刘志，2019）。中国是高密度城区分布最集中的国家之一（李敏和叶昌东，2015），这些地区主要集中在经济发达的城市密集区，如长江三角洲、珠江三角洲、京津冀、海峡西岸等城市群，它们集聚了全国近78%的人口，创造了超过80%的GDP（胡星和张苑，2020）。根据《中国城乡建设统计年鉴》，1980～2019年，全国城市人口由0.89亿人增加到4.35亿人，39年间增长了近39%。目前我国一些主要城市的中心城区人口密度均超过了高密度标准。根据我国各城市统计部门调查数据统计（表1-1），中国除北京、上海、广州、深圳等传统意义上的一线发达城市外，部分国家中心城市（如天津、重庆、武汉、西安）以及东部沿海城市（如南京、厦门、杭州）等近年来快速发展城市的中心城区均达到高密度城区标准，一些城市的中心城区人口密度甚至超过了标准的两倍。综上，我国快速发展城市的中心城区人口高密度化发展已经成为普遍趋势。

表1-1　中国部分大城市人口高密度城区

排序	城区	城区土地面积/km^2	人口/人	人口密度/(人/km^2)	年份
1	香港观塘区	11.27	664 100	58 926	2017
2	澳门半岛	9.30	525 450	56 500	2018
3	香港油尖旺区	6.99	333 600	47 725	2017
4	香港黄大仙区	9.30	420 600	45 226	2017
5	香港深水埗区	9.36	400 500	42 788	2017
6	香港九龙城区	10.02	411 900	41 108	2017
7	天津河北区	24.16	890 400	36 854	2018
8	天津和平区	9.79	353 700	36 129	2018
9	广州越秀区	33.80	1 178 900	34 879	2018
10	上海虹口区	23.48	797 000	33 944	2018
11	天津红桥区	17.44	567 300	32 529	2018
12	上海黄浦区	20.46	653 800	31 955	2018
13	天津河东区	30.85	978 000	31 702	2018
14	天津南开区	37.06	1 147 500	30 963	2018
15	香港东区	18.56	546 400	29 440	2017
16	西安碑林区	23.37	679 700	29 084	2018
17	天津河西区	34.23	992 400	28 992	2018
18	上海静安区	36.88	1 062 800	28 818	2018
19	重庆渝中区	23.71	660 000	27 836	2018

续表

排序	城区	城区土地面积 /km^2	人口 /人	人口密度 /(人/km^2)	年份
20	武汉江汉区	28. 29	729 700	25 794	2018
21	上海普陀区	54. 83	1 281 900	23 380	2018
22	北京西城区	50. 53	1 179 000	23 333	2018
23	香港葵青区	23. 34	507 700	21 752	2017
24	武汉硚口区	40. 06	868 700	21 685	2018
25	上海杨浦区	60. 73	1 312 700	21 615	2018
26	西安新城区	30. 13	641 300	21 284	2018
27	南京鼓楼区	53. 00	1 109 600	20 936	2018
28	深圳福田区	78. 66	1 633 700	20 769	2018
29	南京秦淮区	49. 11	997 600	20 314	2018
30	西安莲湖区	38. 32	768 600	20 057	2018
31	武汉武昌区	64. 58	1 282 800	19 864	2018
32	上海徐汇区	54. 76	1 084 400	19 803	2018
33	北京东城区	41. 86	822 000	19 637	2018
34	香港中西区	12. 54	241 500	19 258	2017
35	广州海珠区	90. 40	1 693 600	18 735	2018
36	香港湾仔区	9. 86	179 400	18 195	2017
37	广州天河区	96. 33	1 746 600	18 131	2018
38	上海长宁区	38. 30	694 000	18 120	2018
39	杭州下城区	29. 00	526 000	17 954	2018
40	厦门湖里区	68. 83	1 176 800	17 097	2017
41	广州荔湾区	59. 10	970 000	16 413	2018
42	厦门思明区	73. 71	1 205 000	16 348	2017

中国的快速城市化进程不仅表现在人口向城市中心区的高度聚集，还表现在物质空间层面的高强度开发，建筑高密度化也具有同步加快的发展趋势。高密度的建成环境已经成为我国城市建设的主要空间特征之一（史北祥等，2021），我国城市人口密度与建筑密度发展趋势基本一致（李和平和刘志，2019）。随着城市人口的快速增长，他们在必需的住房、就业及公共服务设施等方面面临巨大的压力。自 20 世纪 80 年代以来，中国正在经历一场规模宏大的城市化运动，城市特别是大城市的数量与规模在以空前未有的速度增长。从城市建设来看，1981 ~2019 年，全国城市数量由 226 个增加到 679 个，建成区面积也由 7438km^2增加到 60 312. 5km^2，增加了约 7 倍；房屋建筑面积由 15. 40 亿 m^2增加到 563. 88 亿 m^2，增加了约 36 倍（表 1-2）。以城市群为主要形态的城市化带来的城市群与建筑项目的大规模发展，已经显而易见成为中国建设的特征，也直接导致城市空间建设密度持续增大（董楠楠等，2016），形成高建筑密度、高建筑容积率、高层密集的城市物质建造环境。

我国初步形成的长江三角洲、珠江三角洲、成渝城市群等重要的城市密集区不仅是经济的主要增长点，还是人口聚集地、城市建筑集中建设区（李和平和刘志，2019）。总的来说，无论从我国城市人口数量增加的角度来看，还是从中国历年城市建设用地面积的数量级变化来看，城市高密度都是必然发展态势。此外，我国高人口密度、建筑密度的地区主要集中在经济发达且用地紧张的区域，与城市群格局发展趋势一致，而城市中心区则成为这些城市中密度最高且活力最大的核心区域。

表 1-2 中国历年城市数量及人口、建筑面积情况

年份	城市数/个	城区人口/万人	城区面积/km²	建成区面积/km²	城市建设用地面积/km²
1978	193	7 682. 0	—	—	—
1979	216	8 451. 0	—	—	—
1980	223	8 940. 5	—	—	—
1981	226	14 400. 5	206 684. 0	7 438. 0	6 720. 0
1982	245	14 281. 6	335 382. 3	7 862. 1	7 150. 5
1983	281	15 940. 5	366 315. 9	8 156. 3	7 365. 6
1984	300	17 969. 1	480 733. 3	9 249. 0	8 480. 4
1985	324	20 893. 4	458 066. 2	9 386. 2	8 578. 6
1986	353	22 906. 2	805 834. 0	10 127. 3	9 201. 6
1987	381	25 155. 7	898 208. 0	10 816. 5	9 787. 9
1988	434	29 545. 2	1 052 374. 2	12 094. 6	10 821. 6
1989	450	31 205. 4	1 137 643. 5	12 462. 2	11 170. 7
1990	467	32 530. 2	1 165 970. 0	12 855. 7	11 608. 3
1991	479	29 589. 3	980 685. 0	14 011. 1	12 907. 9
1992	517	30 748. 2	969 728. 0	14 958. 7	13 918. 1
1993	570	33 780. 9	1 038 910. 0	16 588. 3	15 429. 8
1994	622	35 833. 9	1 104 712. 0	17 939. 5	20 796. 2
1995	640	37 789. 9	1 171 698. 0	19 264. 2	22 064. 0
1996	666	36 234. 5	987 077. 9	20 214. 2	19 001. 6
1997	668	36 836. 9	835 771. 8	20 791. 3	19 504. 6
1998	668	37 411. 8	813 585. 7	21 379. 6	20 507. 6
1999	667	37 590. 0	812 817. 6	21 524. 5	20 877. 0
2000	663	38 823. 7	878 015. 0	22 439. 3	22 113. 7
2001	662	35 747. 3	607 644. 3	24 026. 6	24 192. 7

续表

年份	城市数/个	城区人口/万人	城区面积/km^2	建成区面积/km^2	城市建设用地面积/km^2
2002	660	35 219.6	467 369.3	25 972.6	26 832.6
2003	660	33 805.0	399 173.2	28 308.0	28 971.9
2004	661	34 147.4	394 672.5	30 406.2	30 781.3
2005	661	35 923.7	412 819.1	32 520.7	29 636.8
2006	656	33 288.7	166 533.5	33 659.8	34 166.7
2007	655	33 577.0	176 065.5	35 469.7	36 351.7
2008	655	33 471.1	178 110.3	36 295.3	39 140.5
2009	654	34 068.9	175 463.6	38 107.3	38 726.9
2010	657	35 373.5	178 691.7	40 058.0	39 758.4
2011	657	35 425.6	183 618.0	43 603.2	41 805.3
2012	657	36 989.7	183 039.4	45 565.8	45 750.7
2013	658	37 697.1	183 416.1	47 855.3	47 108.5
2014	653	38 576.5	184 098.6	49 772.6	49 982.7
2015	656	39 437.8	191 775.5	52 102.3	51 584.1
2016	657	40 299.2	198 178.6	54 331.5	52 761.3
2017	661	40 975.7	198 357.2	56 225.4	55 155.5
2018	673	42 730.0	200 896.5	58 455.7	56 075.9

注：①2005年及以前年份“城区人口”为“城市人口”，“城区面积”为“城市面积”；②2005年、2009年、2011年城市建设用地面积不含上海市；③数据不包括港澳台。

1.2.2　高密度城区空间资源紧约束

在城市高密度发展的背景下，人口、经济、文化、交通等要素的聚集、交织对城市空间的需求猛增，传统的空间拓展模式已经不能满足城市发展需要，高密度城区可利用建设用地紧缺成为不可避免的现实。在水平方向密集状态的制约下向空中或地下延展，高层、高密度与高效率的融合状态成为有关高密度城区城市形态研究的主流思想。与此同时，高密度城区一般位于城市的中心区等重点发展区域，区位优势、交通便捷直接导致高昂的土地价格。人口密集、土地紧缺、地价昂贵的现实使土地的紧凑化利用、项目的高强度开发、城市空间的立体化设计成为高密度城区城市开发的常态和空间利用的主要模式，也决定了高密度城区空间资源紧约束的典型特征，城市空间形态可以总结为高建筑容积率、高建筑覆盖率、低开放空间率。然而，高密度发展作用显著，却也存在各种各样的问题和挑战。由于人口、经济活动、社会和文化交流以及环境影响都越来越向高密度城区集中，这为其住房、基础设施、公共服务、健康、教育、工作、安全和自然资源的永续发展带来了巨大的挑战。高密度的城市建设与“经济主导”的发展模式使生态空间建设远滞后于城市开发，社会经济发展与人口、资源、环境、用地之间的矛盾在高密度城区的体现更为突出，环境灾害、极端气候灾害发生的概率大大增加，高温危害严重、城市积水频发、生物多样性减少、空气污染等环境问题愈加显著（Ng et al.，2011）。

不断有研究证明，建筑和其他工程结构对气候变化、环境问题负有很大一部分责任（Berardi，2012；Peuportier et al.，2013；Xiao et al.，2014；Raji et al.，2016）。高密度的建筑与硬质铺装地面吸收大量热量、人口集中及高消耗带来的热量累加等使得高密度城区的温度高于郊区，形成城市热岛效应。近些年来，无论是大城市还是中等城市，城市热岛效应都在逐渐增强，在高密度城区尤为显著（Amani-Beni et al.，2018）。城市热岛效应的负面影响包括死亡率上升、人体舒适度下降、物种组成和分布改变、地面臭氧浓度增加等（Norton et al.，2015），这些负面影响已逐渐成为严重影响人居环境和居民健康的重要因素。此外，快速城市化使城市不透水面面积增加，阻碍了正常的水循环，致使城市频发内涝现象。如何协调城市建设发展和生态环境保护，成为高密度城区今后发展的重要课题。因此，高密度城区的韧性城市建设是一个长期而艰巨的过程，有必要将可持续建筑实践、生态景观重建纳入高密度城区的韧性城市建设中，以帮助减少城市化的不利影响。

1.3 高密度城区屋顶绿化需求

高密度城区日益显著的环境问题导致了全球向可持续实践的转变，在城市地区引入绿色空间有助于最小化城市高密度化发展的负面影响，逐步绿化建成环境被认为是实现高密度城区韧性城市建设与可持续发展的基本要求（Oliveira et al.，2011）。但在快速城市化进程中，城市绿地建设远滞后于城市发展与居民生活需要。全球范围内的城市绿地正在减少，特别是亚洲和澳大利亚的高密度城区（Haaland and van den Bosch，2015）。一方面，在高密度城区高建筑覆盖率、低开放空间率的城市空间形态下，大规模建设绿地的用地条件有限，城市绿地表现出空间匮乏、分布破碎的典型特点；另一方面，高密度城区高昂的土地成本进一步限制了城市绿地的供给。高密度城区随着建设强度的增加与城市绿地空间建设表现出越来越多不易协调的矛盾。在空间紧约束与绿地建设矛盾突出的背景下，高密度城区屋顶绿化建设需求的紧迫性日益凸显。屋顶绿化成为在土地资源紧缺、土地成本高昂的条件下，经济、快速地建构绿色空间的有效途径。

1.3.1 空间紧约束与绿化矛盾凸显

1.3.1.1 绿地空间匮乏，空间分布破碎

在高密度城区土地资源有限、空间资源紧约束的情况下，与其他城市地区相比，新增

城市绿地困难重重。在此情况下，往往优先考虑生活、生产的基本需求，也就意味着可用于城市绿地建设的土地资源极为紧缺，绿地空间不断被蚕食。以天津市河东区为例，人均公共绿地仅 2.4m^2，远落后于天津城市总体规划中设定的 12m^2/人（董菁等，2018）。与此同时，当前城市绿地系统规划落地实施的客观限制性因素较多。具体而言，传统绿地系统规划致力于理想化空间形态布局，缺乏具体的坐标定位，在控制性详细规划编制过程中，受到现实利益冲突和总体规划对划定绿地空间的模糊性等方面影响，难以实现从“目标”到“指标”的转化（廖远涛和肖荣波，2012）。此外，对于具体绿地空间的落实缺乏行动指导，导致规划的绿地空间在变通实施中不断缩小。除了空间匮乏，高密度城区绿地空间现状还呈现出布局高度破碎的特征。一方面，人口集中的地区对交通设施需求增加，交通干道的廊道效应直接影响周边土地利用，使其向城市高价值用地转化，自然廊道受到挤压甚至消失；另一方面，人类活动对城市造成的高强度干扰导致土地利用呈现出高度复合趋势，加剧高密度城区绿地空间的破碎化程度（仇江啸等，2012）。

1.3.1.2　用地征收困难，交易成本巨大

区位良好、交通便捷、设施完善的高密度城区的支撑基础是高昂的城市地价（图 1-3）。因此，空间资源紧约束下的土地交易成本高昂可以认为是高密度城区绿地资源稀缺、空间分布破碎、绿色空间网络化布局实现困难的关键因素（Yu et al., 2014）。从城市经营角度看，水体、绿地等绿色空间不能为利益主体创造直接收益，而是间接提升周边经营性用地的“溢价”。换言之，绿色空间的建设费用与用地“机会成本”要以经营性用地的增值进行覆盖，孤立考虑绿色空间实施会面临“只投入、无产出”的财务悖论（苏平，2013）。财务上的困境削弱实施主体对城市生态环境的关注力，从根本上限制了绿色空间的供给。

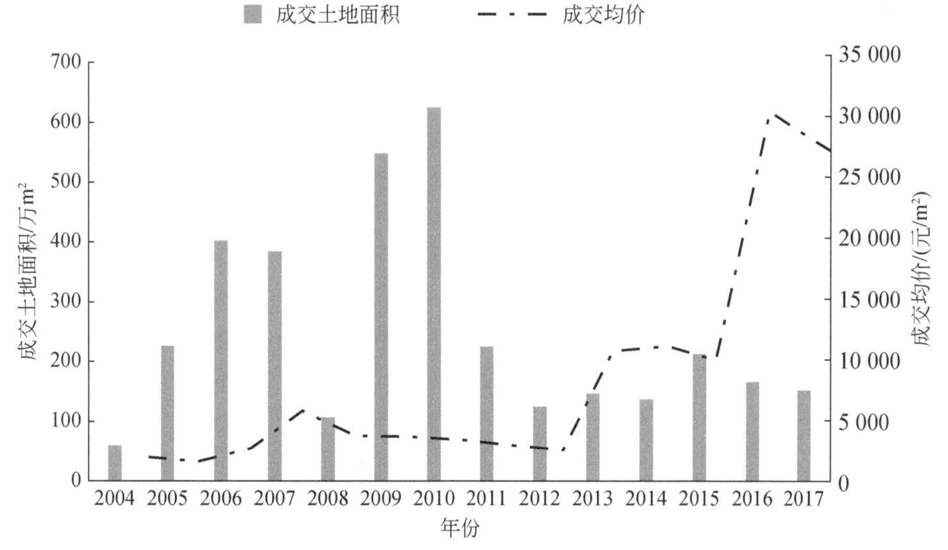

图 1-3　2004～2017 年厦门市商住用地成交走势

资料来源：作者根据厦门房地产市场年报相关资料整理绘制

传统城市规划基于工程学的增量规划进行绿色空间格局制定，其中暗含一个假设：城市产权是单一的，通过技术合理性构造理想化绿色空间布局。当前城市化 2.0 时期，在高密度老城区，面对城市已建成区的现状，通过简单的征地实施生态建设，往往因大量真实存在的复杂矛盾导致交易成本巨大、困难重重（赵燕菁，2014）。因此，在高密度城区，绿色空间的规划与实施需要充分了解并尊重城市已建成区现状，以低成本方式重新挖掘低效的存量空间资源。

1.3.2 屋顶绿化建设的需求紧迫性

1.3.2.1 空间绿化的引导力

一方面，长期以来高密度城区自身发展的特殊性（空间紧约束、土地成本高昂），导致其可用于绿化建设的土地资源十分有限，城市绿地建设较难在数量上有所突破（Alex and Jim，2012）。同时，为了减少建筑的能源消耗和污染物排放，有必要通过改造既有建筑对城市化程度较高、透水性较差的高密度城区进行干预。其中，最主要的方式是大规模采用节能和可再生能源技术（Mallinis et al.，2014）。建筑屋顶空间的生态化利用——屋顶绿化，作为绿色建筑技术，避免了高昂的拆迁费用，可以经济快速地增加城市绿量，对绿地系统形成有益补充，被认为是在有限的土地资源条件下，高效利用城市空间、缓解生态建设与用地紧缺矛盾、优化生态空间网络、改善城市生态环境、应对全球气候变化的重要干预技术（Karteris et al.，2016；Teotónio et al.，2018）和可持续建设最佳实践（Bianchini and Hewage，2012），是解决高密度城区环境问题、开展韧性城市建设的有效途径（Mahdiyar et al.，2018）。

另一方面，高密度城区的建筑屋顶区域通常处于闲置状态，以其为空间载体进行生态化改造不需要占用城市用地的额外空间，提供了一个低成本应用缓解技术的良好空间。此外，屋顶绿化作为环境友好的解决方案，不仅有助于改善与致密化城市扩张有关的问题，还会提供与其他类型绿色基础设施类似的益处（Vijayaraghavan，2016；Tabatabaee et al.，2019），在城市尺度上，包括缓解城市热岛效应、改善雨水管理、提高空气质量、增加生物多样性、降低碳排放等；在建筑尺度上，包括保温隔热、延长屋顶建材使用寿命、降低建筑能耗、减少噪声污染等。从全球范围来看，不同气候条件的国家先后提出并采用了屋顶绿化技术（Berardi et al.，2014）。在发达城市，屋顶面积约占城市不透水表面面积的 40%～50%（Stovin et al.，2012），其在高密度城区的比例更高，而目前我国建筑屋顶未利用现象普遍。因此，在中国高密度城区衔接绿地系统、利用空置的屋顶空间进行绿化改造应对环境问题，具有较大发展空间与可行性。总的来说，随着城市高密度、高强度、集约化的发展，屋顶绿化必然成为高密度城区绿地系统中不可或缺的组成部分，建设需求紧迫性不断提高。

1.3.2.2　政府政策的驱动力

除了绿色空间的建设需求，政府各部门也在积极推动城市屋顶绿化发展。从全球范围来看，屋顶绿化技术越来越多地用于解决城市高密度地区的生态环境问题，受到不同国家的城市规划者、研究人员和决策者的关注。尽管与传统方法相比，屋顶绿化的短期成本效益较低，但城市规模的实施可以大幅度降低成本，产生的效益远超过单体建筑，潜在的经济效益是巨大的。总体来说，在各种市场、地理位置和气候条件下，屋顶绿化的生命周期价值和财务回报被证明是一贯稳定的（Tabatabaee et al.，2019），这直接导致越来越多的国家、城市制定了屋顶绿化实施的强制性政策。欧美发达国家和地区的屋顶绿化已经形成了相对完善的政策体系，通过公共政策提供的政府工具和支持也正在推动城市屋顶绿化项目的增加（Irga et al.，2017），屋顶绿化经历着从单体建筑节能到解决城市环境问题的历程，空间格局也从零星分布演变为系统性的空中绿地。相比之下，屋顶绿化在中国的研究和实践相对滞后。

近些年，中国政府也在通过出台相关政策积极推广城市屋顶绿化，经历了从开始的方向引导到技术规程支持再到专项规划编制、专有标准制定（图1-4），屋顶绿化逐渐被提升到重要地位。2019年住房和城乡建设部发布的国家标准《城市绿地规划标准》（GB/T 51346—2019）提出城市绿地系统专业规划根据城市建设需要可以增加立体绿化规划等专业规划，并建议了城市立体绿化重点布局区域，上海、深圳、厦门等地也相继开展了城市立体绿化专项规划的编制工作；2019年中国工程建设标准化协会公布由住房和城乡建设部科技与产业化发展中心主编的团体标准《绿色建材评价标准　屋面绿化材料》（征求意见稿），进一步推动屋顶绿化行业向产业化、集群化、国家化发展。此外，各大城市也纷纷出台各种政策鼓励、推广屋顶绿化发展。例如，上海、深圳、厦门、重庆等城市纷纷修订城市绿化条例（《上海市绿化条例》《深圳经济特区绿化条例》《厦门经济特区园林绿化条例》《重庆市城市园林绿化条例》），进一步从法规层面明确了立体绿化的建设责任、义务和权利，将立体绿化提升到与地面绿化同等重要的地位。从国家到地方政府出台的一系列政策可以看到，中国政府已经开始将屋顶绿化建设作为推进城市生态修复、推动韧性城市建设的一项重要措施。

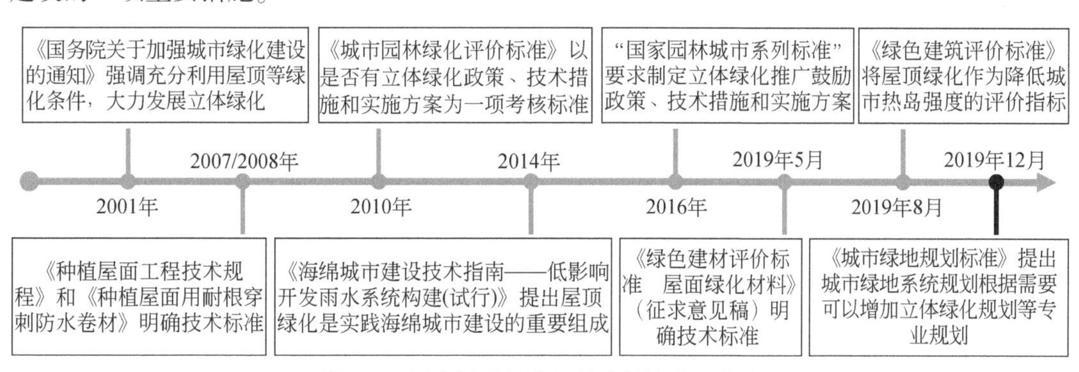

图1-4　国家屋顶绿化相关政策演进一览表

1.3.2.3 市场行业的行动力

(1) 技术革新

近年来，国内外学者对屋顶绿化的创新技术开展了大量研发与实践，取得了丰硕的成果，技术已经不是阻碍屋顶绿化发展的障碍（魏艳和赵慧恩，2007）。传统屋顶绿化以建筑屋顶平台为依托，进行蓄水、覆土、景观营造，对建筑的荷载、防水、防潮等要求较高，大规模推广困难重重。目前，大量研究集中在新型、低成本、创新性屋顶绿化产品设计的技术创新与研发攻关，促进其在节能、减排、安全、便利和可循环方面的性能提升。为了简化设计，增加屋顶绿化的实用性、可行性，国内外相关研发团队均纷纷开展了不需要额外结构支持的屋顶绿化模块研发——装配式轻型屋顶绿化（Jim and Tsang，2011；Sun et al.，2013；Vijayaraghavan，2016）（图 1-5）。在结构创新方面，装配式轻型屋顶绿化以种植容器为核心，集无土栽培营养基质、植物为一体（根据区域气候、环境特征培植植物），具有完善的排水、蓄水、通风、透气、隔热、保温、防漏、阻根等功能，一次性解决了传统屋顶绿化在建筑承重、建筑防水排水、防根穿刺、保温隔热等多方面的难题（韩丽莉等，2015），尤其适用于老旧建筑的屋顶绿化改造。在材料创新方面，装配式轻型屋顶绿化聚焦绿色环保与特殊气候应对，其产品组件采用的聚合物材料，具有 100% 可回收利用、耐盐碱、抗风揭等特性。

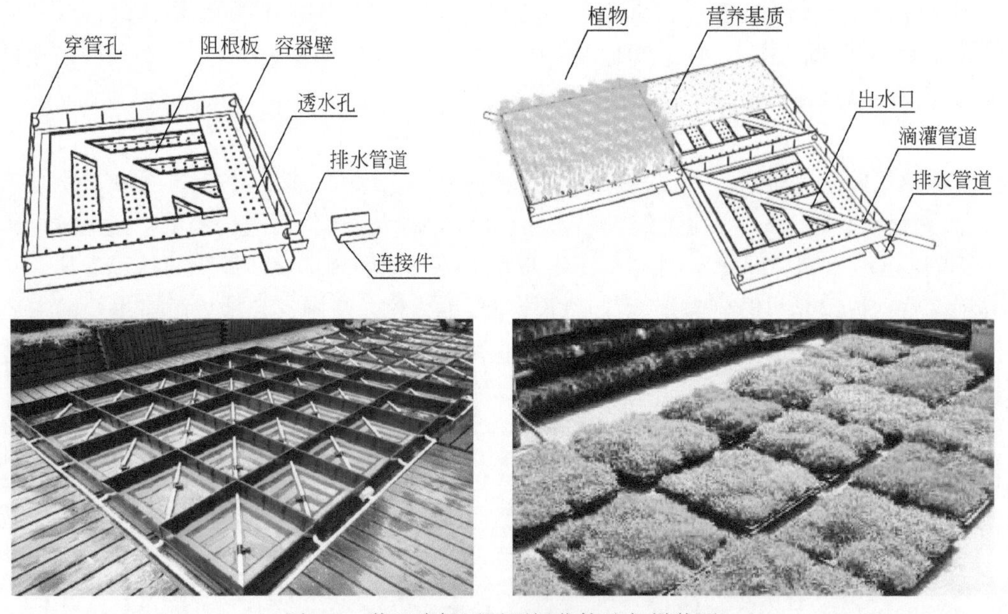

图 1-5　装配式轻型屋顶绿化构造与拼装图

资料来源：韩丽莉等，2015

(2) 发展创新

屋顶绿化产品技术的革新将会为城市屋顶绿化发展带来新的局面与方向。装配式轻型屋顶绿化产品的容器式、可移动、可装配、易养护、易维修、低成本特点与优势（Vijayaraghavan，2016），可以有效突破大规模城市尺度屋顶绿化建设可持续发展的应用瓶颈，实现屋顶绿化技术在新建建筑、既有建筑改造、试点示范工程等的综合应用。

1）易养护系统实现低成本运行。传统屋顶绿化施工进度缓慢，建造成本较高。而装配式轻型屋顶绿化的技术革新大幅度降低建造成本，以草坪式屋顶绿化为例，传统屋顶绿化建设成本达 300～700 元/m^2，装配式轻型屋顶绿化则为 250～300 元/m^2（韩丽莉等，2015）。更重要的是，当前屋顶绿化推广的核心问题在于后期的长期养护，传统技术屋顶绿化一般维护成本达 30～70 元/(m^2·a)，而装配式轻型屋顶绿化的低维护通过产品滴灌系统以自动滴灌方式保证水分供应，在雨水充沛区可以实现零管护。

2）模块化设计促进装配化施工。针对传统建筑绿化工艺烦琐、施工周期长的问题，以便于安装为目标，装配式轻型屋顶绿化产品运用模块化装配技术，遵循模数协调的原则，采用模块化、部品化、模数化设计方法进行屋顶绿化产品设计，将屋顶绿化构件模块按功能属性组合成标准单元，形成功能模块组合系统，实现屋顶绿化装配化施工、信息化管理、智能化应用的现代工业化生产方式。

3）标准化生产推动产业化发展。通过政产学研用一体化联合攻关，装配式轻型屋顶绿化产品在资源、环境等方面持续升级，并进一步转化为相关行业、团体等标准［如 2019 年由住房和城乡建设部科技与产业化发展中心主编完成的《绿色建材评价标准　屋面绿化材料》（征求意见稿）从资源、能源、环境和品质五类属性对屋顶绿化材料进行标准制定］，实现标准化设计、生产，推动行业向产业化、集群化、国家化发展。

1.4　屋顶绿化规划的关键问题

1.4.1　高密度城区屋顶绿化研究进展

国内外关于屋顶绿化的研究与实践主要从其应用、技术、效益、设计等层面展开（Williams et al.，2010；Vijayaraghavan，2016）。从研究尺度来看，整体上国内外对于屋顶绿化相关研究多针对街区、单体等中微观尺度开展探索。近年来，国际屋顶绿化研究正在从中微观尺度转向城市宏观尺度（Zhang et al.，2012），相比之下，中国缺乏对城市宏观尺度的研究（Hong et al.，2019）。从研究内容来看，随着城市化与气候变化导致的城市环境问题的恶化以及人们对人居环境的关注，屋顶绿化逐渐成为国内外研究的热点问题，相关研究从专注于设计和工程问题进一步转向环境和生态问题。而中国在城市化快速发展时期，城市环境问题尤为突出，因此，屋顶绿化相关研究也正在经历着从量到质的转变。相对而言，国内屋顶绿化相关研究仍处于初级阶段，并未形成全面的系统性的研究。从研究领域来看，系列研究成果表明屋顶绿化与城市环境关系密切，当前国内外屋顶绿化相关研究主要集中在环境科学、生态学与工程学领域，与城市研究、区域城市规划学科领域合作不足，应进一步加强交叉研究。简言之，如何将城市尺度屋顶绿化更好、更系统地应用于城市空间规划、城市环境改善等方面，将成为下一步亟待深入探索的理论与实践相结合的重点问题。

基于此，围绕本书研究内容的主要关注点，将既有研究中关于城市尺度屋顶绿化的相关研究总结为四个方面：城市屋顶绿化空间规划、屋顶绿化适建性评估、屋顶绿化生态效益评估、城市屋顶绿化政策研究。通过系统回顾揭示当前研究的不足之处，明确本书研究的关键问题与切入点。

1.4.1.1 城市屋顶绿化空间规划

国外趋向将屋顶绿化作为专项纳入城市发展规划，主要通过土地利用规划过程实现屋顶绿化建设，如通过规划审批要求新建项目包含屋顶绿化（Gary and Dusty，2019）。相对而言，国内对于城市屋顶绿化规划研究尚处于起步阶段。其中，上海、深圳等大城市率先开展了以立体绿化专项规划的规划定位、宏观分区、空间设计为主要内容的初步研究。Hong 等（2019）以中国典型的高度城市化地区深圳为例，通过区分既有建筑和新建建筑初步建立了屋顶绿化可施工性的评价方法，并根据评估结果，从空间和时间两个方面制定屋顶绿化的实施策略。陈柳新等（2017）结合深圳新一轮的城市绿地系统规划修编，探讨立体绿化在系统宏观规划中的角色和定位以及工作内容和深度，并针对深圳市立体绿化发展存在的问题提出相应的规划策略。韩林飞和柳振勇（2015）从宏观城市分区指引、中微观规划设计层面，探讨北京市屋顶绿化规划的设计重点与路径。许恩珠等（2018）在研究分析上海立体绿化专项发展规划的定位、框架、特色内容基础上，探讨高密度特大城市立体绿化宏观规划思路，并提出今后立体绿化规划编制及发展的思考建议。董靓和黄瑞（2014）以成都为例，从改善城市风环境、热环境的角度探讨城市尺度屋顶绿化的气候适应性规划问题。黄瑞等（2016）从“岛屿生物学理论”出发，结合城市屋顶面积、隔离度两类因子，探索基于景观阻力指数的成都市屋顶斑块网络规划。

总的来说，城市屋顶绿化规划既有研究多侧重于基于规划经验分析的实施策略探索，由于缺乏对屋顶绿化适建性评估以及效益评估等综合性方法的定量研究，这些方法难以科学地运用于城市实践，屋顶绿化发展普遍存在规划统筹缺失、实施困难的问题。城市屋顶绿化规划内容、技术尚在探索之中，其规划方法和技术手段都还缺乏必要的研究积累。

1.4.1.2 屋顶绿化适建性评估

在屋顶绿化改造实践中，合理评估既有建筑屋顶绿化的适建性是城市尺度屋顶绿化规划决策基础而重要的课题。然而考虑到高密度城区既有建筑的普遍存在以及屋顶属性数据获取的难度，其也成为进一步开展城市屋顶绿化规划的难点。现有关于屋顶绿化适建性评估方法的研究，多从单体建筑属性层面进行分析。例如，Wong 和 Lau（2013）通过焦点小组讨论和三维仿真模型，分析日照情况和屋顶结构两个变量，并通过谷歌影像手动识别屋顶设备，对香港旺角小型步行街区屋顶绿化改造潜力进行初步研究，但该方法存在主观定性分析，缺乏对屋顶绿化适建性的定量表征；Karteris 等（2016）提出基于地理对象的图像分析（GEOBIA）方法评估屋顶绿化实施潜力，建筑功能、结构、屋顶坡度、材料、设备面积是评估的主要因素；Santos 等（2016）以屋顶材料、面积、坡度、日照情况为评估因子，通过面向对象的图像分类方法以及激光雷达传感器获取的 3D 数据量化葡萄牙里斯本屋顶绿化的可增加值，但该方法只识别出满足屋顶绿化改造要求的建筑屋顶，没有进一步划分这些建筑实施屋顶绿化的优先级；此外，Wilkinson 与 Reed（2009）选取屋顶方向、高度、坡度、承载力等 8 项指标，邵天然等（2012）选取建筑年代、结构、构造、功能等 8 项指标，王新军等（2016）选取屋顶归属、建筑高度等 9 项指标作为屋顶绿化适建性评估指标；Tian 和 Jim（2012）的研究表明建筑密度、层数和裙楼面积等因素在香港空中花园空间分布中起重要作用，但这项研究的目的是探索已建屋顶绿化情况，而不是量化既有建筑屋顶绿化的潜力。

在部分结合建筑属性与城市环境因素的适建性评估研究中，Grunwald 等（2017）建立了一种基于 ArcGIS 的地图绘制和空间分析方法，该方法利用建筑矢量数据和数字高程模型计算屋顶坡度、面积区分适合开展屋顶绿化改造的建筑，并运用空气质量、生物多样性、城市热环境和雨水截留四个因素来衡量德国布劳恩施维克市屋顶绿化生态服务的空间差异和屋顶绿化的优先级。但最终整体评估单元的分辨率为 500m，是一个较为粗略的评估尺度；Silva 等（2017）选择建筑年代、屋顶坡度、建筑密度、绿地率、城市树木作为评估指标，以街道为评估单元，通过统计资料与实地目测估算获取的数据评估里斯本屋顶绿化改造潜力，此方法选取的指标之间具有显著的相关性，屋顶坡度等指标计算采用定性分析估算，未得到定量的准确结果，且建筑屋顶属性以街道为评估单元导致评估结果精度过低，无法准确对建筑进行适建性优先级排序；Hong 等（2019）选取建筑结构、屋顶坡度等 8 项指标，利用高分辨率遥感影像，通过传统的人工目视解译，对符合屋顶绿化施工要求的建筑进行判断，并结合潜在建筑屋顶的空间分布，考虑未来开发区域、建筑密度、绿化资源状况等因素，通过定性空间分析确定屋顶绿化实施重点区域。此方法对于宏观分区主要是基于经验分析的策略探索，科学定量研究不足。

总的来说，既有研究较多采用传统的人工调查以及粗略的官方统计调查等手段，效率较低、精准度不足。随着高分辨率遥感技术的发展，综合运用深度学习等技术方法，可以实现屋顶属性数据的快速、精准提取。此外，在既有的评估中，不同的指标变量通过 ArcGIS 方法简单地在空间上进行叠加，忽略了不同类型指标变量之间重要性的差异，通过假设各指标的权重相等或满足一定的先验比例，将主观分析隐藏在屋顶绿化适建性评估的简单空间叠加分析背后，这种评估方法很大程度上依赖于指标权重相等的假设。综上，对于城市屋顶绿化规划科学量化研究发展而言，如何客观量化评估指标、指标权重以及评估过程，构建屋顶绿化适建性评估的定量模型，是亟待解决的问题。

1.4.1.3 屋顶绿化生态效益评估

屋顶绿化生态效益研究包括缓解城市热岛（Yang and Bou-Zeid，2019）、改善雨水管理（Shafique et al.，2018）、降低建筑能耗（Besir and Cuce，2018）、提高空气质量（Goudarzi and Mostafaeipour，2017）、增加生物多样性（Williams et al.，2014）、减少噪声污染（Berardi et al.，2014）等方面。在实验室尺度、实测尺度和社区尺度的众多中微观尺度研究中，屋顶绿化的性能和效益得到了证明（Santamouris，2014）。其中，Tabatabaee 等（2019）的研究结果表明水文效应是屋顶绿化重要的生态效益，同时其有助于城市建成环境的可持续性，特别是通过屋顶绿化减轻高密度城区的热岛效应，其降温效益也是影响公众环境意识最主要的因素。

在水文效应研究方面，大量研究表明屋顶绿化在削减地表径流和峰值流量方面十分有效。但既有研究多针对建筑、街区空间的微观尺度，基于实际观测方法再现降雨-径流过程并探索其影响因子（Brudermann and Sangkakool，2017；徐田婧等，2019），关注不同屋顶绿化类型、结构的水文效应（Eksi and Rowe，2016）。受城市气候、降雨特征、屋顶绿化组成等因素影响，已有研究显示的屋顶绿化水文效应差别较大，径流量减少为10%～100%（刘明欣等，2017）、洪峰延迟为3～55min（王书敏等，2012）、洪峰流量减少为18%～100%（Fassman-Beck et al.，2013）。其中，Carter和Jackson（2006）、Zhou等（2019）在城区尺度使用径流曲线数（SCS-CN）模型分别模拟了佐治亚州雅典市、北京市中心城区的屋顶绿化水文效应，表明在不同重现期降雨事件中，屋顶绿化可以平均减少7.6%～7.9%的地表径流。因此，不同气候条件、空间特征的城市，屋顶绿化的水文效应可能不同，开展特定气候条件、降雨特征下的针对性研究，对目标城市水安全及屋顶绿化建设具有重要作用。虽然暴雨洪水管理模型（storm water management model，SWMM）等基于过程的水文模型研究近年来取得了一定的进展，但由于获取10km^{2}以上城市水文参数的成本和难度较高，屋顶绿化在城市尺度的水文效应研究受到限制（Zhou et al.，2019），大规模城市尺度的效益研究缺乏。

在降温效应研究方面，一项关于绿色基础设施降温效应的近期综述研究表明（Koc et al.，2018），目前国内外约2/3的研究（68.5%）分别调查了城市绿地（23.0%）和树木（18.8%）或者联合两者（26.7%）的降温效应，联合研究通常将树木作为城市绿地的一部分。相比之下，对于垂直绿化（11.5%）、屋顶绿化（9.7%）和水体（5.5%）的降温效应研究有限。此外，研究尺度取决于研究目的、研究区范围和气候类型，大多数文献在微观尺度上研究了屋顶绿化的降温效应，特别是屋顶绿化对街道峡谷与户外空间环境温度和热舒适性的影响（表1-3）。

表1-3　不同绿色基础设施类型降温效应尺度研究统计

绿色基础设施类型	尺度													
	微观		中观		宏观		中-宏观		宏-微观		微-中观		总计	
树木-绿地	▲	13	▼	12	◆	16	◇	1	▽	1	△	1	●	44
绿地	▲	5	▼	19	◆	11	◇	2	▽	1			●	38
树木	▲	27			◆	4							●	31
垂直绿化	▲	18			◆	1							●	19
屋顶绿化	▲	14	▼	1							△	1	●	16
水体	▲	1	▼	6	◆	2							●	9
多类型	▲	3	▼	1	◆	4							●	8
总计	▲	81	▼	39	◆	38	◇	3	▽	2	△	2	●	165

注：形状表示不同尺度信息，形状大小表示出版物总数信息。

资料来源：Koc et al.，2018。

关于屋顶绿化降温效应的研究方法主要有三大类：一是观察法，基于实际观测（包括现场监测、遥感）对比屋顶绿化建设前后温度的变化（Peng and Jim，2015）；二是统计建模和模拟法，通过单独建模模拟或结合现场观测、实验方法来验证、分析和预测不同屋顶绿化情景的温度变化（沈滢洁等，2017）；三是实验法，通过实验场地收集的测量结果分析屋顶绿化表面特性变化引起的降温效应（Koc et al.，2018）。现场实验表明所有植物都能显著缓解屋顶的温室效应（Cao et al.，2019），与传统屋顶相比，实施屋顶绿化的屋顶每日最高表面温度可降低 10～30℃（Yang et al.，2015），在建筑与街区尺度上的模拟显示了与现场实验一致的效益（Zinzi and Agnoli，2012）。Kohler 和 Kaiser（2019）最近的一项实际观测研究表明，在 20 年的时间里，一些学校建筑的屋顶绿化具有 1.5K 降温的稳定效果。

近年来，环境遥感在城市热岛效应研究中得到了频繁的应用，因为它能够在给定的时间内对城市尺度热环境进行全面的表征（Barbieri et al.，2018）。虽然环境遥感反演的城市地表温度不等于大气温度，但已有研究证实地表温度与近地面气温高度相关，地表温度已被广泛用于检验热岛效应与城市地表参数之间的关系（Voogt and Oke，2003；Yang and Bou-Zeid，2019）。迄今为止，对城市尺度屋顶绿化的降温效应研究较少（Yang and Bou-Zeid，2019）。在这个尺度上，建模模拟和统计分析被用来预测不同的绿化场景。模拟包括大气和城市冠层模型，如天气研究和预报 weather research and forecasting，WRF）模型以及 WRF 耦合城市冠层模型。Santamouris（2014）回顾了屋顶绿化的降温效应模拟研究，发现在城市层面实施屋顶绿化可以将平均环境温度降低 0.3～3K。同时，这些模拟大部分假设 100% 屋顶实施广泛型屋顶绿化（Sharma et al.，2016；Tewari et al.，2019），一些研究模拟了部分屋顶绿化实施情况，如 Li 等（2014）研究表明超过 30% 屋顶实施屋顶绿化可以实现近地面 2m 空气温度降低 0.2℃；Yang 和 Bou-Zeid（2019）研究发现在良好的条件下，绿化 25% 的屋顶可以使城市中心的温度降低高达 0.86℃；Imran 等（2018）研究表明通过实施 30%～90% 的屋顶绿化，地表温度降低 1～3.8℃；Huang 等（2019）发现 50% 屋顶采用屋顶绿化技术可使近地面 2m 空气温度下降 0.5℃。

总的来说，目前屋顶绿化降温效应研究主要集中在中观和微观尺度，缺乏对城市宏观尺度降温效应的有效探索。在宏观尺度上，多数研究通过假设不同屋顶绿化覆盖率的理论模拟开展评估，不能准确地刻画城市尺度屋顶绿化项目的实际降温效应，并且主要侧重于屋顶绿化自身区域的降温效应，对其缓冲区降温效应的扩展研究较少。与此同时，高分遥感等对地观测技术的快速发展，可以为城市尺度屋顶绿化的数据提取、降温效应的准确评估提供技术支持（Dong et al.，2020）。因此，有必要结合这些智能技术准确评估城市尺度的降温效应。

1.4.1.4　城市屋顶绿化政策研究

当前城市屋顶绿化政策的研究主要聚焦于国际发达国家屋顶绿化政策的类型和特点（主要是欧洲、北美国家）。Carter 和 Fowler（2008）评估了国际屋顶绿化政策，重点着眼于美国建设屋顶绿化的政策背景，并对选定的北美主要城市的现有政策进行分析，在讨论各类政策优缺点的基础上，将这些政策经验应用于佐治亚州雅典市，建议政策工具应该具有多样性和空间针对性。Liberalesso 等（2020）系统综述了用于促进屋顶和墙体绿化应用的国际公共政策。研究结果显示，政策主要集中在欧洲和北美，且多为屋顶绿化的推广政策，没有专门促进墙体绿化发展的公共政策，财政补贴和法律义务是促进屋顶和墙体绿化的最常见方式。谭一凡（2015）对国内外屋顶绿化政策的政策背景、法律框架、政策类型进行了研究，并分析了国外成功政策案例。研究表明国外屋顶绿化的快速发展有赖于政策的支持，鼓励性与强制性政策的结合是屋顶绿化可持续发展的基础。此外，马力和李智博（2018）、孟晓东和王云才（2016）分别对国内外立体绿化发达城市的公共政策进行对比研究，从国际经验出发总结我国推广政策的问题，并简要提出优化方向与策略。

另一个核心主题是城市屋顶绿化政策实施的有效性探索。Irga 等（2017）研究了澳大利亚部分发达城市屋顶绿化项目的分布情况以及地方政策制定对促进屋顶绿化推广的影响。表明地方政府的政策工具与屋顶绿化的实施密切相关，政策支持可以增加屋顶绿化项目的实施力度。在另一项研究中，Tassicker 等（2016）通过文献回顾和半结构化访谈，批判性地分析了澳大利亚屋顶绿化行业的发展状况，强调政府应该通过完善屋顶绿化公共政策更好地鼓励城市采用屋顶绿化。此外，屋顶绿化率相对较高的城市（如斯图加特和德国的其他城市）清楚地表明了政策干预的有效性，尤其是在大量新建筑正在建设的城市扩张或城市更新时期（Brudermann and Sangkakool，2017）。

综上所述，城市屋顶绿化政策研究在国际发达地区开展较多，而发展中国家的屋顶绿化建设还处于起步阶段，有效的政策引导对此阶段的屋顶绿化发展至关重要。作为最大的发展中国家，我国政府已出台了一系列旨在推进屋顶绿化建设的公共政策，但尚缺乏对这些政策的全面评估，政策框架体系尚未建立。因此，有必要对我国屋顶绿化政策开展系统深入的研究。

1.4.2 高密度城区屋顶绿化问题聚焦

1.4.2.1 屋顶绿化缺乏系统性研究，规划范式有待创新（方法问题）

面对生态空间稀缺、土地资源紧缺的现状，高密度城区已经进入土地集约利用发展阶段。在此阶段，屋顶绿化是城市绿化的重要形式。同时，自上而下的空间规划引导是城市尺度屋顶绿化统筹发展的基本前提。然而，中国城市屋顶绿化规划研究尚处于起步阶段。一方面，从研究对象看，屋顶绿化是以各种建筑物屋顶作为空间载体的绿化形式，其规划建设要综合考虑载体建筑属性、屋顶实施难易度、城市发展诉求等问题，相较于地面绿化具有“在地实践”的复杂性；另一方面，从既有研究看，当前屋顶绿化相关研究与实践主要聚焦于街区、建筑单体等中微观尺度，缺乏对城市宏观尺度的研究。部分已有的城市屋顶绿化规划还未充分重视屋顶绿化的系统性研究，屋顶绿化规划方法和技术手段都还缺乏必要的研究积累，主要表现在依赖经验主义和定性研究、基础调查数据时效性差、技术手段过于单一等方面，规划方法科学性有待提高，当前的屋顶绿化规划难以科学地运用于城市实践。总的来说，目前城市尺度屋顶绿化规划系统性、全面性研究不足，缺乏规划范式的科学引导。面向高密度城区屋顶绿化建设的迫切需求，建立系统、科学的城市屋顶绿化规划方法，是当前高密度城区屋顶绿化规划科学编制与有效实施的重要基础。

1.4.2.2　规划精准评估不足，大规模量化表征亟待突破（技术问题）

数字化时代城市屋顶绿化规划的科学编制与管理，需要在高密度城区精细空间场景中开展定量化空间研究。一方面，潜力评估（屋顶绿化适建性评估）是开展高密度城区屋顶绿化定量规划的数据支撑，目前针对屋顶绿化适建性评估研究问题已开展了部分基础性工作，有必要实现从单体建筑到城市区域的尺度转变和从定性判断到定量评价的技术转型。其中，相关指标与权重是进行屋顶绿化适建性评估的重要参数，如何开展关联指标的定量计算与科学评估是承前启后的关键所在。然而，传统技术条件下屋顶属性信息获取成本高、更新频率低、指标赋权主观性大，精确表达和快速计算城市大规模屋顶绿化适建性较为困难，以上问题增加了关联指标与适建性定量表征的难度；另一方面，效益评估是提升高密度城区屋顶绿化规划编制与实施有效性的重要方法。然而，迄今为止，大多数文献在中微观尺度上研究了屋顶绿化的生态效益，对城市尺度屋顶绿化的生态效益研究较少。随着高分遥感等对地观测技术与机器学习等信息提取技术的创新发展，快速、精细获取现势数据信息开展城市尺度屋顶绿化量化评估成为可能。鉴于此，在智能化技术支撑下，如何实现对城市尺度屋顶绿化适建性以及生态效益的量化表征，是开展屋顶绿化规划定量研究与应用的瓶颈所在。

1.4.2.3　屋顶绿化规划编制滞后，政策制度体系待完善（政策问题）

目前我国城市建筑屋顶未利用现象普遍，中国各城市屋顶绿化建设普遍呈现规模小、布局分散、整体发展缓慢的现状，未能形成具有一定规模效应的综合示范项目，发展模式亟待从单体建筑探索向片区示范转变（陈柳新等，2017）。在德国，目前有超过14%的平屋顶建筑采用屋顶绿化技术（Saadatian et al.，2013）。而中国深圳2015年屋顶绿化率仅为0.6%（陈柳新等，2017），北京截至2014年底中心城区屋顶绿化仅占既有建筑屋顶总面积的1%（韩林飞和柳振勇，2015）。在屋顶绿化推广方面，欧洲国家政府通过提供资金支持、进行适当的监管，为促进屋顶绿化发展做出了重大贡献，表明了政策干预在产生预期效果方面的有效性。而在中国，仅上海、深圳等一线发达城市开展了屋顶绿化专项规划的编制工作，大量城市普遍存在屋顶绿化专项规划缺位、规划编制率（覆盖率）低、规划编制工作滞后的问题。因此，在借鉴国外相关经验的同时结合中国国情对城市屋顶绿化政策体系进行完善，是保障高密度城区屋顶绿化规划实施有效落地的关键。

1.5　气候分区与研究范围界定

气候条件决定性地影响着城市屋顶绿化的生存状态，在屋顶绿化推广方面占据国际领先地位的欧洲国家大多属于温带海洋性气候。中国气候类型包括温带季风气候、温带大陆性气候、高原山地气候以及亚热带季风性湿润气候（图1-6）。从全球范围来看，对应目前国际屋顶绿化发展良好城市的气候类型可知，在中国的气候类型中，除高原山地气候外的其他气候类型，通过适宜当地气候条件和环境的植物培植，屋顶绿化植物均可以实现良好生长，并在国际上得到了推广应用。因此，在中国除高原山地气候外的上述气候类型地区开展屋顶绿化研究与实践推广具备可行性。

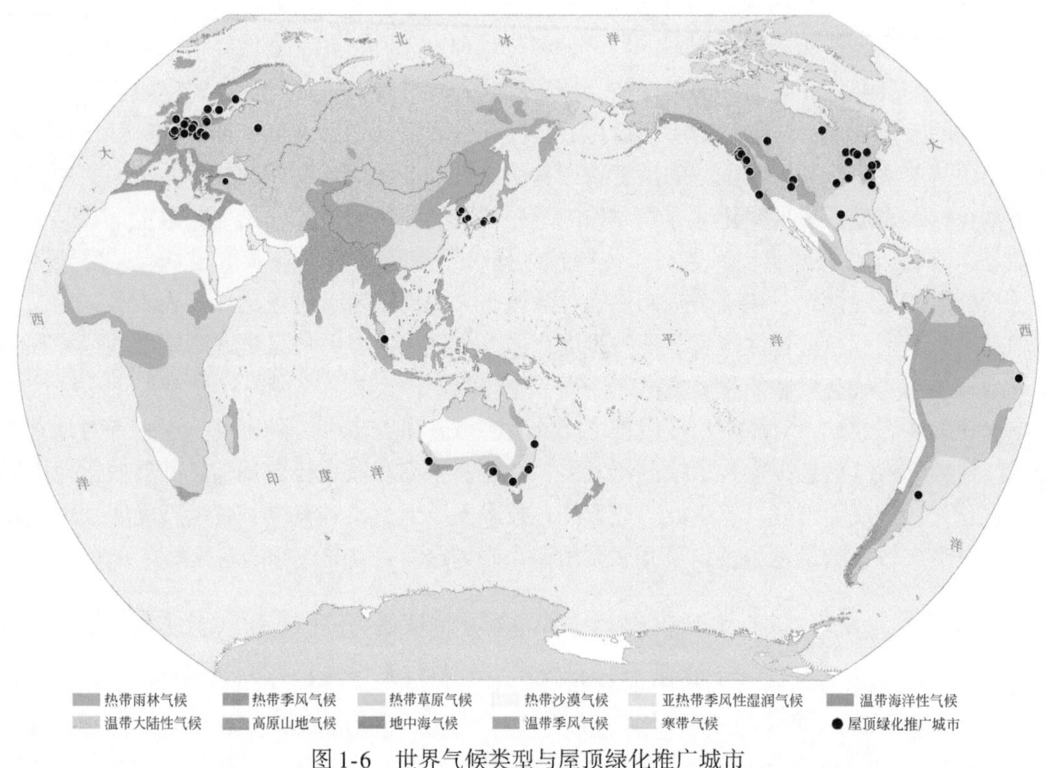

图1-6　世界气候类型与屋顶绿化推广城市

为了使建筑更充分地利用和适应我国不同的气候条件和地域特点，国家标准《建筑气候区划标准》（GB 50178—1993）、《民用建筑设计统一标准》（GB 50352—2019）将中国划分为7个气候区（图1-7）。屋顶绿化作为建筑的附加设施，应满足标准的要求。综合气候适宜性，屋顶绿化技术在中国的推广优先考虑以防热为主的Ⅲ区（夏热冬冷地区）、Ⅳ区（夏热冬暖地区）、Ⅴ区（温和地区），其次是以耐旱、抗寒和防风为主的Ⅱ区（寒冷地区）。从目前中国的屋顶绿化实践来看，这四个气候区都在积极推广城市屋顶绿化，其中属于寒冷地区的北京、山东等地也在大力促进屋顶绿化建设（图1-8）。

一方面，从国际经验可知，实施屋顶绿化政策最有效的地区通常是高密度城区，这些地区往往对应着高度城市化导致的城市环境问题以及高比例的屋顶面积、大面积不透水区域（Carter and Fowler，2008）；另一方面，从国家政策要求来看，2019年住房和城乡建设部发布的国家标准《城市绿地规划标准》（GB/T 51346—2019）提出城市立体绿化重点布局区域包括：“①建筑密度高、绿化覆盖率低、热岛效应严重的旧城区；②城市新区的重点景观区域；③具备条件的教育科研、公共服务和行政办公区……”。综上，本书的研究

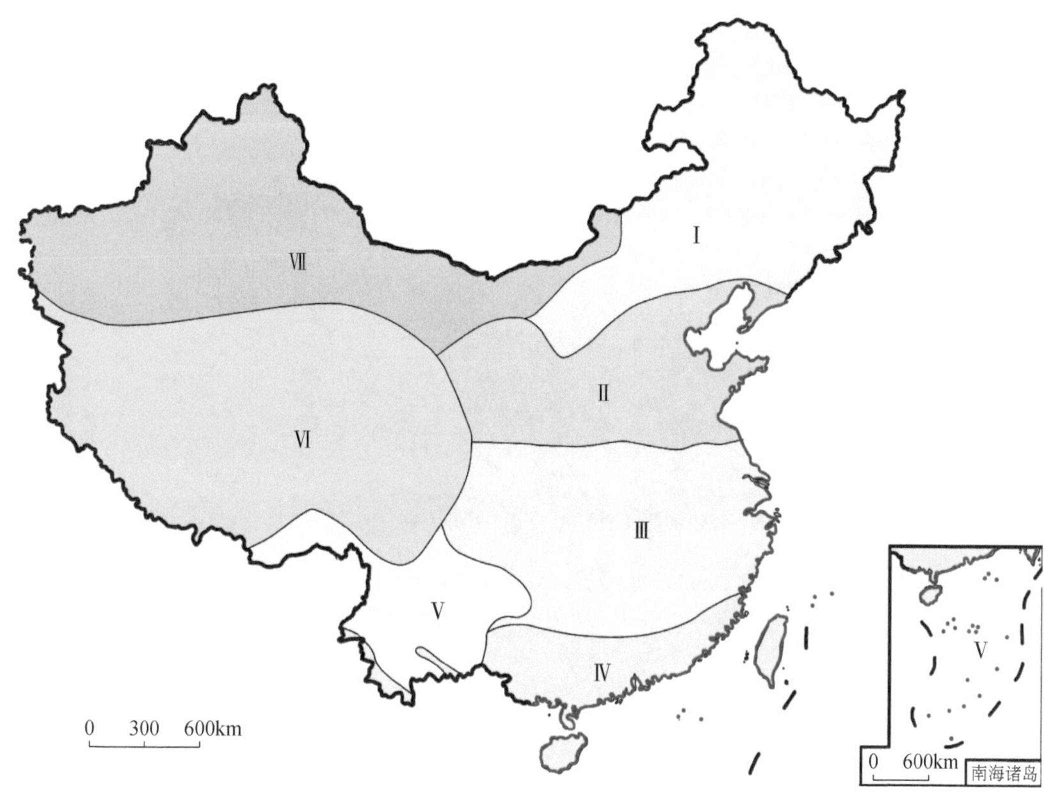

图 1-7　中国建筑气候区划标准

Ⅰ区（严寒地区）：冬季防寒、保温、防冻；Ⅱ区（寒冷地区）：冬季防寒、保温，夏季防热，防暴雨；Ⅲ区（夏热冬冷地区）：夏季防热、通风降温；Ⅳ区（夏热冬暖地区）：夏季防热、通风、防暴雨；Ⅴ区（温和地区）：湿季防雨和通风；Ⅵ区（严寒、寒冷地区）、Ⅶ区（严寒地区）：冬季防寒、保温、防冻。

范围界定为中国建筑气候分区Ⅱ区、Ⅲ区、Ⅳ区、Ⅴ区的高密度城区，并以属于Ⅳ区的厦门岛作为典型研究区域。这里需要说明的是，不同气候区屋顶绿化产品类型、植物种类各有不同，但各气候区城市屋顶绿化规划的整体规划方法与技术路线一致。

选取厦门岛作为研究区开展高密度城区屋顶绿化规划系列研究具有良好的典型性。自1980 年国务院正式批复设立厦门经济特区，对外开放政策实行 40 多年以来，厦门作为海峡西岸城市群五大中心城市之一，凭借优越的地理位置和完善的基础设施，历来是福建经济最具有活力的地区之一。此过程中厦门的政治经济中心厦门岛经历了快速的城市化进程，成为厦门市经济发展的战略核心。在快速提升经济社会发展水平的同时，厦门岛土地资源的强烈约束与快速增长的空间需求之间的矛盾十分突出，厦门岛面临着日益严峻的生态资源的胁迫压力，成为环境问题最为集中的敏感区域，绿色空间网络化缺失、热岛效应显著、内涝问题严峻。

在此背景下，如何缓解社会经济发展与生态环境保护之间的矛盾、推动韧性城市建设已成为厦门岛未来发展的核心议题。

图 1-8　山东日照丁肇中科技馆屋顶绿化实景图

资料来源：湖南尚佳绿色环境有限公司提供

第一篇　规划方法引领篇

第2章
高密度城区屋顶绿化规划理论方法

第1章从整体上对当前韧性城市建设的时代背景、快速城市化带来的高密度城区空间环境特征、屋顶绿化建设需求、屋顶绿化研究进展以及由此引出的屋顶绿化规划的关键问题进行了系统阐述，认识到城市屋顶绿化系统性研究不足，指导屋顶绿化规划的价值观、思想方法和工作方法的规划范式有待创新（方法问题）；传统技术条件下难以精确表达和快速计算城市大规模屋顶绿化适建性与生态效益，规划精准评估不足，指标量化表征亟待突破（技术问题）；当前大量城市普遍存在屋顶绿化统筹缺失、规划编制工作滞后的问题，政策制度体系有待完善（政策问题）。不限于此的一系列问题，都亟待在城市规划转型的新思维指导下对高密度城区屋顶绿化规划的理论、技术和政策进行一次系统的提炼，以突破大规模城市尺度屋顶绿化科学规划、可持续发展的应用瓶颈。本章首先在新时代城市规划转型背景下，提出以生态理性规划范式作为系统开展高密度城区屋顶绿化规划的理论基础（对应为2.1节内容），并以此理论基础为指导，将遥感技术、机器学习技术、ArcGIS空间分析技术等进行有机协同，构建一套数据驱动的包含“粒化（数据提取）——多重尺度的分层构建”“重组（指标计算）——数字量化的融合测算”“关联（空间优化）——人机互动的协同决策”规划方法框架（对应为2.2节内容）；再对应技术支持层面，提出三个依次递进的高密度城区屋顶绿化规划的全流程技术体系，主要包括“潜力评估——既有建筑屋顶绿化适建性评估”“规划实施——绿色网络空间优化与策略制定”“效益评估——屋顶绿化生态效益定量化评估”（对应为2.3节内容）；最后对应政策保障层面，重点阐述开展城市屋顶绿化公共政策保障体系构建的具体思路，从规划技术方法实现深入到实施政策保障（对应为2.4节内容）。

其中，以2.1节高密度城区屋顶绿化规划的理论基础为指导，2.2节高密度城区屋顶绿化规划方法框架的提出，回答了第1章中提出的关键问题一（方法问题）；2.3节（对应研究内容第3~第6章）高密度城区屋顶绿化规划基本流程，是对高密度城区屋顶绿化规划的技术支持，回答了第1章中提出的关键问题二（技术问题）。具体来说，2.3.1节（对应研究内容第3章）高密度城区既有建筑屋顶绿化适建性评估，是后续研究内容的前提和基础；2.3.2节（对应研究内容第4章）高密度城区绿色网络空间优化与策略制定，是对2.3.1节中构建的屋顶绿化适建性评估模型进行应用检验，并协同城市绿地开展绿色网络空间优化研究，两者回答了第1章提出的关键问题二中城市大规模屋顶绿化适建性关联指标定量表征困难、指标赋权主观性大这一问题；2.3.3节（对应研究内容第5、6章）

高密度城区屋顶绿化生态效益定量化评估，是对城市尺度屋顶绿化实施后的效益评估，回答了第1章提出的关键问题二中缺乏城市尺度屋顶绿化的生态效益研究这一问题；2.4节（对应研究内容第7章）城市屋顶绿化的公共政策保障体系，是对上述设计的规划技术体系制定的政策保障，回答了第1章中提出的关键问题三（政策问题）。具体对应关系如图2-1所示。

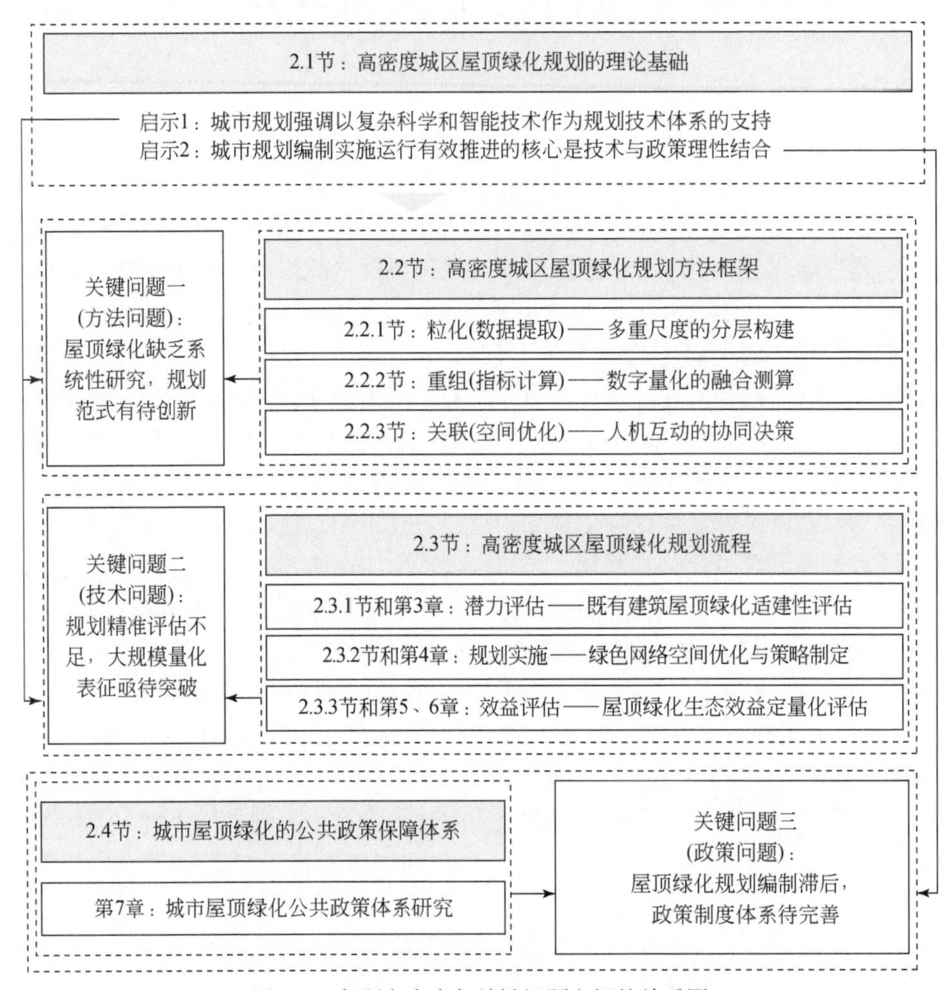

图2-1　各研究内容与关键问题之间的关系图

2.1　高密度城区屋顶绿化规划理论

2.1.1　新时代城市规划的转型发展

新时代城乡规划学科的发展已经进入全新的阶段。一方面，城市规划从增量开发到存量经营的转变增加了规划编制的复杂性，同时，人类环境意识的觉醒以及对自然认知态度的转变，使城市规划领域向全新、系统的方向递进；另一方面，在第四次工业革命引发的科技飞速发展新形势下，备受各领域关注的智能技术对城乡规划学科发展产生深刻影响，要求坚持科学性、精准性、实用性紧密结合，高标准、高水平、高质量推进规划的编制。由此，新时代下的城市规划面临转型发展，一方面，数据在城市规划中的应用不断增强，数据驱动概念也在不断拓展；另一方面，跨学科、系统性的城市研究已经成为常态性的研究方式，城市规划师需要应用新兴技术，通过空间资源的合理配置实现可持续的人居环境建设（龙瀛和张恩嘉，2019），城市规划的精准性、定量化和科学性评估水平也将逐步提升。在多平台对地观测、互联网以及人工智能等技术日益发展的背景下，运用智能技术开展的城市研究创新成果不断涌现。然而，当前的研究在应对可实施性的城市规划和建设方面仍然缺乏相对完善的方法论支撑，缺少全面性、系统性的思维。而在技术层面，大数据、人工智能等智能技术与城市规划的结合也才进入起步阶段。如何构建新时代城市规划的理论逻辑、技术方法和政策体系，如何重构符合可持续发展需要的城市规划新范式，是当代城市规划人面临的问题和重大挑战。

2.1.2　城市规划生态理性规划范式

在此背景下，王建国院士提出了第四代数字化城市设计范型，旨在实现“从数字采集到数字规划设计，再到数字管理”的智能化目标。在数字化技术集成的支持下，开展多源数据获取分析、模型建构和综合运用，解决复杂的城市资源空间配置问题，具有多尺度规划对象、设计方法量化以及人机互动设计等典型特征（王建国，2018a，2018b）。此思想与吴志强院士提出的生态理性规划范式高度契合。吴志强院士强调复兴中华的整体复杂思维和生态理性逻辑是解决城市复杂生命系统的有力思想方法，并在吸收这些营养的基础上，提出了新时代背景下城市规划的生态理性规划范式（吴志强，2018a）。本节首先从以下两个方面详细论述新时代城市规划的生态理性规划范式的思想逻辑，第一部分阐述将中华文明的生态理性思想纳入生态文明建设下城市可持续发展中的必然性，第二部分论述复杂科学与智能技术发展下新时代城市规划中生态理性规划范式的关键点。

2.1.2.1　中华理性的思想源泉

传统理想导向的城市规划依赖经验主义和定性研究，并且由于逐利性的驱动，只关注个体利益、短期利益，导致城市面临自然失和、系统失衡、传承失续等一系列不可持续问题。因此，城市规划进入到新时代，思想逻辑需要变革，应该以更长远的眼光、更广泛的维度思考全球面对的城市问题，探索城市规划理性思想内核。相较于以精确因果、可重复实验为特点的西方理性，中华理性具有更深层次的整体复杂思维和生态理性逻辑，其本质是生态思维、系统思考、复杂关联，是解决城市复杂问题的有力思想方法（吴志强，2018a）。中华理性具有六大典型特征，对城市规划起到重要的指导作用：①整体性，意味着城市规划进入系统整合阶段；②包容性，表现在城市规划呈多学科交叉融合的趋势；③平衡性，体现城市多元系统的协调发展；④规律性，意味着城市规划应不断挖掘城市发展规律；⑤生态性，强调充分尊重大自然，能动地适应、有效地利用、合理地改造；⑥永续性，表现在城市规划重要的可持续发展理念（吴志强，2018a）。总的来说，中华生态理性内核与城市规划的科学性密切相关，包含规划的指导思想科学、基础资料精准可靠、指标充分合理、规划结果符合城市发展规律。以“天人合一、系统和谐、代际永续”为导向的中华生态理性思考城市复杂问题，构建具有中华理性的规划价值观、思想逻辑和工作方法，是对传统理想导向城市规划的改善，也是实现城市可持续发展的时代要求。

2.1.2.2 生态理性规划范式关键点

在吸收中华文明中整体复杂思想和生态理性思维营养的基础上，吴志强院士提出了新时代背景下城市规划的生态理性规划范式。以中华理性为思想源泉构建的新时代生态理性规划范式具有三大关键点（吴志强，2018a）：①可持续性目标。针对生态、社会、经济面临的可持续发展问题，以生态文明建设为目标导向，以充分认识城市、尊重城市生命为根本前提，不断发掘城市发展规律，最终实现城市化关键过程和城市未来的永续统筹协调、可持续发展。②数据驱动方法。生态理性规划范式把复杂科学和智能技术作为规划技术和思想体系的支持，核心是充分获取和分析映射城市的多源数据，支撑对城市现势的全面认知；充分解析数据后的城市状态，厘清空间组织、发展趋势变化，强调面向未来的精准规划干预。这一规划范式已经在一些学者开展的城市规划编制中得到一定程度的验证，包括同济大学王德团队，东南大学杨俊宴团队，清华大学党安荣、龙瀛团队等（王建国，2018b）。例如，龙瀛团队提出“数据增强设计”的城市规划设计方法论，以定量城市规划为驱动，通过数据分析、模型构建、预测等方式，为城市规划全流程提供调研分析、规划设计、评估监测等智能支持，实现城市空间要素的智能化、规划流程的科学化及规划成果的多元化（龙瀛和张恩嘉，2019）。③复杂问题实现。城市是一个复杂系统，决定了城市规划要面临诸多复杂问题。规划从编制、实施到最终有效运行的实现，需要规划技术体系和政策保障体系的协同。在生态理性规划范式引导下，城市规划将从个体理性走向整体理性、从学术理性走向实践理性，通过技术理性与政策理性相结合实现城市复杂问题的最终解决。

结合快速城市化进程下韧性城市建设的时代背景，高密度紧凑建设产生了一系列社会与环境问题，通过最小化高密度城区建成环境的负面影响推动城市向韧性可持续方向转型是屋顶绿化规划研究的最终目标（可持续性目标）；结合关键问题，城市尺度屋顶绿化规划缺乏共有理念思想和方法手段的引导，传统技术条件下难以突破科学量化表征瓶颈（数据驱动方法）；目前屋顶绿化建设缓慢、城市大规模推广困难（复杂问题实现），这些与生态理性规划范式的三大关键点不谋而合。因此，将新时代生态理性规划范式应用于本研究是基于可持续性目标的一致性、数据驱动方法的有效性、屋顶绿化推广的复杂性，将此理念引入高密度城区屋顶绿化规划编制与实施的系统研究可以有效解决现阶段的关键问题，具有一定的适用性。

2.1.3 生态理性规划范式思想启示

城市规划步入新时代，快速发展的数字化与智能化技术不仅成为国家经济、社会发展的创新动力，还对城市规划的发展产生了深刻的影响，极大地推动了智能辅助的城市规划方法技术的发展和进步（吴志强，2018b）。与此同时，城市规划需要面向社会、经济、生态的可持续发展问题，尊重城市发展规律，实现未来城市理性发展的统筹协调。在此背景下提出的生态理性的城市规划范式是一种满足科学性、精准性、实用性结合要求，以生态文明建设为导向，积极向可持续发展转变的新的城市规划指导思想和工作方法。结合上述的关键点，生态理性规划范式对本研究提供的主要启示包括两点，也是后续高密度城区屋顶绿化规划体系整体构建的基本思想基础。

启示一：城市规划已经进入以精准数据支撑、科学量化分析为方法特征的新阶段，强调把复杂科学和智能技术作为规划技术和思想体系的支持。

启示二：城市规划编制、实施、运行全过程有效推进的核心是技术与政策理性的结合，加强技术赋能的同时也要保持政策理性，两者缺一不可。

由此，遵循生态理性规划范式的研究启示，本书对高密度城区屋顶绿化规划的研究不仅关注对屋顶绿化空间的合理配置，同时也强调大规模城市屋顶绿化实施推广的有效性、可落地性。简言之，以新时代生态理性规划范式为理论基础，以问题为行动导向，围绕多学科交叉与融合，发展技术与政策理性相结合的规划体系，从实际应用需求出发来求解高密度城区屋顶绿化规划的关键问题，是新时代城市规划转型背景下城市屋顶绿化规划的核心。具体而言：

对应于启示一，针对关键问题一（方法问题）、二（技术问题），本书拟系统地开展多学科交叉融合、多元数字化技术集成的高密度城区屋顶绿化规划方法框架和技术体系构建，取得数据驱动的屋顶绿化规划智能化技术支撑。

对应于启示二，针对关键问题三（政策问题），本书拟在高密度城区屋顶绿化规划方法与技术体系（技术理性）的基础上，结合政策实施机制（政策理性），构建城市屋顶绿化政策指导框架，保障城市屋顶绿化的可持续发展。

2.2　高密度城区屋顶绿化规划方法

对应于生态理性规划范式对本研究的启示一，针对关键问题一（方法问题）开展数据驱动的高密度城区屋顶绿化规划方法框架构建。数据驱动的城市规划可以追溯到 1912 年，沃伦 · H. 曼宁（Warren H. Mamning）首次利用透射板进行地图叠加，获得全新的综合信息，为马萨诸塞州比勒里卡做了开发保护规划。并基于此方法，通过收集数百张关于土壤、河流、森林和其他景观要素的地图，做了全美国的景观规划，这种独创性的数据分析方法对以后的城市规划产生了深远的影响（傅伯杰等，2011）。在数字化与智能化技术快速发展的背景下，面对快速城市化所引起的复杂空间规划问题，发展数据智能辅助的城市规划方法，实现精细化城市场景与多元指标相结合开展城市空间优化，是面向未来实现精准、快速、全面可持续城市规划的有效路径。

在数字化与智能化技术支持下，如何高效地从海量数据中提炼关键性的特征信息，通过智能发现机制求解复杂问题，快速为社会提供全面而客观的决策知识，成为区别于传统规划范式的新问题与新机遇。事实上，人类在求解复杂问题时，由于认知能力有限，往往先将复杂问题简化为基本结构（化繁为简），再对其属性进行不断完善（由简入繁），通过分层次、多尺度、分阶段地逐步解构和重组后，最终实现对复杂问题的求解。就此，美国工程科学院院士、著名控制论专家 L. A. Zadeh 提出“粒计算”理论（Zadeh，1997），核心思想是“数据粒化”（将复杂数据分解为信息粒的过程，即把信息按其各自特征进行划分，形成若干较为简单的“粒”，以粒块化的数据集开展模式发现）即数据全集中的任意子集、对象和元素通过可辨识性、相似性和功能性等准则聚合而成的结构化单元（对应基本空间单元）。以此思想为指导，国内外各领域学者积极开展有益探索，并将大数据计算与应用的基本范式总结为“粒化（mapping）—重组（fusion）—关联（relation）”（骆剑承等，2020）（图 2-2）。具体而言，①在精细粒度上感知世界，多层次、多角度地接纳能真实记录世界发生态势的全覆盖数据，在数字化空间中构建与世界同步响应的映射关系（mapping）；②全面地协同计算，将非（半）结构性数据融入结构化的信息基准中，对超量、混杂的数据堆，按照时空和属性进行有序融合，提升巨量碎片数据的价值密度（fusion）；③根据应用目标的差异化需求，自组织地从数据堆中挖掘信息特征，发现相关联的知识，再以优化重组的方式提供客观的决策服务。

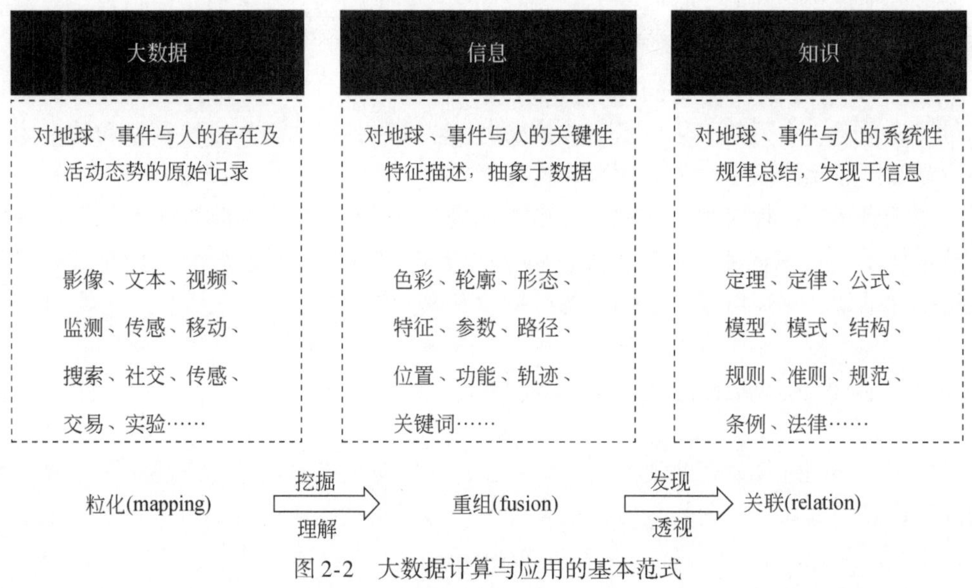

图 2-2　大数据计算与应用的基本范式

资料来源：骆剑承等，2020

通过以上分析可知，虽然专家们分别从不同角度、学科对求解复杂城市问题提出了相应的分析思想，然而他们的思想本质不谋而合，与上述大数据计算与应用基本范式“粒化—重组—关联”思路高度契合：先构建映射城市结构的基本空间基底（数据提取），再重组面向不同应用、各种维度的特征信息（指标计算），最后在不断的人机互动过程中求解城市空间配置问题（空间优化）。受此启发，本书尝试在新时代生态理性规划范式引导下，基于大数据计算与应用基本范式发展由“粒化（数据提取）—重组（指标计算）—

关联（空间优化）”三个模块构成的数据驱动下、逐层递进的高密度城区屋顶绿化规划方法框架，以期实现对城市屋顶绿化属性、指标、效益等快速提取与精确计算，为突破传统技术条件下面向城市尺度屋顶绿化规划应用中长期存在的基础数据获取成本高、更新效率低、普适性差，以及大规模规划精准评估不足、评估指标赋权主观性大等痛点问题，创新规划方法框架，拓展规划应用深度。

规划方法如图2-3所示，包含了“粒化（数据提取）——多重尺度的分层构建”“重组（指标计算）——数字量化的融合测算”“关联（空间优化）——人机互动的协同决策”三个相互耦合、依次递进的基础模块（本章2.2.1节、2.2.2节和2.2.3节分别着重介绍这三个模块）。总体思路可以描述为：首先，基于对地观测数据对城市空间基底形态进行精细提取进而对复杂城市地表进行简化、结构化表达；其次，将城市空间基底之上方方面面的数据与之聚合、重组，进一步对其指标定量计算，通过智能化技术持续为高密度城区空间场景提供快速的数据更新服务；最终，在更广泛的专家知识支持下通过人机协同的决策模型实现屋顶绿化潜力评估、绿色网络优化、生态效益评估不同应用目标导向下高密度城区屋顶绿化规划趋优过程的智能化与定量化。

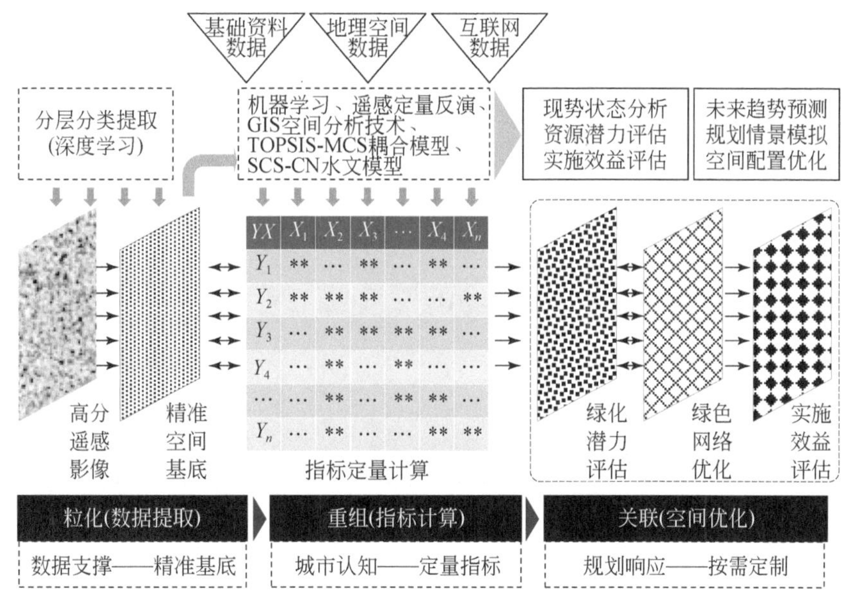

图2-3　高密度城区屋顶绿化规划方法框架

图中＊仅表示指标计算结果

更具体地，首先，在高空间分辨率对地观测数据（亚米级影像）支持下，结合地形图矢量数据，将研究区分解映射形成多粒度的基本空间单元（“粒度”的概念在上述内容已有阐释），分层提取建筑尺度、街区尺度的构成结构化城市空间基底的基本空间单元数据，构建具有精准位置与形态的高密度城区空间基底数据库（对应于“多重尺度的分层构建”的过程）；其次，在统一的时空基准上，融合地理空间数据、基础资料数据、互联网数据等多源数据，利用机器学习、遥感定量反演、ArcGIS空间分析等方法，获得建筑尺度、街区尺度分层基本空间单元的定量指标信息，实现对绝大部分非结构化数据的结构化重组，将之重组汇聚于分层基本空间单元上形成多维度的结构化属性表（对应于“数字量化的融合测算”过程）；最后，针对现势状态分析（资源潜力评估、实施效益评估），以及未来趋势预测（规划情景模拟、绿色网络优化）等具体应用，运用人机互动的决策模型开展定量化空间优化探索（对应于“人机互动的协同决策”过程），推动基于数据驱动新方法的规划设计响应。

2.2.1　粒化（数据提取）——多重尺度的分层构建

当前城市发展日新月异，对城市的实时感知成为新时代生态理性规划的重要内容。城市空间基底（建筑、水体、道路等地物图斑）是进行关联指标计算与信息融合的基本空间载体，因此基于合适的粒度（基本空间单元），构建一个翔实、反映现实的城市空间基底是实现定量化、智能化城市规划的基础。传统技术条件下城市空间基底要素数据获取成本较高、实效性弱、更新频率较低，无法真实刻画城市空间基底实时状态，数据精度在支持规划设计方面还存在差距（龙瀛和张恩嘉，2019）。随着高分辨率对地观测和信息技术的快速发展，城市感知数据从多个维度实现了对城市空间基底数据的全面获取和精准刻画，为城市、建筑环境信息提取提供了高精度数据的技术支持（Nielsen，2015）。相较于传统低效率的人工调查以及官方统计调查等手段，当前智能技术和数据环境兼具大规模和精细化尺度的分析可能，数据提取在覆盖度、细粒度、可获得性和易验证度等方面都得到了全面提升，并有效弥补了数据质量、类型、更新频率等方面的不足。特别是随着高分辨率遥感影像的便捷获取和深度学习的技术突破，可以实现城市空间基底数据的快速提取与变化更新（Blaschke et al.，2011；骆剑承等，2020）。

2.2.1.1　多重尺度划分

基本空间单元是具有内部均质性的独立单元，其划分是开展空间规划的基础，对规划编制与实施评估具有重要作用。针对具体的应用问题，为简化求解复杂度、减少计算量，所依赖的数据往往无须最小粒度的数值记录。因此，根据实际应用需求的不同，在不超出误差范围和影响预期结果准确性的前提下，选择适宜的粒度（空间评价单元）进行数据提取，对基础数据进行空间、时间、属性维度上的综合，从而满足具体应用的表达与计算需求（骆剑承等，2020）。一般而言，空间规划基本单元的划分主要分两类：一是基于行政区划的管理单元；二是基于独立地貌的景观单元。行政管理单元的优点是统计数据容易获取，环境、社会、经济指标均以行政单元进行统计，所得结论便于各行政单元权责范围的确定与比较。景观单元根据空间格局的地貌分异进行划分，优点是具有空间的“精准位置”，所得结果具有“真正空间性”意义（曹春香等，2017）。在高密度城区屋顶绿化规划的研究与应用中，由于城市尺度屋顶绿化规划实施需要综合考虑规划管理（城市问题应对）与技术规范（实施建设约束）需求，因此，需要采用两者相结合的划分方法，即结合行政管理单元（以街道为基本分析单元）以及独立景观单元（以建筑为基本分析单元）

开展相关分析，形成街道级与建筑级的基本空间单元划定。

2.2.1.2 数据智能提取

在城市空间基底数据提取中，由于政府提供的地形图等矢量数据一般都存在现势性不足的问题，因此，需要进行数据变化更新。而城市建筑变化较快，是城市空间基底要素中最需要及时更新的部分。利用人工调查统计获取建筑数据是目前精度最高的方法，但是该方法需要大量的人力、物力及时间，无法保证建筑数据的时效性。先进的卫星传感器获取的高分辨率遥感图像为大范围、多分辨率、低成本以及快速的建筑识别提供了充足的数据支持，而基于卷积神经网络的深度学习方法等信息提取技术及其在遥感领域的应用，使得从高分辨率遥感影像中自动提取精细的建筑信息成为可能（Shen et al., 2015）。擅长处理视觉感知的深度学习是当前快速、精准识别提取城市空间基底要素的有效工具，特别是以特征学习为目标的深度卷积神经网络通过组合卷积与池化等操作主动学习、深入挖掘不同地物光谱、边缘、纹理、形态、结构、语义等各种特征，可以较好地解决边缘提取、目标检测、语义分割等不同视觉任务，在对于城市空间基底目标的要素形态提取中具有良好应用前景（骆剑承等，2020；Alshehhi et al., 2017）。

在高密度城区屋顶绿化规划研究与应用中，应用基于卷积神经网络的深度学习方法提取建筑（包括屋顶绿化）要素的思路：以建筑的屋顶面为训练目标，标记和学习其在影像中反映的内部及背景特征，进而区分出属于屋顶面的像素集合，再将互相连接的像素聚合，并通过矢量化处理形成建筑矢量（Alshehhi et al., 2017）。此外，大型建筑一般纹理与形态特征明显，利用语义分割方法就能较好地学习这些特征并完成识别，形成与实际建筑精确对应的图形对象。但对于建筑高密度片区，仅利用语义分割方法难以实现单体建筑的分割，需要充分融入现有的地形图矢量数据的边缘信息，进而在基本建筑形态提取的基础上进一步完善。基于高分遥感对建筑（包括屋顶绿化）进行智能提取与变化更新的过程，是高分遥感与地形图矢量数据协同观测、信息持续更新的城市空间基底还原过程，为后续的指标定量计算以及空间优化分析提供结构化空间基底的数据基础。

2.2.2 重组（指标计算）——数字量化的融合测算

本模块重点讨论在多重尺度基本空间单元分层提取的空间基底数据之上如何构建用于定量刻画城市场景状态的指标体系，并分析其相应的计算方法。城市空间基底分层次而翔实地表达了城市基本空间结构，在对城市空间基底的多重尺度基本空间单元矢量化表达基础上，进一步构建并计算依据研究目标在一定粒度约束下用于精准刻画、量化描述城市场景状态的指标体系。通过指标计算精确融入城市空间基底的多重尺度空间单元中，获得精细、定量的城市空间信息表达。具体而言，通过地理空间数据、基础资料数据、互联网数据（非结构化数据）等多源数据与基本空间单元的空间叠加，并基于位置、时间、尺度等方面建立源数据与基本空间单元特征（属性）之间的联系，通过统计计算、空间分析、遥感反演等多种汇聚方式重组这些多源数据，实现它们在基本空间单元上的关联、空间结构化及协同计算，从而以多维特征向量的方式构建形成基本空间单元的结构化属性表（即指标体系），最终实现对复杂城市的认知，为后续人机协同的空间优化提供决策依据。

2.2.2.1 指标体系构建

在实际应用中，指标体系的科学构建要综合考虑评估对象、评估目的、评估问题、评估数据来源等因素。首先，依据专家知识经验、已有的研究成果等，深入剖析和挖掘评估对象特征，提炼影响评估问题的相关要素，分析各要素之间的关系，识别关键的影响因子，定性构建指标体系；其次，在权衡考虑评价指标可被量化以及量化成本问题的基础上，进行指标体系的初步定量筛选，可操作性是此阶段的主要目标，要求每一个指标在成本可控范围内可量化计算，即数据来源的可获得性以及可被赋值；最后，对初步筛选阶段的指标体系进行简化，消除指标间的相关性、保持信息的独立性，最终分层分级设计、规划与目标相关联的指标体系。此外，指标体系构建应因地制宜，需要结合当地资源禀赋、城市问题、发展目标，灵活增减设计在地化指标。

在高密度城区屋顶绿化规划研究与应用中，重点参考已有研究成果以及相关规范、技术指南，全方位、多角度构建与既有建筑屋顶绿化适建性相关联的指标体系。考虑到屋顶绿化的规划建设要综合载体建筑屋顶属性、城市可持续发展等方面，既有建筑屋顶绿化适建性评估，一方面从需求层面来看，要结合研究区城市环境和资源特征，分析总结城市现状和主要问题，综合考虑自然环境、社会经济以及最终规划目标之间的内在联系，即城市屋顶绿化环境、经济、社会效益对城市问题的积极影响（城市环境维度）；另一方面从供给层面来看，要结合屋顶绿化实施建设的可行性，考虑建筑属性、屋顶属性特征是否满足建设条件（建筑属性维度）。

2.2.2.2 指标定量计算

在指标体系构建的基础上，指标定量计算就是通过多源数据与基本空间单元进行链接、聚合、重组，进而以基本空间单元属性的方式参与计算分析，利用这些数据进行基本空间单元定量化的指标计算，全面精细地刻画基本空间单元属性，也是将孤立的多源数据激活、结构化聚合的过程。基本空间单元上的数据重组（指标计算）大致可以分为三种方法（骆剑承等，2020）：①数据组合（物理反应），多源数据在基本空间单元上的简单组合集成（直接赋值、求平均值等统计方法），直接增加基本空间单元的属性字段，数据属性的本质并没有改变；②数据整合（化学反应），多源数据经过相互匹配和简单计算后得到一个新的指标作为基本空间单元属性，即多源数据重组后产生具有新价值的增量信息；③数据聚合（核反应），由多源数据通过复杂的聚合计算产生具有全新意义的基本空间单元指标，这是一个信息反演后再提炼的过程。

在高密度城区屋顶绿化规划研究与应用中，既有建筑屋顶绿化适建性评估指标量化包括上述三种数据重组方法：①数据组合类指标可以从数据源通过简单赋值的方法，直接加载到城市空间基底的相应基本空间单元对象中（如对于建筑高度等建筑属性指标，通常是基于地形图矢量数据进行高度属性直接赋值)；②数据整合类指标可以通过多方数据进行匹配计算得到（如对于人口密度等社会经济类指标，通常是在人口与经济普查的宏观统计资料中，以行政单元或空间“离散点、线、面”的形式进行具象化，结合空间统计方法将指标推算到基本空间单元中)；③数据聚合类指标需要进一步通过机器学习、遥感定量反演、ArcGIS统计分析/空间分析、水文模型等技术方法进行量化与信息同化（如对于温度等环境指标往往无法通过遥感信号直接测量得到，需要通过模型从遥感信号中进行反演；而对于建筑屋顶属性指标则需要通过高分遥感影像根据不同材质的光谱、纹理等特征，结合机器学习方法进行类型判别)。最终将多源数据结构化地与基本空间单元进行聚合，形成多维属性表。

此外，在多元指标体系量化中，由于指标的自身性质和数据来源的差异，不同指标的单位、量纲、数量级与取值范围存在较大差别，不便于分析，直接进行加权处理没有实际意义。因此，为了统一标准、简便、明确和易于计算，且使得各指标之间具有可对比性，需要对指标进行标准化处理，即去除量纲，将其转化为无量纲、无数量级差异的标准值(曹春香等，2017)。标准化处理的方法一般根据线性、非线性差别以及指标方向（正向指标望大和逆向指标望小）差别进行有针对性的选择，常见的方法包括极差标准法、极大值标准化法、功效系数法等（俞立平等，2020)。

2.2.3 关联（空间优化)——人机互动的协同决策

城市问题的综合性决定了城市规划决策的系统复杂性。从实现路径上，目前城市规划决策大致可以分为基于专家知识软模型的间接推测（知识驱动）和基于决策规则硬模型的直接推测（数据驱动)。综合来看，两种决策模式各有优劣，适用问题略有差异。然而，城市规划的决策过程离不开决策者的经验，城市规划也不能仅通过纯理性的规划技术实现城市发展模式的良好契合。因此，有必要有机组合“知识驱动”和“数据驱动”两种思维，开展“数据知识双向驱动”的规划决策模式探索（骆剑承等，2020)。人机互动的协同决策方法强调基于价值观的规划思想与多源数据在规划量化基础上的有机结合，可以将理性的智能技术与人的决策系统综合，达到决策者意志和技术理性的优化组合（吴志强，2018b)，实现城市规划实施操作的科学有效性。本模块是在数据提取分层构建、多元指标定量计算基础上，进一步综合运用人机互动的协同决策方法开展空间资源评估（对应于现势状态分析）以及规划情景模拟（对应于未来趋势预测）等空间优化与规划决策的系统研究，进而解决面向未来的城市规划空间优化问题。

2.2.3.1 现势状态分析

现势状态分析阶段要解决的是面向城市现势状态的精算、评价等基础决策问题。在形成基本空间单元多维属性表的基础上，面向不同城市规划的应用需求，发展各类基于决策规则硬模型或依据专家知识软模型等人机互动的协同决策方法，定量评估基本空间单元当前的资源潜力、运行状态等，驱动对城市现势状态的解构，进一步指导空间格局的合理布局。这是对研究区资源潜力支撑下的“现势状态分析”，也是后续开展“未来趋势预测”的重要基础。在高密度城区屋顶绿化规划的研究与应用中，以高分遥感影像的全覆盖处理为基础，通过深度学习方法与地形图矢量数据融合逐步建构、更新高密度城区空间结构信息底图，并精确构建、计算高密度城区屋顶绿化规划相关指标体系，通过逼近理想解排序法和蒙特卡罗模拟（technique for order preference by similarity to ideal solution-Monte Carlo Simulation，TOPSIS-MCS）耦合模型、单窗算法地表温度反演等人机互动的协同决策模型开展高密度城区既有建筑屋顶绿化适建性评估、城市尺度屋顶绿化的降温效应定量化评估等现势状态分析研究。

2.2.3.2 未来趋势预测

未来趋势预测阶段是在上述对研究区资源潜力支撑下现势状态分析的基础上，以城市未来中远期发展的空间布局优化问题为核心，对城市空间资源进行科学有效的长远谋划，解决面向城市可持续发展的未来空间优化等规划与预测问题。具体而言，在现势空间资源潜力分析基础上，根据不同城市规划应用问题建立相应的人机协同的规划决策模型，进行规划情景的模拟、预演，预测规划方案实施后的城市空间资源变化和发展模式，预估实施后的结果以及对城市的影响，对未来的发展趋势进行精准判断、预测，以准确辅助制定规划策略，指导当下的科学决策。在高密度城区屋顶绿化规划的研究与应用中，基于现势状态分析阶段的城市既有建筑屋顶绿化适建性评估结果进行研究区屋顶绿化近远期规划情景设定，采用形态学空间格局分析（morphological spatial pattern analysis，MSPA）与最小累积阻力（minimal cumulative resistance，MCR）模型、ArcGIS 与 SCS-CN 水文模型等人机互动的协同决策模型，开展不同屋顶绿化规划情景下高密度城区绿色空间网络优化、屋顶绿化水文效应等规划情景下的未来趋势预测研究。

2.3 高密度城区屋顶绿化规划流程

遵循上述高密度城区屋顶绿化规划方法框架，对应于生态理性规划范式对本研究的启示一，针对关键问题二（技术问题）开展高密度城区屋顶绿化规划基本流程制定。新时期城市规划面临从短期经济增长导向到长期效益增值导向的转型，即由快速建设的发展需求转向基于科学性与可持续发展的优化管理需求（张京祥等，2013），而规划的长期价值性与可持续性依赖于规划设计中的前期潜力评估及渐进式落地中的后期效益评估全流程的规划评估。全流程的规划评估不仅作为符合规划科学编制基本规范的技术举措为规划设计提供了分析途径，同时也推动了全周期规划设计的有效实施，是规划实施和规划管理的重要保障机制。它以提供基础底图、总结经验及进一步指导规划为出发点与规划决策应用进行耦合互动，充分体现了其在调控和指导规划发展中的应用价值。全流程的规划评估具有三个重要特征：从评估结果来看具有客观性与科学性，通过定量化的评估方法构成规划与实施的理性约束；从方法框架来看具有在地性与有效性，以地方知识与实际情况为出发点；从实施过程来看具有渐进性与系统性，突出全周期的公众共识建立与规划实施过程（赵楠楠和王世福，2018）。

高密度城区屋顶绿化规划对城市屋顶绿化发展发挥着预测和引导作用，作为一项控制城市第五立面（屋顶）的管理工具，需要依托作用于规划与建设项目全流程的科学评估技术手段进行城市屋顶绿化建设与管理。基于高密度城区屋顶绿化规划方法框架，将屋顶绿化适建性评估（潜力评估）与生态效益评估（效益评估）的全流程评估方法相结合，可以提升屋顶绿化规划在地实践的科学性与实效性，并在规划全流程、全周期中实现可持续发展（图 2-4）。一方面，有关城市屋顶空间实施屋顶绿化的能力信息（潜力评估）是屋顶绿化规划的参考依据和重要基础，为规划确定发展目标、空间布局、实施方案及政策制定等提供基础底图、量化指标等科学支撑，有助于提升规划的技术合理性与实施可行性。而决策者可以此为依据，根据现实的可持续目标做出决策，为规划编制与实施提供科学方法论。另一方面，屋顶绿化效益量化证据对于决策者和政策制定者倡导和实施城市尺度的计划、政策和项目来讲是必要的。通过监测屋顶绿化实施前后效益的变化状态评估屋顶绿化效益（效益评估）以及长期价值性与可持续性，为提升公众意识提供一套系统的方法，能够从根源上减少社会冲突，进一步排除屋顶绿化实施障碍，推进规划的有效实施。

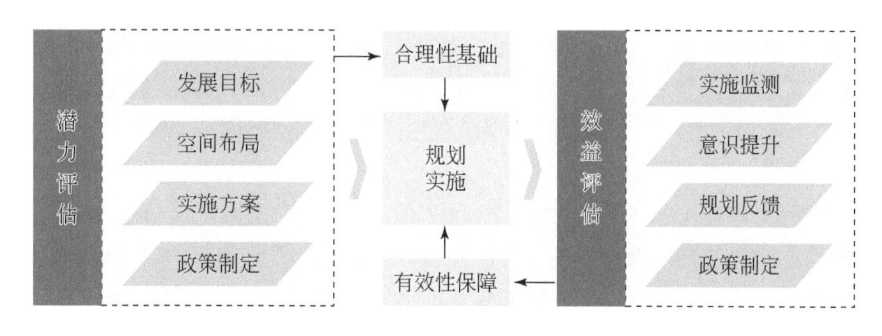

图 2-4　全流程的规划评估方法引入

综上，将规划评估系统性地以潜力评估与效益评估的形式纳入屋顶绿化规划与实施全流程中，评估结果作为技术支撑为屋顶绿化规划提供科学依据的同时，也保障规划在科学理性框架下实现可持续发展。开展高密度城区屋顶绿化适建性评估（潜力评估），是保障屋顶绿化规划工作合理性、科学性的基础；而构建屋顶绿化效益评估方法（效益评估），是推进屋顶绿化规划有效性、可持续发展的保障。由此，本节形成高密度城区屋顶绿化规划“潜力评估—规划实施—效益评估”的全流程规划技术体系：①潜力评估——既有建筑屋顶绿化适建性评估；②规划实施——绿色网络空间优化与策略制定；③效益评估——屋顶绿化生态效益定量化评估（包括降温效应评估与径流调控效益评估）（图 2-5）。

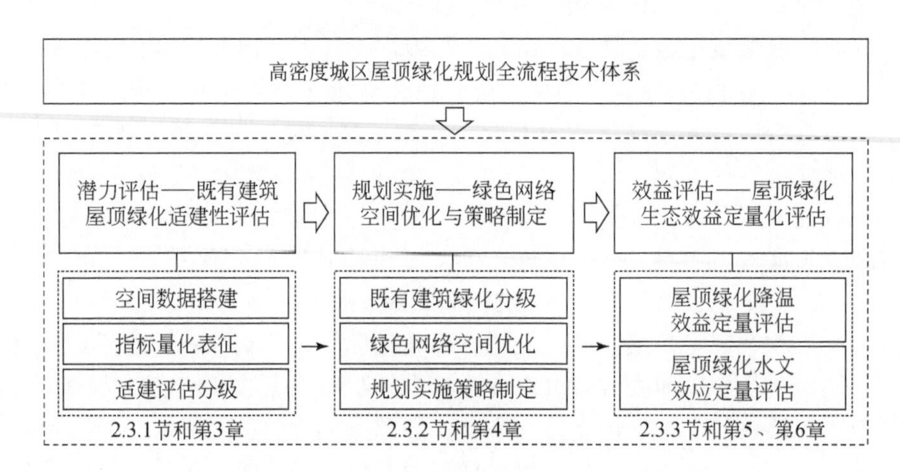

图 2-5　高密度城区屋顶绿化规划流程图

2.3.1　潜力评估——既有建筑屋顶绿化适建性评估

高密度城区既有建筑屋顶绿化适建性的科学评估，需要在城市空间数据库的支撑下，进一步计算并融合与屋顶绿化适建性相关联的各项指标，通过量化分析实现屋顶资源的分级评估，形成“空间数据搭建—指标量化表征—适建性分级评估”的方法路径。首先，以研究区地形图矢量数据为基础，重点结合亚米级高分遥感影像数据，运用卷积神经网络的深度学习方法，智能识别、提取屋顶绿化空间资源，结合建筑单元与街道单元实现高密度城区空间数据库搭建；其次，在分析研究区城市环境和社会特征基础上，综合规划要素（屋顶绿化实施必要性——生态效益、经济效益、社会效益）以及建筑要素（既有建筑改造可行性——建筑属性、屋顶属性）构建屋顶绿化适建性指标体系，结合机器学习、遥感、ArcGIS 等技术方法定量计算关联指标；再次，从城市问题（需求导向，以街道为评估单元）与建设约束（供给导向，以建筑为评估单元）两个层面，采用 TOPSIS-MCS 耦合模型分别进行屋顶绿化适建性的规划分区与建筑分类评估；最后，结合建筑分类与规划分区进行高密度城区屋顶绿化适建性评估的最终分级，输出适合实施屋顶绿化的既有建筑优先级排序，为后续高密度城区绿色网络空间优化分析提供精准的基础数据（图 2-6）。

2.3.2　规划实施——绿色网络空间优化与策略制定

在既有建筑屋顶绿化适建性分级评估的基础上，作为高密度城区绿化的基本方式，屋顶绿化需要衔接城市地面维度的绿色空间，通过绿色网络构建提高高密度城区景观连通性、增加生物多样性、优化高度城市化地区区域景观格局。具体而言，首先，基于屋顶绿化适建性评估分级结果，结合城市地面绿化、水体等绿色空间，进行近远期研究区绿化情

图 2-6　既有建筑屋顶绿化适建性评估框架图

景设定；其次，运用 MSPA 方法识别、提取出对维持景观连通性、生态廊道构建具有重要生态意义的景观类型，根据景观指数中的整体连通性指数（integral index of connectivity，IIC）、可能连通性指数（probability of connectivity，PC）和斑块重要性指数（patch importance index）对重要景观类型进行定量评价，选取研究区的生态源地，并依据景观连通性将重要景观类型斑块进行重要性等级划分；最后，采用最小累积阻力模型生成潜在生态廊道，根据重要景观类型斑块的重要性等级选取核心潜力节点，通过中介中心度将具有良好中介功能的斑块确定为踏脚石，规划研究区的生态廊道，构建不同绿化情景下的绿色网络，通过对比不同绿化情景下的绿色网络格局，分析屋顶绿化对高密度城区绿色网络空间的优化作用（图 2-7）。在此基础上，结合重点实施片区划分、绿化分级统筹指引、建筑绿化分类导则制定实施策略。

2.3.3　效益评估——屋顶绿化生态效益定量化评估

2.3.3.1　降温效应评估

高密度城区屋顶绿化的降温效应定量评估利用 Landsat 8 高分遥感影像，结合 3S 技术方法，通过计算屋顶绿化降温强度（屋顶空间与研究区及其缓冲区平均地表温度的相对差值）、有效降温范围、屋顶绿化面积与温度的量化关系来定量刻画高密度城区屋顶绿化的降温效应。具体而言，首先，此方法的基本前提是两年研究对照期研究区土地利用变化不显著，以保证两年对照组屋顶空间地表温度变化的主因为屋顶绿化的建设（城市地表温度

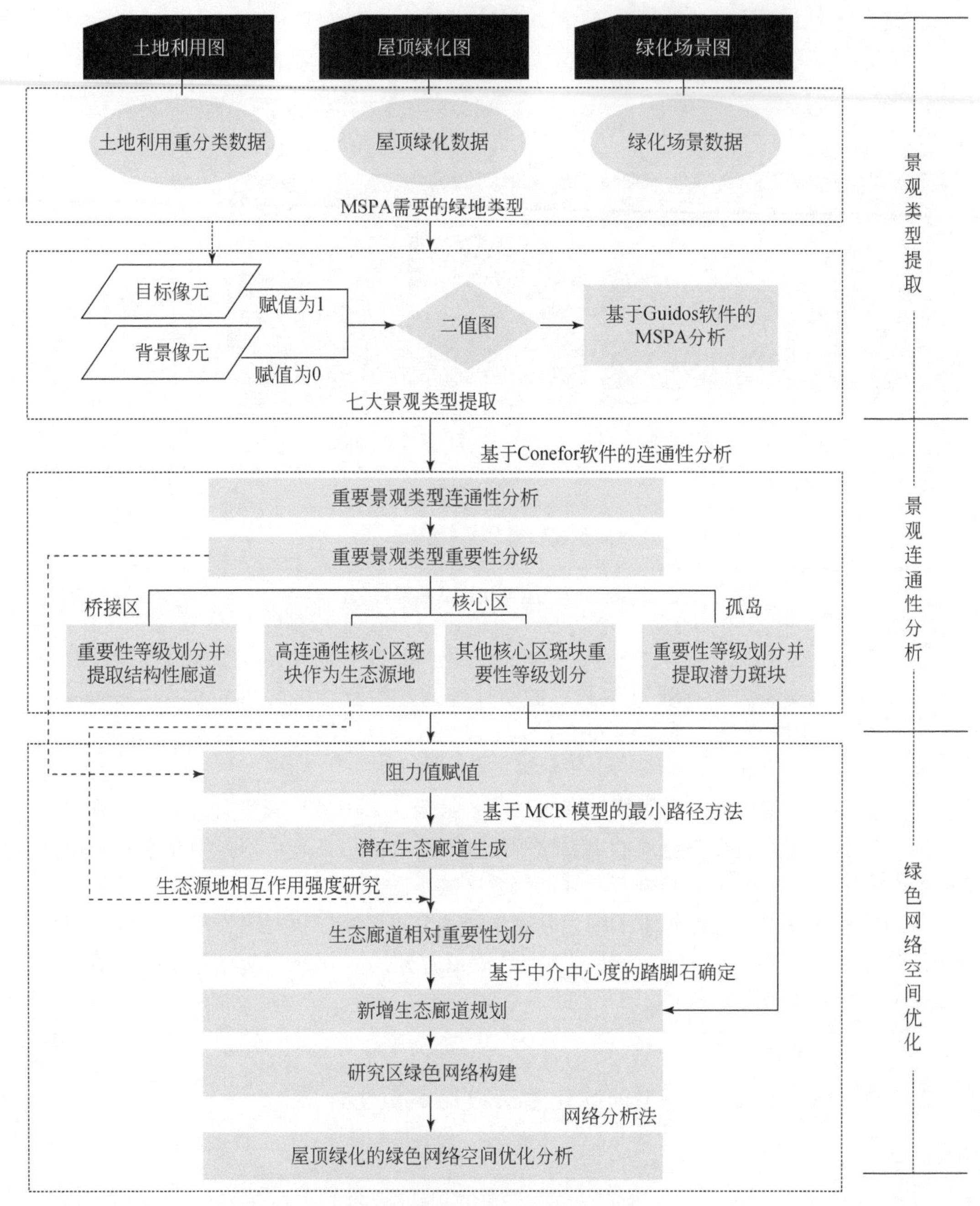

图 2-7　绿色网络空间优化框架图

是多因素导致的综合结果，而土地利用变化是日间城市热岛强度的主要控制因素）。为此，采用归一化植被指数（normalized difference vegetation index，NDVI）决策树分类方法对研究区土地利用进行快速分类，分析研究区屋顶绿化实施前、实施后两年土地利用变化情况。其次，以研究区逐年实施的屋顶绿化区域为研究对象，并分别以研究对象在屋顶绿化实施前与屋顶绿化实施后两年的屋顶空间作为研究对照组，基于 Landsat 8 遥感影像的热红外波段反演地表温度，进行屋顶绿化实施前、后地表温度反演，统计、分析两组对照组屋顶空间及其缓冲区温度变化。对比分析屋顶绿化对不同范围缓冲区的降温效应，提出屋顶绿化的有效降温范围。最后基于反演结果的统计分析，量化温度与绿化屋顶面积的关系（图 2-8）。

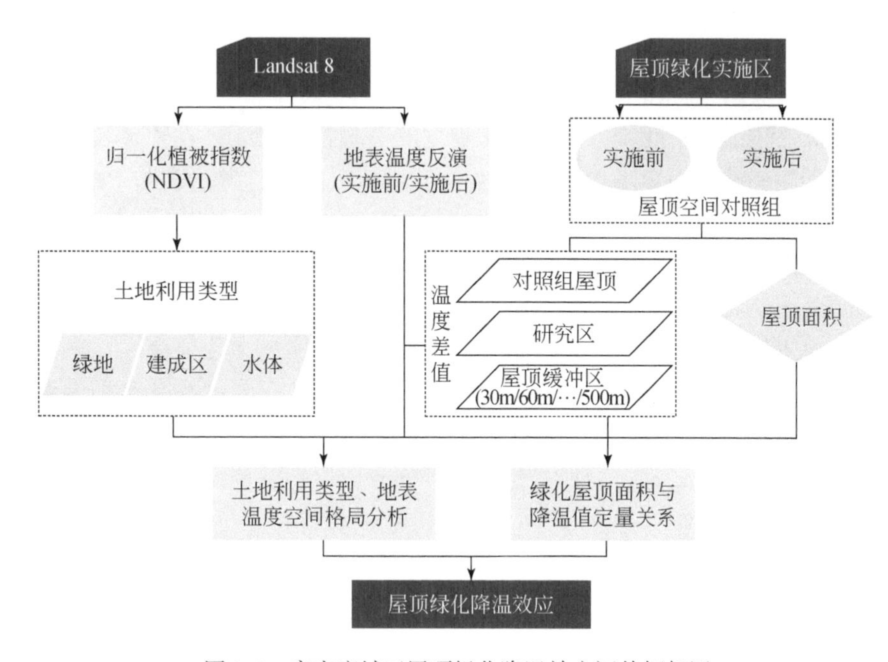

图 2-8　高密度城区屋顶绿化降温效应评估框架图

2.3.3.2　径流调控效益评估

高密度城区屋顶绿化的径流调控效益定量评估采用 ArcGIS 与 SCS-CN 水文模型，分析了四种屋顶绿化场景在四种不同重现期降雨事件下各汇水区屋顶绿化的径流调控效益，根据地表径流削减和积水减缓效果对其进行评估。具体而言，首先，基于屋顶绿化适建性分级评估结果建立四个绿化场景（一级屋顶绿化改造、一二级屋顶绿化改造、一二三级屋顶绿化改造、一二三四级屋顶绿化改造），以现在未绿化建筑屋顶作为参考场景，四种规划绿化屋顶对应改造场景。其次，运用 SCS-CN 水文模型计算各汇水区的产流。通过整合各汇水区的潜在屋顶绿化和土地覆盖，计算不同绿化场景的 CN 值。通过计算四种不同重现期（2 年、5 年、10 年、20 年）降雨事件下的径流量减少率，分析屋顶绿化的径流削减效应。最后，通过城市雨水淹没模型计算四种降雨事件下的城市积水量，对比屋顶绿化实施前后积水面积的变化，分析屋顶绿化对城市积水的改善作用。

2.3.4 总体技术路线

结合上述规划方法框架与规划流程，高密度城区屋顶绿化规划技术路线主要基于地理信息系统软件 ArcGIS 10.2、遥感影像处理软件 Envi 5.3、遥感信息提取软件、开源雨水径流模拟软件暴雨洪水管理模型（storm water management model 5.1，SWMM 5.1）、Python 编程软件 Visual Studio Code、形态学空间格局分析软件 Guidos Toolbox、景观连通性分析软件 Conefor 和统计分析软件 SPSS 22.0 等软件平台，采用定性和定量相结合的技术方法，在要素提取、指标计算、空间优化、效益评估等几个关键环节上取得综合性方法研究的突破。图 2-9 详细描述了高密度城区屋顶绿化规划的实施技术路线。在整体技术路线中，包含了由空间数据库构建、指标定量计算、绿化分级评估、绿色网络优化、屋顶绿化降温效应评估、屋顶绿化径流调控研究六部分组成的技术方法体系，并通过第七部分典型高密度城区示范验证证明技术路线的可行性和有效性。

（1）基于高分遥感的屋顶绿化识别与数据库构建

第一部分着重构建高密度城区空间数据库，同时也是屋顶绿化适建性评估指标计算的基础载体。在充分利用地形图等资料的基础上，重点突破从亚米级高分辨率遥感影像中智能化提取建筑屋顶绿化的方法，将屋顶绿化提取的初步成果结合街道问卷调查、部门对接、实地调研等方法更正完善，获取高精的城区现势数据，结合街道单元与建筑单元形成目标研究区的精细空间数据库。

（2）基于 3S 技术与机器学习的适建性指标计算

第二部分是在第一部分构建的空间数据库基础上，开展屋顶绿化适建性指标体系构建与定量计算。指标计算从技术方法上分为三大类：①基于地形图的现状矢量数据，通过 ArcGIS 空间连接直接赋值，如建筑高度等。②利用地形图和亚米级高分辨率遥感影像，结合深度学习与监督分类方法智能识别提取屋顶属性信息，如屋顶材料等。③基于 3S 技术的环境参数反演计算，如城市热岛等。

（3）基于 TOPSIS-MCS 模型的屋顶绿化适建性评估

第三部分以空间数据库及屋顶绿化适建性指标为初始输入，综合城市问题（屋顶绿化实施必要性，以街道为评估单元）与建设约束（既有建筑改造可行性，以建筑为评估单元），采用 TOPSIS-MCS 耦合模型分别进行屋顶绿化适建性的规划分区评估与建筑分类评估，最终结合建筑分类与规划分区开展屋顶绿化适建性分级评估，输出适合实施屋顶绿化的既有建筑优先级排序。这里要重点攻克屋顶绿化适建性评估中指标赋权的不确定性问题。

（4）基于 MSPA 与 MCR 模型的绿色网络空间优化

第四部分结合屋顶绿化适建性分级结果与城市地面绿色空间进行近远期绿化情景设定，采用 MSPA 方法和 MCR 模型，开展不同屋顶绿化情景下城市绿地与屋顶绿化协同的绿色网络构建。重点运用 MSPA 方法科学提取具有重要生态意义的景观类型，并依据景观连通性对景观类型斑块进行重要性等级划分。最终通过对比不同绿化情景下的绿色网络格局，运用网络结构分析法剖析屋顶绿化对高密度城区绿色网络空间的优化作用。

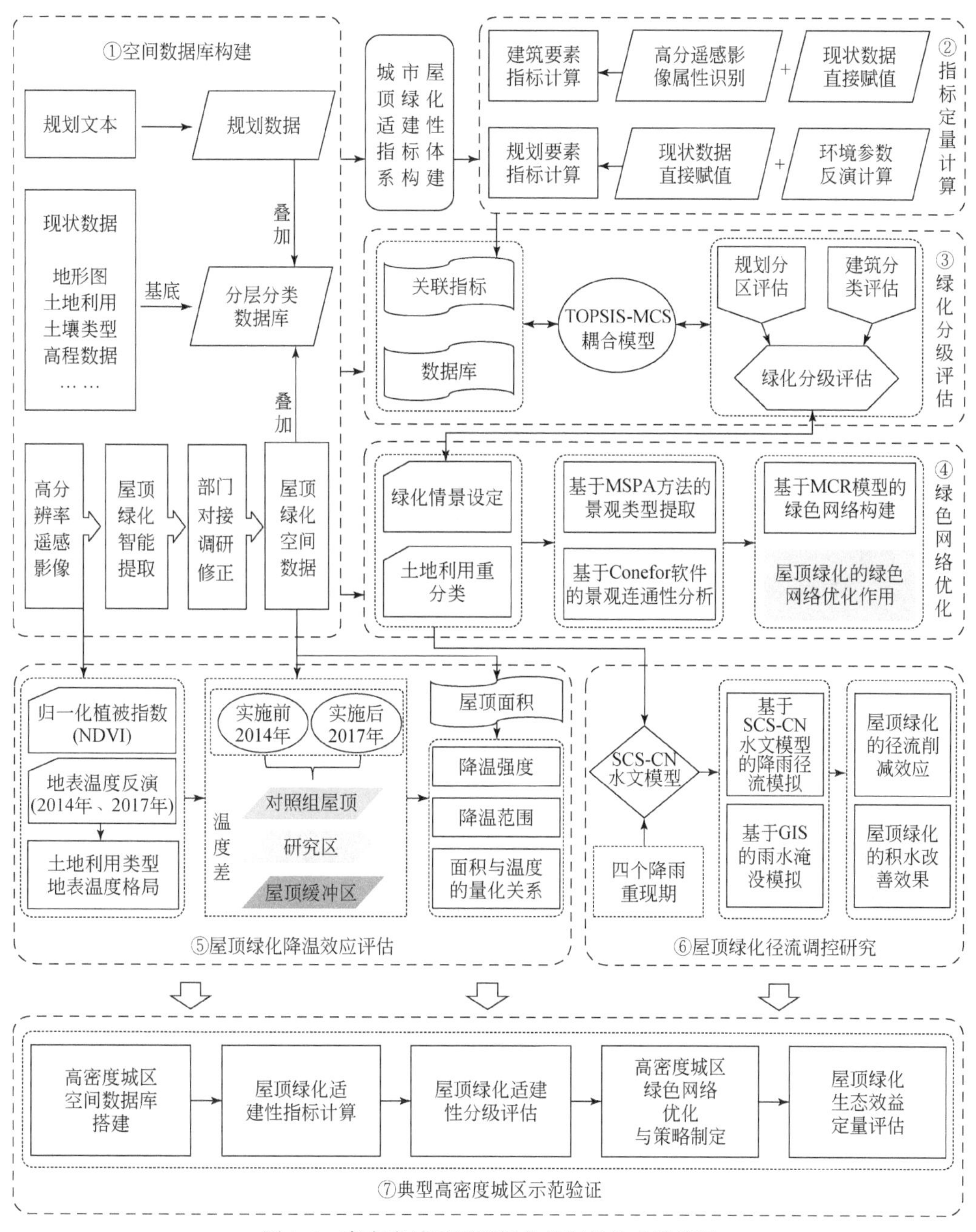

图 2-9　高密度城区屋顶绿化规划的技术路线图

（5）基于 Landsat 8 数据的屋顶绿化降温效应评估

第五部分屋顶绿化降温效应评估利用目标研究区城市尺度屋顶绿化实施前后两年的夏季 Landsat 8 遥感影像数据，运用 NDVI 决策树分类方法进行土地利用与土地覆盖分类，并采用单窗算法反演地表温度。采用相对地表温度比较实施屋顶绿化前后两年的热环境（屋顶空间及其缓冲区与研究区平均地表温度的相对差值），结合 3S 技术定量刻画高密度城区屋顶绿化的降温效应。尤其针对屋顶绿化降温效应的空间特征（降温强度、降温范围、面积与温度的量化关系）进行深入分析。

（6）基于 SCS-CN 模型的屋顶绿化径流调控效益评估

第六部分径流调控效益评估采用 ArcGIS 与 SCS-CN 水文模型相结合的方法，对城市尺度屋顶绿化的降雨径流调控效益进行评估。基于屋顶绿化适建性分级建立四个绿化场景，运用 SCS-CN 模型进行四个绿化场景在不同降雨重现期下的降雨径流模拟，分析屋顶绿化对城市地表径流的削减效果，通过城市雨水淹没模型研究屋顶绿化对城市积水的改善作用，并进一步分析屋顶绿化径流调控效益在研究区的空间分异特征。

（7）典型高密度城区屋顶绿化规划应用与示范验证

第七部分是对上述六个部分屋顶绿化规划技术方法体系的验证。本书选取典型高密度城区（厦门岛）为示范验证区域，构建目标研究区空间数据库，计算屋顶绿化适建性评估指标，输出屋顶绿化适建性分级评估结果；协同城市绿地系统，构建、优化绿色空间网络，制定规划实施策略；最终开展城市尺度屋顶绿化实施后的生态效益研究。

2.4 城市屋顶绿化的公共政策体系

在高密度城区屋顶绿化规划方法与技术体系的基础上（技术理性），对应生态理性规划范式对本研究的启示二，针对关键问题三（政策问题）开展中国适宜地区城市屋顶绿化公共政策体系框架构建（政策理性）。公共政策对推动一项新技术的实施至关重要，新技术的大规模推广需要从顶层制度设计的高度出发，加强技术赋能的同时也要保持政策理性，实现技术与政策理性的统一（陈云，2020）：①实现个体理性与整体理性相结合。为了实现技术创新可持续发展，效益最优理念和政策制度支撑体系缺一不可。在强烈的个体理性驱动下，个人、企业等不断扩大自身利益，而政策制度的缺失，会导致社会整体呈现不理性的结果，表现为生态、社会、经济系统失衡。②实现市场理性与政府理性相结合。政府和市场是资源配置的两种基本手段，二者互为支撑、相互关联。常态下，政府可以让市场的自我调节发挥作用，但与可持续发展存在矛盾时，政府需要通过鼓励政策引导市场，通过制定合理的公共政策，按照市场主导、政府扶持模式实现技术创新的内生性发展。③实现工具理性和价值理性相结合。新技术代表工具理性，以制度化的规范为内核的政策体系构建代表价值理性。技术的智能化也需要人类价值理性同步提升，城市发展不仅要创新技术，还要基于高度的发展理念，构建全面的政策体系以保证技术实施的合理性、有效性（冯含睿，2015）。

中国屋顶绿化市场还处于初步发展阶段，城市尺度推广的成功与否取决于很多因素，如技术创新、公众意识、实施成本、政策支持。在这些因素中，可以通过政府政策的引导和支持来提高公众对屋顶绿化改造的认识和参与度（Irga et al.，2017）。在实施成本问题上，税收减免、贷款折扣、资金补贴等财政政策可以成功撬转对屋顶绿化的投资（Tan et al.，2018）。同时，屋顶绿化政策的制定可以产生足够的动力，创造或扩大供应商，产生巨大的市政效益，形成足以迅速降低最初成本的规模，并对正在出现的气候和城市挑战做出更广泛的响应。而国际研究与实践也表明了政策干预在产生预期效果方面的有效性。

因此，政策是影响屋顶绿化实施的重要因素，它为人类的集体行动提供了共享成果的指导方针，对推动屋顶绿化技术的实施至关重要（Dhakal and Chevalier，2017）。此外，屋顶绿化提供的公共利益，并不是完全由承担屋顶绿化安装费用的一方实现的，因此需要通过制定政策来进行公共干预（Brudermann and Sangkakool，2017；Chen et al.，2019）。

总的来说，城市屋顶绿化规划包括编制、实施、运行等过程，规划技术和政策保障的研究正在从单一割裂的关系向协同互动的关系转变。屋顶绿化技术具有公共性、通用性、基础性，城市尺度大规模推广与有效实施既需要科学系统的规划技术流程支撑，又需要政府在政策引领方面发挥积极作用。简言之，高密度城区屋顶绿化规划体系是技术理性和政策理性的统一（图 2-10）：技术理性主要体现在合理规划布局方面，发展数据驱动下的城市屋顶绿化规划方法与应用体系；政策理性主要体现在有效推广运行层面，是保障屋顶绿化实施的各种管制政策、激励政策等的集合。高密度城区屋顶绿化规划需要依“技术支持—政策保障”逐层推进，从技术方法实现逐层深入到实施政策保障。

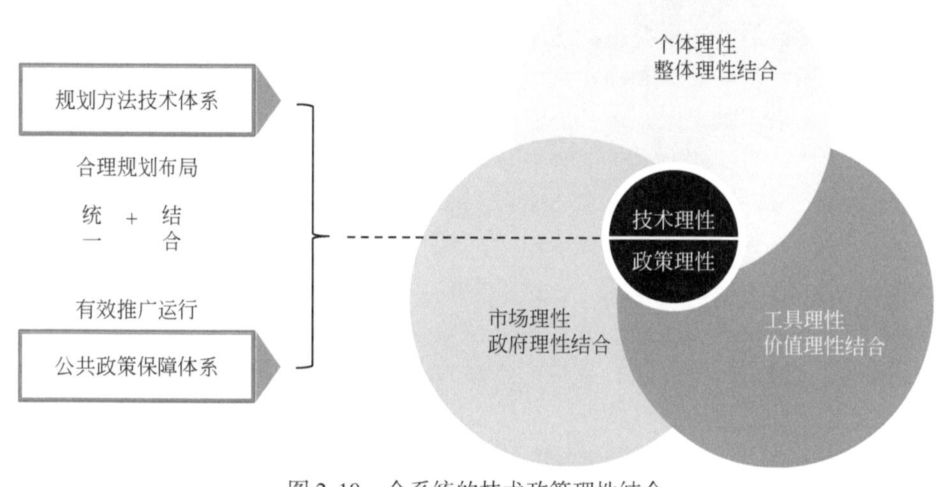

图 2-10　全系统的技术政策理性结合

2.4.1　国际经验借鉴

针对全球日益严峻的环境问题，以生物多样性、雨水管理、高温缓解和空气清洁等为强烈的环境动机，围绕规范和推广屋顶绿化，近年来许多国家制定和完善了各自的屋顶绿化公共政策体系。在世界范围内，欧洲发达国家大力推广屋顶绿化技术，在鼓励屋顶绿化方面有相当先进的政策工具，已经形成了相对完善的屋顶绿化公共政策体系。其中，德国是全球公认的屋顶绿化最先进的国家，已经实行了 40 多年的屋顶绿化政策，政策环境较好。其次是欧洲的奥地利和瑞士，而世界上大多数城市直到 2000 年才开始制订屋顶绿化政策。在过去的十几年里，由于政府部门和个人对环境可持续性问题的关注，美国、加拿大、澳大利亚、新加坡、日本和韩国等国家都对推动城市屋顶绿化发展极为重视，并通过制定相关政策大力倡导新建建筑以及既有建筑实施屋顶绿化。

近些年，中国政府也在积极推行屋顶绿化公共政策，但与欧美发达国家和地区相比，屋顶绿化在中国的实践相对滞后。而不同地区城市化进程中存在的问题是相似的，因此，欧美发达国家和地区在屋顶绿化推广方面积累的经验可以为中国提供参考。在推广城市屋顶绿化的过程中，这些发达国家制定的政策侧重点均有所不同，但都是将不同类型的政策相结合，并取得了良好的效果，其经验值得我国在推进屋顶绿化发展时借鉴，以制定更有效的公共政策。简言之，一方面，通过对现有文献资料的批判性研究分析国际屋顶绿化政策，总结屋顶绿化政策成功实施需要的必要条件和标准，借鉴发达国家在加快推进屋顶绿化发展方面的积极经验。另一方面，也要重视各国屋顶绿化政策经验是否适用于我国的实际情况，了解各类屋顶绿化公共政策的影响，因地制宜发展是制定新的成功政策的关键。

2.4.2　因地制宜发展

世界各国的气候条件和国情不尽相同，处于不同的发展阶段、发展水平。对于中国而言，各个城市和地区的实际情况也截然不同，不可能完全按照发达国家模式进行自身城市屋顶绿化推广实施。任何经验和模式只能是指导性的，不应该也不可能是硬性照搬的。不同的国家和地区，应当借鉴国际屋顶绿化发展领先国家的相关经验、理性参照成功模式，结合本国、本地区的具体情况，因地制宜、量身定制自己的创新发展模式，真正实现公共政策的有效落地，发挥最大效益。具体而言，首先，通过对中国的屋顶绿化发展现状以及政策文件开展调查，总结中国城市环境特点、屋顶绿化实施障碍与屋顶绿化政策工具；其次，以中国的国情、地情（气候条件、经济发展、城市建设和政策环境）为选择标准，结合国际政策制定的成功经验，筛选适合中国国情、既能克服屋顶绿化实施障碍又能促进屋顶绿化实施的公共推广政策，适宜政策的选择将取决于对这些政策及其相互关系的理解；最后，通过分析这些政策的属性特征，结合中国大规模推广屋顶绿化的行政分级（国家级政策、城市级政策）与发展阶段（试点阶段、推广阶段和全面实施阶段），形成中国适宜地区推广屋顶绿化的公共政策体系框架（图2-11）。

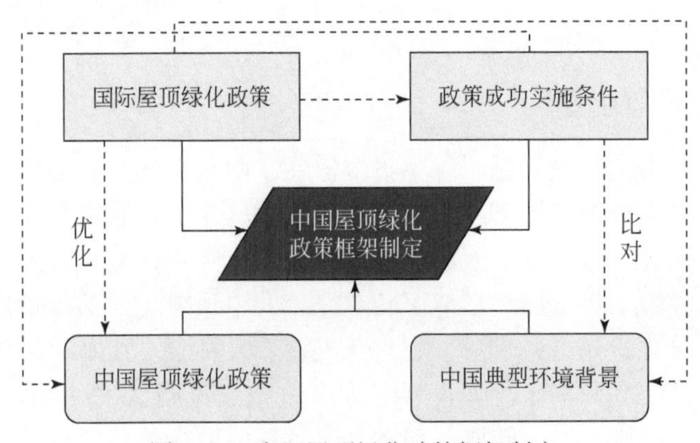

图2-11　中国屋顶绿化政策框架制定

第二篇　规划技术支撑篇

第 3 章
潜力评估——既有建筑屋顶绿化适建性评估

第 2 章在新时代城市规划转型背景下，提出以生态理性规划范式作为系统开展高密度城区屋顶绿化规划的理论基础，明确了基于大数据计算与应用思想的规划方法框架，以及全流程的规划技术体系和全系统的政策保障体系。以此为指导，第 3 ~ 第 6 章分别针对屋顶绿化潜力评估、规划实施、效益评估的全系统规划流程，介绍相关规划技术与实践路线。厘清城市既有建筑屋顶及其绿化情况可以为城市屋顶绿化的科学规划提供必要的基础条件。然而，由于位置特殊、数量众多和产权复杂等特点，屋顶绿化的现状调研（特别是城市尺度下的）一直是个难题。同时，屋顶绿化建设前期既有建筑屋顶空间适建性的信息，是城市规划者和政府部门进行屋顶绿化建设可行性决策的依据。因此，在应用规划实施策略之前，有必要对高密度城区既有建筑屋顶绿化的现状以及适建性进行科学评估，挖掘其屋顶绿化的实施潜力。本章提出了一个评估高密度城区既有建筑屋顶绿化适建性的技术框架。该技术框架考虑了城市屋顶绿化发展决策中的规划要素（屋顶绿化实施的必要性）和建筑要素（既有建筑改造的可行性），以确定实施屋顶绿化的优先等级，为城市屋顶绿化的科学规划与实施提供基础数据和决策支撑。

3.1 高密度城区空间数据库的搭建

3.1.1 典型研究区概况

厦门市地处 24°23′N ~ 24°54′N、117°53′E ~ 118°26′E，位于福建省东南沿海、台湾海峡西岸中部、闽南金三角的中心，隔海与金门县、龙海市相望，陆地与南安市、安溪县、长泰县、龙海市接壤，是副省级城市、经济特区、东南沿海重要的中心城市及旅游城市，是我国重要的港口之一，属于亚热带海洋性季风气候。根据厦门统计年鉴资料显示，厦门市年平均气温为 21℃，年平均降水量为 1200mm，每年 5 ~ 8 月雨量最多，常向主导风力为东北风。厦门市土地面积为 1699.39km^2，下辖思明区、湖里区、海沧区、集美区、同安区和翔安区。本研究典型研究区厦门岛是厦门的政治经济中心，土地面积为 142km^2（不包含鼓浪屿），主要由思明区和湖里区构成，下辖 14 个街道（图 3-1）。

1）典型的高密度城区。20 世纪 80 年代以来，厦门经历了从海岛城市到海湾城市的转变，是我国典型的高度城市化地区。根据厦门市统计局数据，厦门市城镇化率由 1980 年的

图 3-1　研究区区位

35% 提高到 2017 年的 89.1%，建成区面积由 1981 年的 12km^2 扩大到 2017 年的 364.08km^2，在不到 40 年的时间中扩大了近 30 倍，新增建设用地空间有限。此外，2017 年厦门岛常住人口为 238.18 万人（2017 年在厦门举行的金砖国家峰会期间公安部门入户调查数据），常住人口口径城市化率达 89.0%，已达到城市化高级阶段。人口密度达 16 711 人/km^2，达到高密度城市门槛，是典型的高密度城区。其中，中华街道、厦港街道、鹭江街道和江头街道的人口密度均超过本研究界定的高密度城市标准值的两倍多（表 3-1）。

表 3-1　2017 年厦门岛各街道人口密度

街道		行政区面积/km^2	常住人口/人	人口密度/(人/km^2)
思明区	鹭江街道	2.48	85 347	34 414
	中华街道	1.52	55 542	36 541
	开元街道	6.98	116 276	16 658
	厦港街道	1.43	49 798	34 824
	滨海街道	15.96	90 694	5 683
	梧村街道	5.93	146 585	24 719
	筼筜街道	9.71	218 242	22 476
	莲前街道	25.11	299 184	11 915
	嘉莲街道	4.58	143 381	31 306
	小计	73.70	1 205 049	16 351

续表

街道		行政区面积/km²	常住人口/人	人口密度/(人/km²)
湖里区	金山街道	14.17	183 726	12 966
	湖里街道	10.31	189 647	18 394
	江头街道	6.48	241 046	37 198
	禾山街道	16.04	334 787	20 872
	殿前街道	21.83	227 548	10 424
	小计	68.83	1 176 754	17 097
合计		142.53	2 381 803	16 711

2）绿化网络缺失：作为国家生态园林城市，厦门岛绿地面积约为4589.7hm²（其中思明区约为2943.4hm²，湖里区约为1646.3hm²）（图3-2），人均绿地面积为19.26m²，远低于国际生态环境组织调查得出的60m²的城市理想环境标准（Xiao et al.，2014）。其中公园绿地面积约为2158.4hm²，人均公园绿地面积约为9.06m²。根据各街道人均公园绿地面积统计，思明区、湖里区分别为13.11m²、4.92m²，除滨海街道（45.69m²，部分万石山风景区被划入公园绿地）、筼筜街道（15.48m²）外，其余街道距《福建省“十三五”城乡基础设施建设专项规划》确定的13m²以上的标准相差较多（图3-3）。除了空间匮乏，厦门岛绿地空间还呈现出布局高度破碎的特征（图3-2）。为了增加城市绿化面积，厦门岛自2015年开始逐步实施屋顶绿化，但与欧美地区的发达城市相比，其屋顶绿化建设量仍存在较大差距。

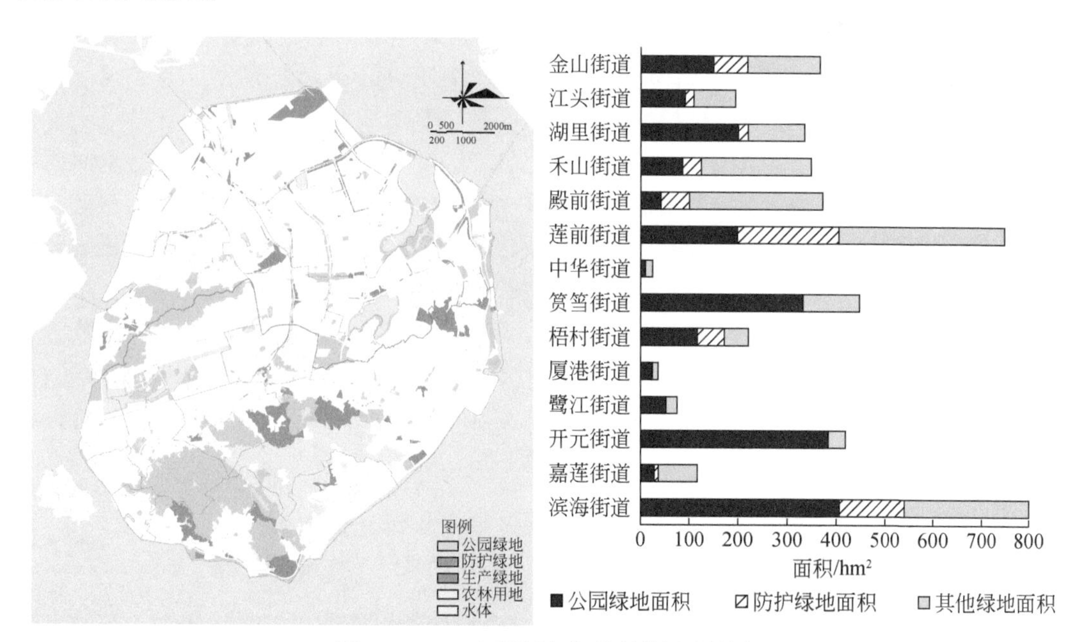

图3-2　2017年厦门岛街道现状绿地统计

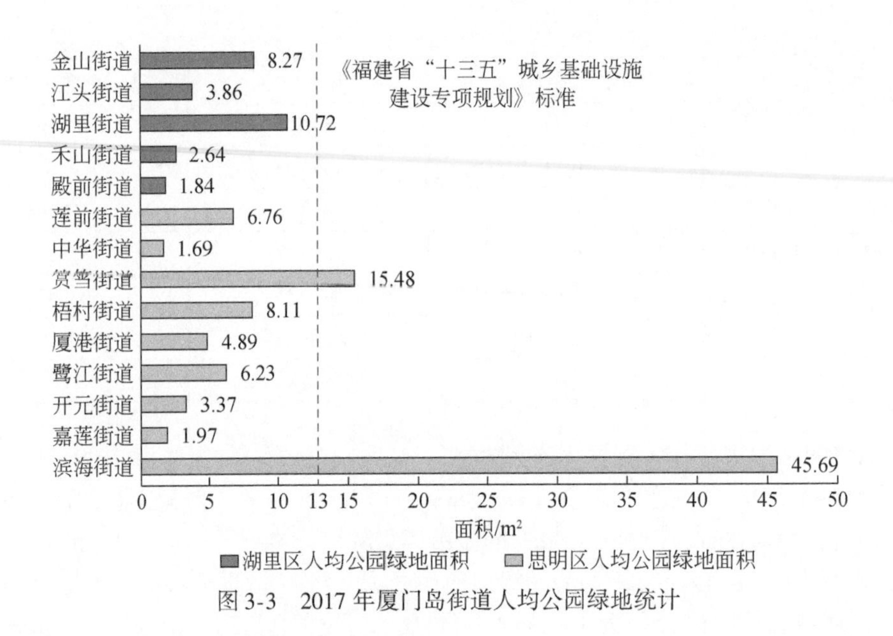

图 3-3 2017 年厦门岛街道人均公园绿地统计

3）热岛效应显著：人口的快速增长和城市化进程的加快导致了厦门岛热岛效应的进一步发展，城市不透水面的增温效应显著增强，城市热岛的空间范围不断扩大。聂芹等（2018）以 1994～2015 年影像为数据源，对厦门市地表温度时空演变特征及其与不透水面的空间关系开展研究。研究结果表明，自 1994 年以来，厦门市地表温度波动越来越大，低温区景观面积呈现持续减少趋势，次高温和高温区景观面积增加，尤其是 2010 年以后，增加速度变快，过度的城市化对气候影响较大，使得厦门岛在厦门市各行政区中（厦门岛内两区——思明区、湖里区，岛外四区——集美区、同安区、海沧区、翔安区）升温趋势最明显，热岛效应显著。

4）内涝问题严峻：快速城市化使城市不透水面面积迅速增加，厦门岛不透水面面积占城市面积的 71.66%，自然土壤和植被的流失通过增加径流速度和流量、限制蒸散和截留，显著影响了水循环，严重削弱了城市的雨水调控能力。此外，在全球气候变化的背景下，暴雨等极端事件逐渐增多。而日趋严重的城市热岛效应降低了厦门岛的湿度，增加了极端暴雨的频率。同时，由于特殊的地理位置，厦门市常受西太平洋和南海台风影响，由此带来的强风暴雨往往造成严重的内涝灾害（朱文彬等，2019）。例如，2016 年 9 月 15 日全球最强台风"莫兰蒂"正面重创厦门，此次灾难共造成道路积水 195 处，人员转移 46 327 人，因灾死亡 1 人，直接经济损失 102 亿元。

3.1.2 数据来源与获取

本研究采用的数据主要包括三个方面：基础资料数据、地理空间数据和高分遥感影像数据。①基础资料数据：来自厦门市自然资源和规划局，包括以多边形矢量数据形式提供的 2017 年厦门岛地形图、街道区划图，以栅格数据形式提供的 2017 年厦门岛土地利用图，以图集文本形式提供的厦门市城市总体规划等规划文本和“推动城市更新改造，促进厦门高颜值建设”等计划提案、年度城市更新、重大开发项目数据，以及下载自厦门统计信息网站的厦门经济特区统计年鉴、下载自思明区/湖里区人民政府网站的思明区/湖里区经济社会统计年鉴。②地理空间数据：下载自地理空间数据云网站的研究区高程数据以及源自中国科学院南京土壤研究所的研究区土壤类型数据。③遥感影像数据：下载自地理空间数据云网站的研究区 2017 年谷歌高分遥感影像数据和下载自美国地质调查局（United States Geological Survey，USGS）网站的研究区 2014 年、2017 年 Landsat 8 遥感影像数据。具体数据名称、来源和格式参见表 3-2，在后续具体章节会详细阐述各种数据的处理和运用方式。

表 3-2　研究数据类型与数据来源

数据类型	数据名称	数据来源	数据格式
基础资料数据	厦门岛地形图数据（2017 年）	厦门市自然资源和规划局	矢量数据
	厦门岛土地利用数据（2017 年）	厦门市自然资源和规划局	栅格数据
	厦门岛街道区划图（2017 年）	厦门市自然资源和规划局	矢量数据
	《厦门市城市总体规划（2017—2035 年）》	厦门市自然资源和规划局	文本、图件
	《厦门市绿地系统规划修编和绿线划定（2017—2020 年）》	厦门市自然资源和规划局	文本、图件
	《厦门绿道与慢行系统总体规划》	厦门市自然资源和规划局	文本、图件
	《厦门市“十三五”城市建设专项规划》	厦门市人民政府办公厅	文本、图件
	《厦门市思明区空间发展战略规划》	厦门市自然资源和规划局	文本、图件
	《厦门市思明区全域空间规划一张蓝图》	厦门市自然资源和规划局	文本、图件
	《厦门市湖里区空间发展战略规划》	厦门市自然资源和规划局	文本、图件
	《厦门市湖里区全域空间规划一张蓝图》	厦门市自然资源和规划局	文本、图件
	《推动城市更新改造，促进厦门高颜值建设》	厦门市人民政府办公厅	文本、图件
	湖里区、思明区各街道人口、经济、社会等统计数据	厦门经济特区统计年鉴（厦门统计信息网站）	文本
		思明区经济社会统计年鉴（思明区人民政府网站）	文本
		湖里区经济社会统计年鉴（湖里区人民政府网站）	文本
地理空间数据	土壤类型数据	中国科学院南京土壤研究所	栅格数据
	数字高程数据（DEM，30m）	地理空间数据云网站（http://www.gscloud.cn/）	栅格数据

续表

数据类型	数据名称	数据来源	数据格式
遥感影像数据	谷歌遥感影像（2017年）	地理空间数据云网站（http://www.gscloud.cn/）	栅格数据
	Landsat 8影像（2014年、2017年）	美国地质调查局网站（http://landsat.usgs.ov）	栅格数据

3.1.3 屋顶空间数字化

本研究的数据来源多样、坐标系多种，为保证空间数据的一致性，数据处理平台采用地理信息系统（ArcGIS），选择的投影坐标系为WGS_1984_UTM_Zone_50N。基于ArcGIS平台建立研究区街道级（以街道为基本空间单元）与建筑级（以建筑为基本空间单元）（包括建筑、屋顶空间数据）数据库，包括规划增量建筑（城市更新区数据、规划未建成区数据）、既有存量建筑（屋顶绿化数据、建筑屋顶数据）。

3.1.3.1 建筑类型空间识别

考虑到时效性，高密度城区屋顶绿化改造对象的建筑类型可以分为既有存量建筑和规划增量建筑两类。在开展既有建筑屋顶绿化适建性评估前，需要根据城市发展战略、相关规划划分不同的建筑类型。厦门岛的城市更新主要以旧城改造、棚户区改造、旧村改造的形式出现，建筑一经列入更新计划，在一段时间内将被拆除重建、加建、改建或扩建，此类建筑的屋顶绿化可与增量建设进行一体化设计、施工。增量规划区识别主要采用的数据包括城市更新计划、城市功能规划分区、土地利用规划、谷歌高分遥感影像。其中，城市更新计划、城市功能规划分区与土地利用规划用于初步提取城市更新区、规划未建成区，谷歌高分遥感影像用于提高提取结果的准确性。城市更新区可以从城市更新计划中收集；规划未建成区是指建筑覆盖率小于10%的规划建设用地（Hong et al.，2019），利用土地利用规划、城市功能规划分区提取规划未建设用地的斑块，计算当前建筑占建设用地的面积比例，比值小于0.1的斑块被定义为规划未建成区，通过传统人工目视解译，利用谷歌高分遥感影像对规划未建成区进行检查更正（图3-4）。

3.1.3.2 既有建筑屋顶提取

（1）屋顶绿化提取

鉴于全自动识别提取仍是计算机视觉和图像理解领域的难题，本研究利用遥感技术、问卷调查、部门数据、实地调研等方法获取研究区现状的屋顶绿化数据。综合考虑经济、技术、需求以及实施、推广等方面的因素，最终采用谷歌地球（Google Earth）提供的分辨率高、实时性好且数据传输速度快的在线遥感地图。Google Earth的遥感影像在世界范围内可以逐级放大，分为19个不同的显示级别。本研究采用的是最详细、清晰的第19级卫星影像，

图 3-4 厦门岛增量规划区图

影像拍摄时间集中在 2017 年，空间分辨率为 0.272m，能够满足城市尺度屋顶绿化的分辨要求。

为了克服传统方法中人为设计忽略图像中关联信息的缺点，本章采用深度学习中的语义分割方法提取建筑屋顶绿化。语义分割是为图像中的每一个像素分配一个预先定义好的表示其语义类别的标签，具体的网络结构为 D-LinkNet 网络，运用编码器-解码器结构进行屋顶绿化提取（Csurka and Perronnin，2011）。其机制是利用编码器网络来编码图像特征、产生有语义信息的特征图像，在解码阶段，将编码器网络输出的低分辨率图像映射为原始输入图像尺寸，还原图像特征。应用此方法提取屋顶绿化的思路是以屋顶绿化的建筑屋顶为训练目标，标记和学习其在影像中反映的内部及背景特征，进而区分出属于屋顶绿化的像素集合（Alshehhi et al.，2017），再将互相连接的像素聚合，并通过矢量化后处理形成最终屋顶绿化矢量斑块，具体流程如下。

1）屋顶绿化斑块初步提取：在整个研究区域均匀选取 80 个样本图像斑块（每个图像斑块的尺寸为 1000 像素×1000 像素）。样本应均匀地覆盖整个研究区域，尽可能覆盖各种类型的屋顶。图 3-5（a）和（b）分别显示了一幅原始样本图像和相应的标签图像。将样本图斑中所有的屋顶绿化作为提取目标标记为 1，其余的作为背景标记为 0，使得建筑屋顶绿化提取可以看作是一个二分类的语义分割任务。经过语义分割后，计算机自动选择合适的二值化阈值，矢量化提取屋顶绿化斑块。

(a) 样本图像　　(b) 标签图像

图3-5　屋顶绿化样本示例

2）增量式的迭代学习优化：在屋顶绿化特征提取的预测结果中，分别选择置信度高和置信度低的区域进行主动式的样本补充和编辑，重新对深度模型进行增量式学习，进而迭代至下一次特征提取中，逐步使屋顶绿化提取的结果趋优和稳定。

3）屋顶绿化提取优化处理：通过地形图建筑边缘信息的融入，在初步屋顶绿化形态提取的基础上进一步完善，使其边界形态规整。最终结合部门对接、实地调研等更正优化数据成果。

厦门岛既有建筑屋顶提取与上述通过深度学习中的语义分割方法提取屋顶绿化相同，不同的是这部分选择了各类建筑屋顶作为标签，其他部分为背景，实现既有建筑屋顶的初步识别提取。在此基础上，结合厦门岛矢量地形图进行边界形态的规整完善。

（2）屋顶资源统计

1）既有屋顶绿化。厦门岛2017年屋顶绿化面积共54hm^2，仅占本岛总建筑屋顶面积的2%，未进行屋顶绿化的屋顶面积高达2421.65hm^2，屋顶绿化改造的空间潜力巨大。从总体空间分布来看，屋顶绿化分布并不均匀，主要集中在本岛中部水系周边、会展商务区以及东渡区等区域，南北两端屋顶绿化最少；从行政空间分布来看，思明区的屋顶绿化量高于湖里区，面积约30hm^2，其中屋顶绿化量最高的是莲前街道，为10.06hm^2，占本岛屋顶绿化总量的18.6%。屋顶绿化量最低的是厦港街道，为0.69hm^2。湖里区的屋顶绿化面积约24hm^2，其中殿前街道屋顶绿化量最高，为6.57hm^2，金山街道屋顶绿化量相对较低，为3.49hm^2（图3-6）；从屋顶绿化类型来看，附属于居住建筑的屋顶绿化量最大，超过总屋顶绿化面积的一半，其余少量屋顶绿化项目附属于商业和工业建筑。而在用地紧缺的高密度城区，商业、公共、工业建筑具有单体建筑屋顶面积大、建筑权属单一、节能节地作用明显、城市展示度高等特征，其作为空间载体进行屋顶绿化有较大发展空间以及可行性。

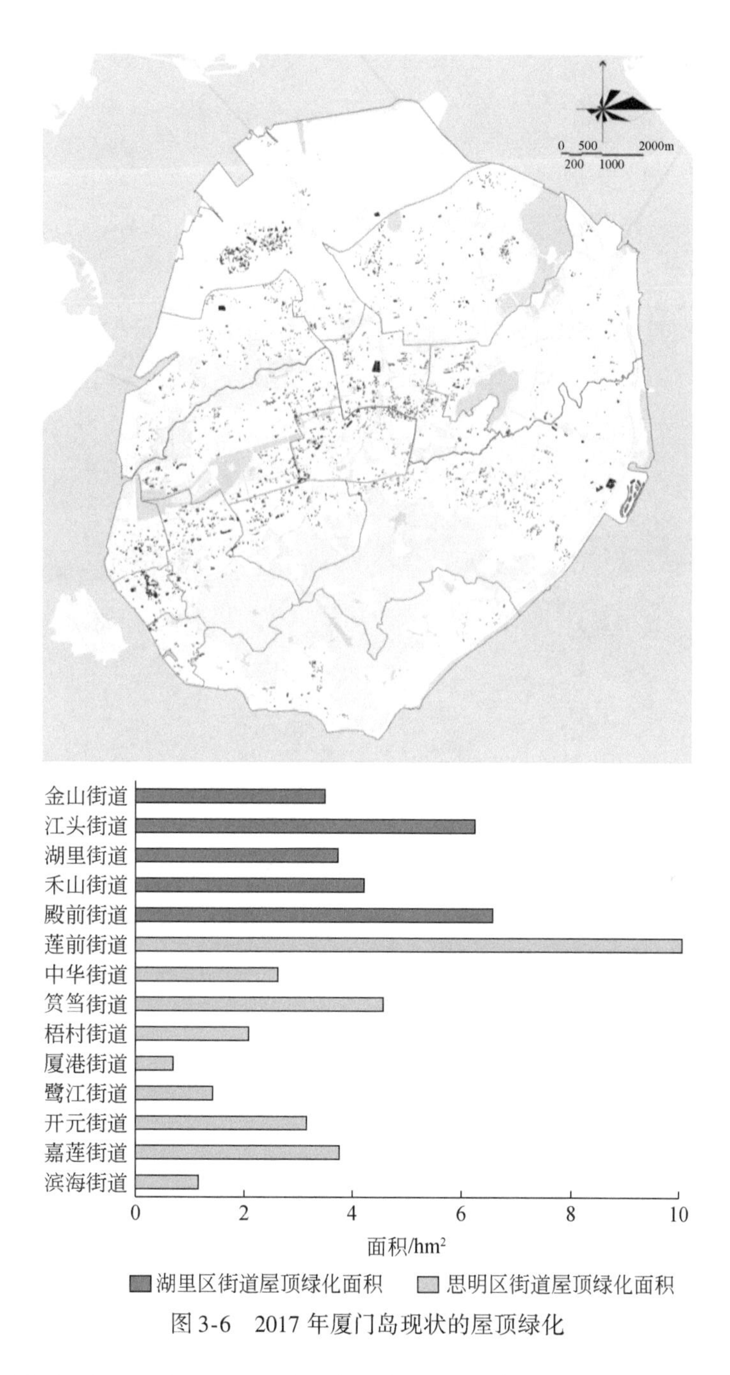

图3-6　2017年厦门岛现状的屋顶绿化

2）既有建筑屋顶。通过ArcGIS对既有建筑屋顶进行统计，结果表明2017年厦门岛屋顶存量总量为2421.65hm²（思明区1121.36hm²、湖里区1300.29hm²），约占本岛用地面积的17.1%（图3-7）。

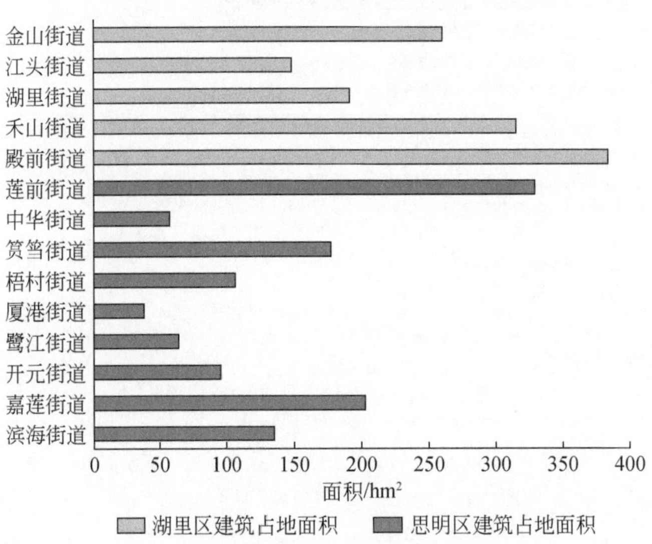

图 3-7　2017 年厦门岛屋顶存量资源统计

3.2　屋顶绿化适建性指标体系构建

3.2.1　评估准则设立

3.2.1.1　评估指标的构建原则

要建立一个科学、可推广、易操作的高密度城区屋顶绿化适建性评估指标体系，首先要确立合理的评估指标构建原则，以确保在正确处理技术目标与应用目标、城市发展与生态环境等复杂关系的基础上，实现方法和目标的一致性。基于高密度城区社会经济发展需求以及空间环境特点，本研究认为高密度城区屋顶绿化适建性评估指标体系的构建应遵循以下原则。

（1）科学性

屋顶绿化适建性评估指标体系的构建必须建立在科学的基础上，如实地反映影响屋顶绿化干预措施实施因素的相互关系。指标的确定、数据的选取、计算与合成必须以科学理论为依据，保证评估的真实性与客观性。

（2）完整性

屋顶绿化适建性评估指标体系作为一个整体，要繁简适宜，不能过简，也要避免过于复杂。从综合效益、建筑自身的属性特征等方面系统把握各个影响因子的层次性、逻辑性以进行指标的甄选，使指标较为全面地反映评估区域的发展特征、整体情况以及未来实施屋顶绿化的潜力，从而保证评估的完整性和可信度。

（3）可行性

作为需要广泛应用于城市宏观尺度的评估指标，设立时应使其操作方便、简洁明确，易于在实际评估领域应用，减少不确定性，进而提供给环境管理者或决策者相对准确的信息；同时指标采用通用名称、其设立不存在歧义，以利于在国内外不同城市的横向比较。避免构建涉及较多复杂模型、计算方法、仪器应用的复杂指标，避免其不利于实际操作应用以及推广。在屋顶绿化适建性评估中，指标的可行性原则具有三方面含义：一是所选取的指标越多，意味着城市屋顶绿化适建性评估工作量越大、技术要求越高，所消耗的人力、物力等资源越多。可行性原则要求在保证完整性原则的条件下，尽可能选择具有代表性、敏感性的综合性指标，删除代表性不强、敏感性差的指标；二是指标易于表述和获取，并且各指标之间具有可比性；三是尽可能使用在城区尺度以上能够通过遥感、地理信息系统技术量化计算的指标，提高指标体系在实际应用中的可行性。

（4）空间性

屋顶绿化适建性具有区域性与空间性，因此指标选取应具有空间属性，体现屋顶绿化适建性的空间分布格局、反映空间区域的差异，指标的属性特征能够覆盖研究区的全部或部分区域，同时具有空间分异的特点，从而将适建性定量化、空间可视化与形象化。

3.2.1.2　指标构建的标准设定

高密度城区屋顶绿化适建性评估指标体系构建标准的设定采用国家颁布的法令法规、

国家及地方标准的有关规定、国内外相关研究的成果以及根据实践经验和科学研究确定的标准等。

3.2.2 影响要素分析

在微观的建筑属性层面（供给层面），屋顶绿化是以建筑为空间载体的附加设施，建筑高度、屋顶坡度等属性因技术、成本等方面的因素，会直接影响屋顶绿化实施的可行性。因此要考虑建筑、屋顶自身的属性特征是否满足建设屋顶绿化的条件；在宏观的城市规划层面（需求层面），屋顶绿化的环境、经济、社会效益有助于减少城市建设的负面影响，满足城市发展的多元诉求，进而影响城市屋顶绿化实施的必要性（Silva et al., 2017），因此应结合屋顶绿化实施的必要性（规划分区要素）以及既有建筑改造的可行性（建筑分类要素）进行屋顶绿化适建性影响要素分析。

在整理、研析既有研究成果基础上，表 3-3 总结了表征既有建筑屋顶改造潜力的关联指标。主要的研究范围有两个方面：屋顶绿化（Wilkinson and Reed，2009；Zhang et al.，2012；邵天然等，2012；Mallinis et al.，2014；王新军等，2016；Santos et al.，2016；Karteris et al.，2016；Silva et al.，2017；Grunwald et al.，2017；陈柳新等，2017；Mahdiyar et al.，2018；Zhou et al.，2019；Velázquez et al.，2019）和太阳能光伏板（Wiginton et al.，2010；Nguyen et al.，2012；Theodoridou et al.，2012；Mallinis et al.，2014；Hong et al.，2017；Mohajeri et al.，2018），共确定了 20 个指标，包括建筑指标和规划指标。

表 3-3 既有研究中屋顶改造潜力指标的定义

类型	名称	单位	概念
建筑指标	建筑年代	年	建筑建设的年代
	建筑层数	层	楼层的数目
	建筑结构	定性	建筑构件组成的能够承受各种作用的体系
	屋顶类型	定性	屋顶结构解决方案的评估（如保温性能）
	建筑功能	定性	建筑的使用需求（住宅、商业、工业等）
	屋顶坡度	(°)/%	屋顶坡度分类
	建筑承载力	kN/m^2	建筑结构安全水平
	屋顶承载力	kN/m^2	屋顶结构安全水平
	屋顶被遮面积	定性	建筑/屋顶的太阳方位
	屋顶设备	m^2	除设备外，可用于其他应用的屋顶总面积
	屋顶面积	m^2	建筑屋顶面积
	屋顶材料	定性	屋顶采用的建筑材料（钢化玻璃、混凝土等）
	屋顶归属	定性	屋顶所有权的归属关系

续表

类型	名称	单位	概念
规划指标	建筑比例	%	土地覆盖面积比例（建设用地）
	容积率	m^2/m^2	总建筑面积与总用地面积之比
	城市绿地	%	土地覆盖面积比例（绿地）
	人口密度	定性	区域地理单位人口数据
	城市树木	棵	城区树木总数
	建筑密度	%	建筑基底面积总和与用地面积的比例
	区位价值	定性	建筑处于城市环境中的位置

其中，城市屋顶绿化改造的相关文章通过考虑屋顶绿化建设的经济性、安全性、生态性总结关联指标（表3-4）。本章对这些指标在已有研究中的使用率进行统计（图3-8），结果表明最常见的建筑指标是屋顶坡度、屋顶被遮面积等，而规划指标相对较少。

表3-4　屋顶绿化适建性指标统计

研究内容	研究区	屋顶绿化适建性指标		参考文献
		建筑指标	规划指标	
屋顶绿化改造潜力评估	葡萄牙里斯本	建筑年代、屋顶坡度	建筑密度、绿地率、城市树木	Silva等（2017）
屋顶绿化生态系统服务研究	德国布伦瑞克	屋顶坡度、屋顶被遮面积、屋顶材料、屋顶设备	—	Grunwald等（2017）
屋顶绿化生态效益评估	希腊塞萨洛尼基	建筑功能、建筑结构、屋顶坡度、屋顶材料、屋顶设备	—	Karteris等（2016）
屋顶绿化改造潜力评估	葡萄牙里斯本	屋顶材料、屋顶被遮面积、屋顶坡度、屋顶被遮面积	—	Santos等（2016）
屋顶绿化改造潜力评估	澳大利亚墨尔本	建筑高度、屋顶坡度、屋顶承载力、间距、被遮面积	区位价值、建筑密度	Wilkinso和Reed（2009）
屋顶绿化改造潜力评估	中国深圳	建筑年代、建筑结构、建筑高度、建筑功能、屋顶坡度、屋顶设备、屋顶被遮面积	—	邵天然等（2012）
立体绿化规划	中国深圳	建筑功能、建筑高度、建筑年代、建筑结构、屋顶坡度	—	陈柳新等（2017）
屋顶绿化适建性及生态价值评估	中国常州	建筑年代、建筑结构、建筑高度、屋顶承载力、屋顶归属、屋顶设备、屋顶坡度、屋顶被遮面积	区位价值	王新军等（2016）
屋顶绿化改造潜力	希腊塞萨洛尼基	屋顶材料、屋顶被遮面积	—	Mallinis等（2014）

续表

研究内容	研究区	屋顶绿化适建性指标		参考文献
		建筑指标	规划指标	
屋顶绿化改造潜力评估	西班牙马德里	建筑高度、屋顶坡度	污染、交通、人口、绿地	Velázquez 等（2019）
大规模屋顶绿化的水文特性评估	中国北京	建筑年代、建筑结构	—	Zhou 等（2019）
屋顶绿化改造潜力	中国香港	建筑结构、屋顶被遮面积	—	Wong 和 Lau（2013）

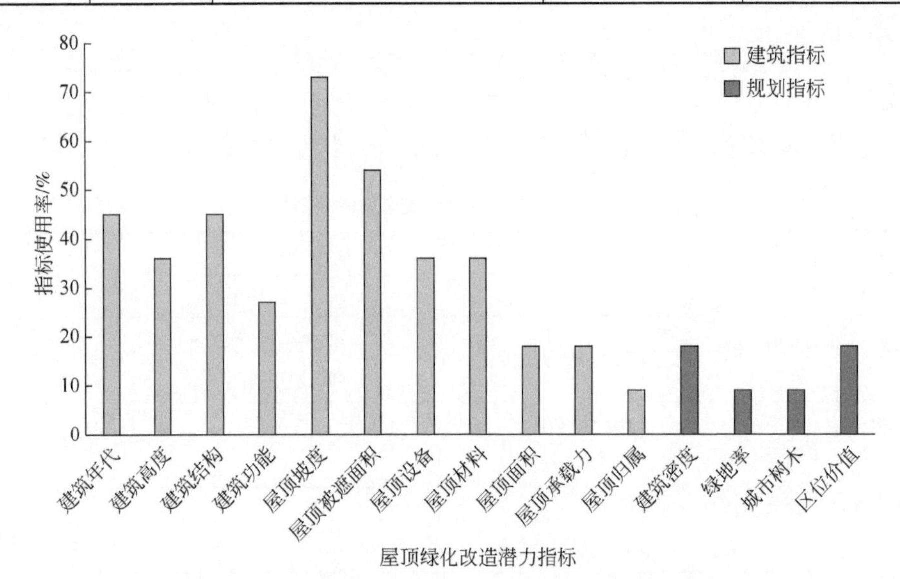

图 3-8　既有研究表征屋顶绿化改造潜力指标的使用率

在规划指标方面，大规模屋顶绿化实施效益包括生态（Berardi et al.，2014）、经济（Shafique et al.，2018）、社会（Francis and Jensen，2017）三方面。屋顶绿化适建性具有区域性与空间性，因此表征城市规划分区要素指标应具有空间属性，体现空间分布格局，同时具有空间分异的特点（表 3-5）。

表 3-5　基于屋顶绿化实施效益的规划要素指标选取

要素	子要素	参考文献	筛选
生态效益	热岛效应缓解	Imran 等（2018）	选择
	雨水径流减缓	Shafique 等（2018）	选择
	温室气体减排	Goudarzi 和 Mostafaeipour（2017）	移除
	噪声削减	Berardi 等（2014）	移除
	保温隔热	Besir 和 Cuce（2018）	移除
	环境意识	Brudermann 和 Sangkakool（2017）	移除

续表

要素	子要素	参考文献	筛选
经济效益	区位价值	Berardi 等（2014）	选择
	节约能源	Besir 和 Cuce（2018）	移除
	财政奖励	Perini 和 Rosasco（2016）	移除
	屋顶寿命延长	Bianchini 和 Hewage（2012）	移除
社会效益	绿色建筑认证	Mahdiyar 等（2018）	移除
	城市韧性	Shafique 等（2018）	移除
	额外绿色空间	Mahdiyar 等（2018）	选择
	心理健康	Manso 和 Castro-Gomes（2015）	移除
	城市美化	Mahdiyar 等（2018）	移除

3.2.3　指标体系构建

在屋顶绿化产业化发展的时代背景下，城市尺度屋顶绿化考虑装配式轻型屋顶绿化产品。一方面，其投资回报期低于十年，被认为是一种低风险投资（Brudermann and Sangkakool，2017）；另一方面，其建设相对简单，不需要额外的结构支持（Sun et al.，2013；Jim and Tsang，2011），特别适合于城市大面积建设。屋顶绿化适建性评估指标的选择既保障指标体系的完整性，又力求避免因子的重复性，同时考虑指标获取的可行性以及指标的必要性，从上述各类型影响要素中筛选出最能适用于研究区特点、切实反映适建性状况的指标。保留了屋顶绿化相关政策出于工程建设进行限制的指标（如屋顶坡度、屋顶材料）、出于实施难易程度进行约束的指标（如人口密度、建筑密度、区位价值、建筑高度、建筑功能）；精简了较难获取且城市尺度评估可忽略的指标（如屋顶归属、屋顶设备）、当下技术可以解决的建筑质量指标（如建筑结构、屋顶承载力、建筑年代）与屋顶绿化适建性相关度不高的指标（如屋顶面积）、重复冗余以及相关性显著的指标（如城市绿地、城市树木）；基于研究区城市环境问题，增加了具有空间分异性的屋顶绿化效益指标（如城市热岛、雨水径流）（表3-6）。

表3-6　对已有研究成果所做的指标更改简介

类型	指标	原因
保留	建筑高度	随着建筑高度的增加，屋顶会导致风力加大、温度增加、水分保持困难，对屋顶绿化的植物生长影响较大。虽然可以通过设置挡风板、加固植物根部等措施来缓解这些不利影响，但会增加建造成本。同时，当屋顶绿化安装在中高层甚至高层建筑中时，其高温缓解潜力几乎可以忽略不计（Santamouris，2014；姜之点等，2018；Zhang et al.，2019），相比低层建筑效益偏低。因此，需要适当控制实施屋顶绿化的建筑高度

续表

类型	指标	原因
保留	建筑功能	建筑功能对屋顶绿化建设的可行性和必要性具有显著影响。公共、商业等建筑具有单体屋顶面积大、建筑权属单一、节能节地作用明显、城市展示度高等特征，其作为空间载体进行屋顶绿化有较大发展空间以及可行性，更适宜进行屋顶绿化建设
	屋顶坡度	屋顶绿化相关规范对屋面坡度进行了限制性规定，为确保屋顶绿化系统的稳定性，宜选择坡度较小的屋顶进行绿化。虽然已有技术可以支持在任何坡度的屋顶实施屋顶绿化，但是坡度较陡屋顶需要额外的支撑以避免植物材料滑动，并且其维护的可达性有限
	屋顶材料	一些建筑屋顶作为造型设计的考虑要素之一，具有顶层采光、色彩搭配、形态完整等特殊的功能要求，因而屋顶绿化应以不影响建筑整体造型及屋顶特殊性功能要求为前提
	区位价值	从城市经济发展角度统筹考虑，确定适合进行重点建设的区域
	人口密度	从社会效益层面考虑，城市屋顶绿化产生的效益应该惠及更多人口
	建筑密度	屋顶绿化实施效益最大、最有效的地区通常是城市建筑高密度地区（姜之点等，2018），这些地区往往对应着大面积不透水区域
精简	建筑结构	建筑结构、年代和屋顶承载力都反映建筑的质量信息，随着屋顶绿化技术的进步，现在的屋顶绿化产品打破了传统屋顶绿化的模式，可以一次性解决传统屋顶绿化在承重、防排水、保温隔热等多方面的难题（韩丽莉等，2015），因此既有研究成果中建筑结构等因素已经不作为影响实施的必要因素
	屋顶承载力	
	建筑年代	
	屋顶被遮面积	当前装配式轻型屋顶绿化产品可根据实际情况选择具备喜阴、抗盐碱等特性的植物；同时，屋顶被遮面积的获取需要更详细的3D数据以及更复杂的处理算法，在城市尺度评估屋顶绿化潜力时，对可用的屋顶区域影响较小
	屋顶面积	当前屋顶绿化产品为模块化生产，屋顶面积与屋顶绿化适建性相关度不高
	屋顶设备	相比于城市尺度的研究区域，屋顶设备不会占用太大的空间（Nguyen et al.，2012），更适合中微观尺度
	屋顶归属	城市区域的产权信息较难获取，工作量过大，难以评估
	城市绿地	绿色区域有利于解决城市所面临的环境问题，但城市绿地、城市树木与建筑密度反映相似的信息，即现状绿化不足，同时与城市热岛、建筑密度相关性显著
	城市树木	
增加	城市热岛	屋顶绿化实施必要性须结合屋顶绿化效益考虑，从中选取具有空间分异性的指标
	雨水径流	

最终将城市尺度屋顶绿化适建性评估指标体系划分为四个层次，即1个目标层、2个准则层、5个要素层及若干个指标层。目标层为屋顶绿化适建性，准则层包括规划分区要素（屋顶绿化实施必要性）和建筑分类要素（建筑改造可行性）两大准则，生态效益、经济效益、社会效益以及建筑属性、屋顶属性五个要素层分别隶属两大准则层。在此基础上，按照指标对屋顶绿化适建性影响方式的差异，将指标因子分为约束性指标和决定性指标两类（表3-7）。约束性指标对屋顶绿化综合效益的发挥以及建设成本有一定程度的影

响，但不会对实施产生决定性影响；而决定性指标特征中任何一个因子超出一定范围后，将使得屋顶绿化建设因为技术、成本限制而难以进行，即不适建。决定性指标主要包括屋顶坡度和屋顶材料，它们有一票否决权，能决定建筑屋顶是否可以进行屋顶绿化改造。在决定性指标满足屋顶绿化建设要求的基础上，其他约束性指标反映了不同建筑屋顶进行屋顶绿化改造的适宜性程度差异。

表 3-7　屋顶绿化适建性评估指标体系

<table>
<tr><th>准则层</th><th>要素层</th><th>指标层</th><th colspan="2">评估标准</th><th>参考依据</th></tr>
<tr><td rowspan="6">规划分区要素</td><td colspan="5">约束性指标</td></tr>
<tr><td rowspan="2">生态效益</td><td>城市热岛</td><td colspan="2">热岛效应严重区优先</td><td></td></tr>
<tr><td>雨水径流</td><td colspan="2">城市积水影响区优先</td><td></td></tr>
<tr><td>经济效益</td><td>区位价值</td><td colspan="2">城市重要功能区优先</td><td>Wilkinson 和 Reed（2009）</td></tr>
<tr><td rowspan="2">社会效益</td><td>人口密度</td><td colspan="2">人口高密度地区优先</td><td>Silva 等（2017）</td></tr>
<tr><td>建筑密度</td><td colspan="2">建筑高密度地区优先</td><td>Velázquez 等（2019）</td></tr>
<tr><td rowspan="6">建筑分类要素</td><td rowspan="2">建筑属性</td><td>建筑功能</td><td colspan="2">公共类、商业类优先</td><td>Karteris 等（2016）</td></tr>
<tr><td>建筑高度</td><td colspan="2">12 层、40m 以下优先</td><td>相关规范标准</td></tr>
<tr><td colspan="5">决定性指标</td></tr>
<tr><td></td><td></td><td>适建</td><td>不适建</td><td></td></tr>
<tr><td rowspan="2">屋顶属性</td><td>屋顶坡度</td><td>平屋顶</td><td>坡屋顶</td><td>相关规范标准</td></tr>
<tr><td>屋顶材料</td><td>混凝土等普通材料</td><td>玻璃等特殊材料</td><td>Santos 等（2016）</td></tr>
</table>

注：①关于“建筑高度”，我国尚无区别于南北方不同气候城市的研究成果，厦门参考北京、成都等地的现有规定（2011 年北京《关于推进城市空间立体绿化建设工作的意见》，2005 年成都《成都市屋顶绿化及垂直绿化技术导则（试行）》等）。

②关于“建筑功能”，参照用地性质进行分类，公共建筑主要为行政办公、文化设施、教育科研、体育设施、医疗卫生、社会福利等；商业建筑主要为商业、餐饮、旅馆、商务办公、娱乐康体、公用设施营业网点等；居住建筑主要为一、二、三类居住建筑；工业建筑主要为工业及仓储类建筑；公用建筑主要为供应、环境、安全等设施建筑；其他建筑主要为交通建筑、绿地中的环境建筑及其他。

3.3　屋顶绿化适建性指标定量计算

高密度城区既有建筑屋顶绿化适建性评估指标计算从技术方法上分为三大类：①通过地形图、土地利用图、统计年鉴等现状数据直接赋值、简单统计分析，如建筑高度、建筑功能、人口密度、建筑密度、区位价值。②利用地形图和亚米级高分辨率遥感影像，结合深度学习与监督分类等机器学习方法智能识别（根据光谱、纹理等特征）提取屋顶属性信息，如屋顶坡度、屋顶材料。③基于 3S 技术的环境参数反演计算，如城市热岛、雨水径流。

3.3.1 规划分区指标计算

(1) 人口密度

为了使城市屋顶绿化产生的效益惠及更多人口，通过计算研究区各个街道的人口密度，确定人口密集的街道（人口数据从2017年厦门金砖会议期间公安部门入户调查数据获取），按下式计算：

$$人口密度=\frac{街道常住人口数}{街道总面积}$$

(2) 建筑密度

通过计算研究区各个街道的建筑密度，确定建筑密集的街道。运用ArcGIS对建筑数据进行处理（建筑数据从厦门岛地形图矢量数据获取），确定每个街道的建筑密度，按下式计算：

$$街道建筑密度=\frac{街道建筑基底面积}{街道总面积}$$

(3) 区位价值

从屋顶绿化经济效益与城市发展关系角度考虑区位价值，在城市经济发展状况良好的区域实施屋顶绿化更具有经济效益。GDP常作为衡量经济发展状况的指标，因此将人均GDP作为反映各街道区位价值的经济指标（GDP数据从湖里区/思明区经济社会统计年鉴获取），按下式计算：

$$街道人均\mathrm{GDP}=\frac{街道地区生产总值}{街道常住人口数}$$

(4) 城市热岛

本研究利用单窗算法进行Landsat 8遥感影像的热红外波段地表温度反演，详细技术方法参见本书第5章。在此基础上，统计各街道平均地表温度表征城市热岛指标。

(5) 雨水径流

本研究采用ArcGIS与SCS-CN水文模型相结合的方法，计算两年重现期降雨事件下研究区的地表径流，进而量化研究区各街道雨水淹没面积，详细技术方法参见本书第6章。

3.3.2 建筑分类指标计算

(1) 建筑高度

建筑高度通过研究区地形图（包含建筑层数信息）矢量直接提取，具体而言，运用ArcGIS的空间连接工具获取各建筑的建筑高度信息。建筑高度的增加会导致风力加大、温度增加、水分保持困难，对屋顶绿化的植物生长影响较大。参考屋顶绿化实施政策相关规定（屋顶绿化技术规程、实施方案等规范），按照屋顶绿化实施难易度进行赋值：1~6层建筑赋值为3；6~12层赋值为2；12层以上赋值为1。

（2）建筑功能

建筑功能通过研究区土地利用矢量直接提取，即运用 ArcGIS 的空间连接工具获取各建筑功能属性信息。从建筑功能和屋顶归属层面考虑屋顶绿化实施难易度，并参考屋顶绿化实施政策相关规定进行赋值：公共类、公用类建筑赋值为 3（主要为政府拥有产权，更易实施）；商业类、工业类建筑赋值为 2（主要为企业拥有产权，且此类建筑多为经营性质，实施相对容易）；其他类建筑赋值为 1（主要为居住建筑，产权为个人或集体所有，利益相关者众多，实施相对困难）。

（3）屋顶坡度

在亚米级高分辨率遥感图像中，可以清晰地看到坡屋顶中部的屋脊线。此外，坡屋顶材料通常为瓦片，与由钢筋混凝土材料构成的平屋顶明显不同。这些是重要的语义信息，可以通过语义分割方法区分坡屋顶和平屋顶。方法与 4.1.2.1 节中通过深度学习中的语义分割方法提取屋顶绿化相同，不同的是这部分选择了坡屋顶作为标签，其他部分为背景，实现对坡屋顶的自动识别提取，再与地形图中的所有建筑屋顶作对比，输出坡屋顶地图，其余的则为平屋顶。

（4）屋顶材料

图像光谱特征的变化可以反映不同的屋顶材料。因此，利用机器学习中的监督分类方法，可以在像素尺度上识别出屋顶材料。首先，根据遥感影像的可解译性和研究区的特点，创建混凝土、彩钢板、瓦片三种训练样本（表 3-8）。由于只需要对屋顶区域进行分类，为了减少误差，地形图中的建筑矢量被用作分类掩膜。然后，利用基于像素的最大似然分类方法提取三种不同的屋面材料（混凝土、彩钢板、瓦片）（Zubair and Ji，2015），并以屋顶边界为约束条件，得到各屋顶的分区统计，构成一个屋顶斑块中大部分像素的材料类型就是这个屋顶斑块的材料类型，最终将屋顶材料分为混凝土、彩钢板、瓦片、其他材料（玻璃、太阳能板等材料）四类。最后，随机选取约 5% 的建筑屋顶进行屋顶坡度和屋顶材料提取结果的验证，与目视解译得到的真实结果相比，屋顶坡度和屋顶材料的提取结果具有较好的识别效果。同时，由于一些屋顶构筑物覆盖了原有屋顶，通过人工修正，消除这些屋顶构筑物造成的错误分类。

表 3-8　典型屋顶材料分类训练样本

序号	样本名称	样本			样本数
1	混凝土				4000
2	彩钢板				1200
3	瓦片				910

3.4 屋顶绿化适建性评估模型建立

3.4.1 评估模型选择

综合评估是当一个复杂系统同时受到多因素影响时，依据多元指标对系统进行评估的方法。在不同领域的应用问题中，综合评估方法众多，包括层次分析法、因子分析法、综合指数法、主成分分析法、灰色关联分析法、TOPSIS 法、模糊评估法等几十种方法（俞立平等，2020）。在这些评估方法中，逼近理想解排序法（technique for order preference by similarity to ideal solution，TOPSIS）是一种经典的、应用广泛的多准则、多属性决策评估方法，被称为是最能接近理想解的排序式研究方法。该方法通过计算评估对象与最优目标（正理想解，由评估对象中实际数据的最大值组成）和最劣目标（负理想解，由评估对象中实际数据的最小值组成）之间的距离，获得评估对象与理想化目标的相对接近程度，并以此对评估对象进行排序，可以通过多元指标对评估对象进行全面综合的有效评价（何晓瑶，2020）。TOPSIS 法对样本数、指标数没有严格限制，对原始数据的信息利用最充分，其计算简单易行，结果可以精确地反映各评估对象间的差距，得到良好的可比性评估排序结果（俞立平等，2020）。与所有综合评估方法类似，指标权重的确定是评估中的关键问题，其大小的设置直接影响到最后的评估结果。因此，特菲尔法、熵权法等权重获取方法多与 TOPSIS 法结合，用以消除主观赋权对结果的影响，在各个领域的综合性评估分类问题中得到广泛运用。然而，这些赋权方法仍然是把指标权重当作一个定值，没有考虑其不确定性，导致结果必然存在一定程度上的主观性（何晓瑶，2020）。

鉴于此，考虑到指标权重的不确定性，本章采用蒙特卡罗模拟（Monte Carlo simulation，MCS）对不同权重进行随机模拟（Xu et al.，2020），多次大量重复运用 TOPSIS 方法，通过大量次计算评估值的平均值、最大值、最小值等统计特征值得到稳定的评估结果。MCS 方法又称随机模拟、随机抽样或统计试验方法，它利用随机变量进行统计试验，以求得统计特征值作为求解问题的数值解。其基本思想是在对随机变量进行规则设定的基础上，采用随机抽样法获得一组符合该特定规则的随机数，输入随机数模拟、计算评估值，并通过多次大量抽样模拟、计算评估值的平均值、方差等统计特征值。总的来说，MCS 方法是基于统计的模拟方法，以概率和统计理论方法作为基础理论，将需要求解的问题表示为统计模型，通过多次模拟得到同一求解模型的多个结果，并基于多个结果进行统计分析得到问题的近似解的方法，它可以有效分析实际问题中因素的不确定性。在具体的实验中，MCS 方法结果的精确性与模拟次数直接相关，模拟次数越多，蒙特卡罗模拟的精度越高，因此一般需要成百上千次实验，在模拟次数足够多的前提下可得到满足精度要求的近似解。近几十年来，随着信息技术的快速发展，MCS 方法已被广泛应用于自然科学、工程技术等领域，并不断向其他学科渗透，尤其在不确定性问题分析方面，MCS 方法体现出它独特的优越性以及有效性，在评估分类分级应用中对指标权重的不确定性问题具有重要的现实价值（李绍红等，2017）。

3.4.2 评估模型方法

3.4.2.1 基于 TOPSIS 的确定性分析

TOPSIS 方法根据实际决策问题情况确定正理想解和负理想解，通过比较各评估对象与正理想解和负理想解的欧式距离来评价各评估对象的相对优劣。TOPSIS 方法主要包括以下步骤：

（1）创建原始矩阵并进行标准化处理

创建 m 行（m 表示评估对象），n 列（n 表示指标个数）的原始指标矩阵 X，其中矩阵 X 的每个元素为 $x_{i,j}$，$i=1$，2，…，m，$j=1$，2，…，n。原始矩阵为

$$X = (x_{ij})_{m\times n} = \begin{bmatrix} x_{11} & x_{12} & \cdots & x_{1n} \\ x_{21} & x_{22} & \cdots & x_{2n} \\ \vdots & \vdots & \ddots & \vdots \\ x_{m1} & x_{m2} & \cdots & x_{mn} \end{bmatrix} \tag{3.1}$$

为消除量纲不同导致的误差，对原始矩阵进行标准化处理，记为标准化矩阵 $B = (b_{ij})_{m\times n}$，标准化公式为

对于正向型指标（越大越优）：

$$b_{ij} = \frac{r_{ij} - \min(r_{ij})}{\max(r_{ij}) - \min(r_{ij})} \tag{3.2}$$

对于负向型指标（越小越优）：

$$b_{ij} = \frac{\max(r_{ij}) - r_{ij}}{\max(r_{ij}) - \min(r_{ij})} \tag{3.3}$$

（2）标准化矩阵加权处理

由于屋顶绿化适建性评估中的各个指标存在权重差异，因此要对标准化矩阵进行加权，n 个指标的权重分别为 w_1，w_2，…，w_n，加权后矩阵为

$$Z = (z_{ij})_{m\times n} = (w_j \times z_{ij})_{m\times n} = \begin{bmatrix} w_1 b_{11} & w_2 b_{12} & \cdots & w_n b_{1n} \\ w_1 b_{21} & w_2 b_{22} & \cdots & w_n b_{2n} \\ \vdots & \vdots & \ddots & \vdots \\ w_1 b_{m1} & w_2 b_{m2} & \cdots & w_n b_{mn} \end{bmatrix} \tag{3.4}$$

（3）评估对象与最优解的相对贴近度

加权标准化矩阵 Z 的正理想解 Z^+（由 Z 中每列元素的最大值构成）与负理想解 Z^-（由 Z 中每列元素的最小值构成）分别表示为

$$\left.\begin{aligned} Z^+ &= [\max(z_{ij})] = \{c_1^+, \quad c_1^+, \quad \cdots, \quad c_n^+\} \\ Z^- &= [\min(z_{ij})] = \{c_1^-, \quad c_1^-, \quad \cdots, \quad c_n^-\} \end{aligned}\right\} \tag{3.5}$$

计算各评估对象与正理想解 D_i^+ 和负理想解 D_i^- 的欧式距离 D_i^+ 和 D_i^- ：

$$D_i^+ = \sqrt{\sum_{j=1}^{n} (z_{i,j} - z_j^+)^2} \tag{3.6}$$

$$D_i^- = \sqrt{\sum_{j=1}^{n} (z_{i,j} - z_j^-)^2} \tag{3.7}$$

最后，计算各评估对象与最优解的相对贴近度：

$$E_i = D_i^- / (D_i^+ + D_i^-) \quad (0 \leqslant E_i \leqslant 1) \tag{3.8}$$

3.4.2.2 基于 MCS 的不确定性分析

指标权重是 TOPSIS 评估模型中唯一的主观输入，为了量化主观性的影响，采用 MCS 模拟对 TOPSIS 评估结果进行不确定性分析。MCS 方法通过产生满足一定分布的随机数，将每组随机数输入算式并通过统计结果实现对求解问题的模拟，通过随机模拟逼近真实情况。MCS 模拟的基本原理如下（李绍红等，2017）。

1）假设屋顶绿化适建性评估结果 Y 和指标权重变量 x_1，x_2，…，x_n 函数关系为

$$Y=f(x_1, x_2, \cdots, x_n)$$

式中，x_1，x_2，…，x_n 是 n 个相互独立的随机变量，且各随机变量满足一定规律（本研究中 $0<x_1, x_2, \cdots, x_n<1$，且 $x_1+x_2+\cdots+x_n=1$），则可利用 Python 通过抽样生成一组符合此分布的随机数序列 $\{x_1, x_2, \cdots, x_n\}$。

2）将抽样得到的随机数序列 $\{x_1, x_2, \cdots, x_n\}$ 输入屋顶绿化适建性评估函数 $Y=f(x_1, x_2, \cdots, x_n)$ 中可以得到一个评估结果 Y 值。

3）利用 Python 随机数生成器进行 N 次抽样，将产生随机数序列 $\{x_1^{\,i}, x_2^{\,i}, \cdots, x_n^{\,i}\}$（$i=1, 2, \cdots, N$）；将这 N 组随机数输入屋顶绿化适建性评估函数可以得到评估结果值 Y 的 N 个随机数 $\{y_1, y_2, \cdots, y_n\}$：

$$\begin{cases} y_1 = f(x_1^1, x_2^1, \cdots, x_n^1) \\ y_2 = f(x_1^2, x_2^2, \cdots, x_n^2) \\ \qquad \cdots \\ y_N = f(x_1^N, x_2^N, \cdots, x_n^N) \end{cases}$$

4）当模拟次数 N 足够大时，可利用这组抽样数据进行统计分析，计算该屋顶绿化适建性评估结果 Y 的统计特征值（平均值、最大值、最小值、方差等）。

5）每一次模拟应是独立、随机的且避免重复，模拟次数足够多，才能更真实地保证结果的可靠性。

将 MCS 方法应用于分类问题，可以充分考虑到指标权重的不确定性。应用此方法需要在权重变量可能的取值范围内进行随机抽样，本章采用 Saltelli 采样法进行权重采样（Saltelli，2002）。在此方法中，需要运行 TOPSIS 评估模型 $N\times(n+2)$ 次，其中 N 是 MCS 样本数（综合模拟所期望达到的模拟速度及结果精确度，确定 MCS 样本数。若样本数 N 过大，会影响模拟运算的速度，若样本数 N 过小，也会影响结果的可靠性），n 是评估模

型指标个数。

在此基础上，应用 MCS 结果进行不确定性分析，基于大量模拟评估值的平均值、最大值、最小值等统计特征值确定最终的屋顶绿化适建性规划分区与建筑分类结果。具体划定方法如下：通过 ArcGIS 标准分类方法的自然间断点分级法对最大值、最小值、平均值分别分三级（高、中、低值）进行分类，大量次模拟中平均值处于高值，同时最小值处于高值的街道、建筑（即这些街道/建筑评估值始终较高）划分为核心区、核心类；大量次模拟中平均值处于低值，同时最大值处于低值的街道、建筑（即这些街道/建筑始终处于评估低值）划分为一般区、一般类；其他街道、建筑划分为重要区、重要类（图 3-9）。

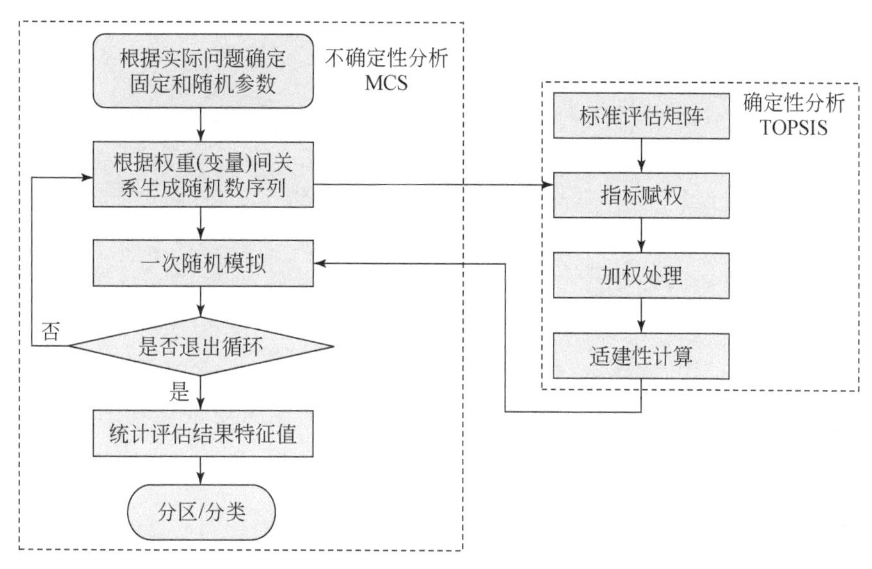

图 3-9　TOPSIS-MCS 评估流程图

3.4.3　评估模型应用

在屋顶绿化适建性评估指标定量计算基础上，分别从规划分区与建筑分类两个层面开展既有建筑屋顶绿化适建性的评估分析。屋顶绿化适建性规划分区评估是基于研究区城市的环境特征，以街道为基本评估单元，从生态、社会、经济效益最大化发挥角度（城市问题突出）进行街道的需求差异分析；屋顶绿化适建性建筑分类评估则基于城市屋顶绿化相关政策要求（屋顶绿化技术规程、实施方案等法规、规范），以建筑为基本评估单元，从既有建筑实施屋顶绿化的难易程度角度进行建设支撑差异分析。以此为评估标准，采用 TOPSIS-MCS 耦合模型进行规划分区与建筑分类评估，并结合建筑分类与规划分区评估结果进行屋顶绿化适建性分级，最终输出适合实施屋顶绿化的既有建筑优先级排序。

3.4.3.1 规划分区

实施城市屋顶绿化最有效的地区通常是环境问题突出的区域，在这些区域屋顶绿化可以实现更大的效益。以研究区现实问题为导向、结合屋顶绿化实施的必要性（分别从生态效益、经济效益、社会效益三个方面确定对屋顶绿化需求最高的街道），进行研究区屋顶绿化适建性的规划分区。本章 MCS 模拟样本数 N 取 10 000 个，规划分区指标 n 为 5 个，则生成一个 $N\times(n+2)\times n=70\ 000\times5$ 的混合矩阵作为 MCS 的输入。MCS 执行 7 万次，得到 7 万个规划分区评估结果，最终基于评估结果的统计特征值（平均值、最大值、最小值）将研究区街道划分为核心区、重要区、一般区。

3.4.3.2 建筑分类

在对屋顶绿化适建性进行规划分区的基础上，对满足屋顶绿化安装所需条件的建筑屋顶进行分类。为此，基于已发布的城市屋顶绿化规范、规程等政策的相关要求，首先利用屋顶坡度、屋顶材料（决定性指标）去除不适建屋顶，即坡屋顶不适建，平屋顶适建，屋顶材料为瓦片、其他（玻璃、太阳能板）等特殊材料不适建，混凝土、彩钢板等普通材料适建；然后利用建筑功能、建筑高度（约束性指标）对适建屋顶进行适建程度的划分。本章 MCS 模拟样本数 N 取 10 000 个，建筑分类指标 n 为 2 个，则生成一个 $N\times(n+2)\times n=40\ 000\times2$ 的混合矩阵作为 MCS 的输入。MCS 执行 4 万次，得到 4 万个建筑分类评估结果，最终基于评估结果的统计特征值将研究区建筑划分为核心类、重要类、一般类。

3.4.3.3 绿化分级

考虑到建筑要素（建筑改造的可行性）是实施屋顶绿化的前提条件，建筑分类权重大于规划分区权重，规划分区从一般、重要到核心分别取 1、3、5 权重，建筑分类从一般、重要到核心分别取 2、4、6 权重，将两类权重进行叠加，其乘积作为屋顶绿化适建性分级的最终权重。由于权重分呈梯度等级，将相近值归为一类，最后确定屋顶绿化适建性分级分为一级（30）、二级（18、20）、三级（10、12）和四级（2、4、6）（表 3-9）。

表 3-9 屋顶绿化适建性分级

适建性分级	核心区（5）	重要区（3）	一般区（1）
核心类（6）	一级（30）	二级（18）	四级（6）
重要类（4）	二级（20）	三级（12）	四级（4）
一般类（2）	三级（10）	四级（6）	四级（2）

第 4 章
规划实施——绿色网络空间优化与策略制定

屋顶绿化作为高密度城区增加绿色空间的重要方式，其规划需要与城市绿地系统联动互补，对屋顶绿化进行定性、定位和定量的统筹安排，形成具有合理结构的、协同城市绿地的绿色空间网络系统。简言之，即在城市绿地系统格局下，从多维空间角度串联地面绿色斑块，依托屋顶绿化补充完善形成格局性的绿色空间系统，通过绿色网络构建优化高度城市化地区区域景观格局。本章高密度城区绿色网络空间优化与策略制定主要内容包括既有建筑绿化分级、绿色网络空间优化、规划实施策略制定。首先，承接第 3 章构建的高密度城区既有建筑屋顶绿化适建性评估的技术框架，进行研究区既有建筑屋顶绿化适建性规划分区、建筑分类以及最终的适建性绿化分级；其次，基于屋顶绿化适建性分级评估结果进行近远期规划绿化情景设定，结合城市绿地、水体等地面维度的绿色空间，运用 MSPA 与 MCR 模型进行高密度城区绿色空间网络构建，并通过现状与规划情景的对比分析，从景观格局、景观连通性、网络结构等方面分析屋顶绿化对高密度城区绿色空间网络的优化作用；最后，在此基础上，结合重点实施片区划分（综合存量既有建筑和增量新建建筑划定屋顶绿化发展重点实施片区）、绿化分级统筹指引（以街道为行政管理单元提出规划指引及指标要求）、建筑绿化分类导则（从建设技术等层面对不同类型建筑制定差异化屋顶绿化导则）制定实施策略。

4.1 既有建筑绿化分级

4.1.1 屋顶绿化适建性规划分区

针对厦门岛现状生态环境、城市人口、城市建设等条件，从生态效益、社会效益、经济效益三方面进行需求分析，以街道为基本评估单元，明确厦门岛实施屋顶绿化规划分区的核心区、重要区、一般区。

4.1.1.1 指标计算

(1) 人口密度

2017 年厦门岛滨海街道人口密度最低，为 5683 人/km^2。14 个街道中有 10 个街道

（占比71%）的人口密度超过16 000人/km^2（高密度城区门槛标准），其中湖里区中部商圈的江头街道人口密度最高，达37 198人/km^2。除江头街道外，思明区西南部的中华街道、厦港街道和鹭江街道人口密度均超过高密度城区标准值的两倍多（图4-1）。

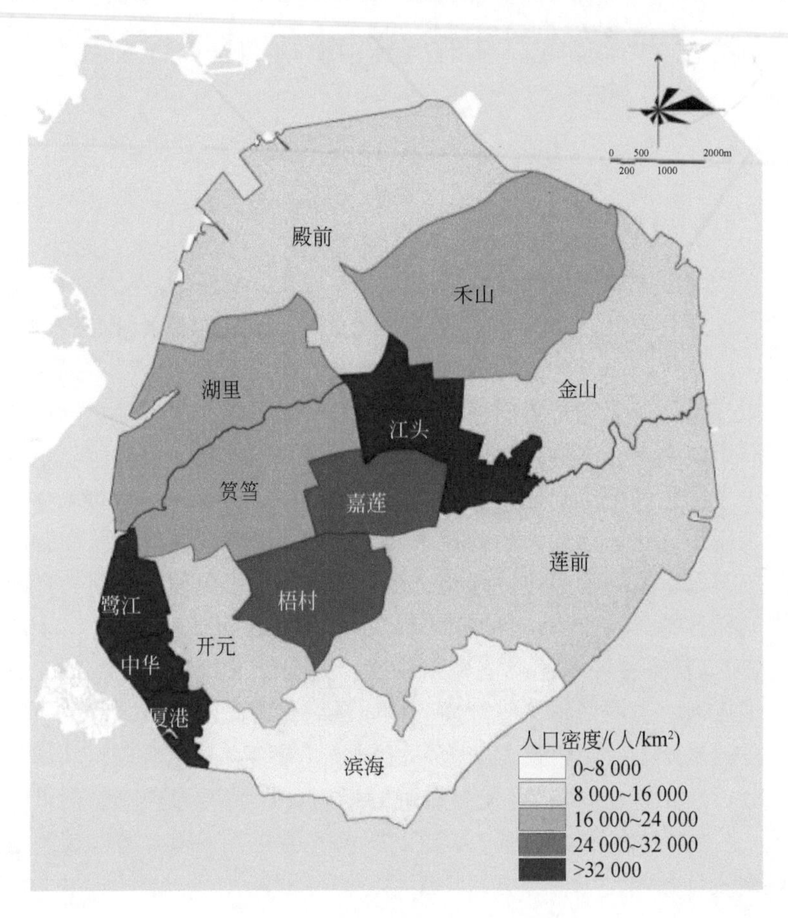

图4-1　厦门岛各街道人口密度图

（2）建筑密度

2017年厦门岛建筑密度最高的街道为中华街道（厦门岛最繁华的中山路商业街所在街道），高达53.7%，其次为嘉莲街道、厦港街道、鹭江街道，而莲前街道、滨海街道、开元街道等由于区域内包含东坪山、万石山植物园等大型城市绿色空间，建筑密度较低。其中，滨海街道建筑密度最低，为8.27%（图4-2）。

（3）城市热岛

从地表温度反演结果可以看出，2017年厦门岛地表温度分布大体趋势由北向南递减，超高温区集中在厦门岛西北部高崎机场、港口所在的殿前街道，平均地表温度高达39.39℃。厦门岛南部主要为山地地形，植物覆盖率较高，比周围非山地地区（滨海街道、开元街道、梧村街道、莲前街道）地表温度低。其中，开元街道平均地表温度最低，为33.76℃，其次是滨海街道，其平均地表温度为34.15℃（图4-3）。

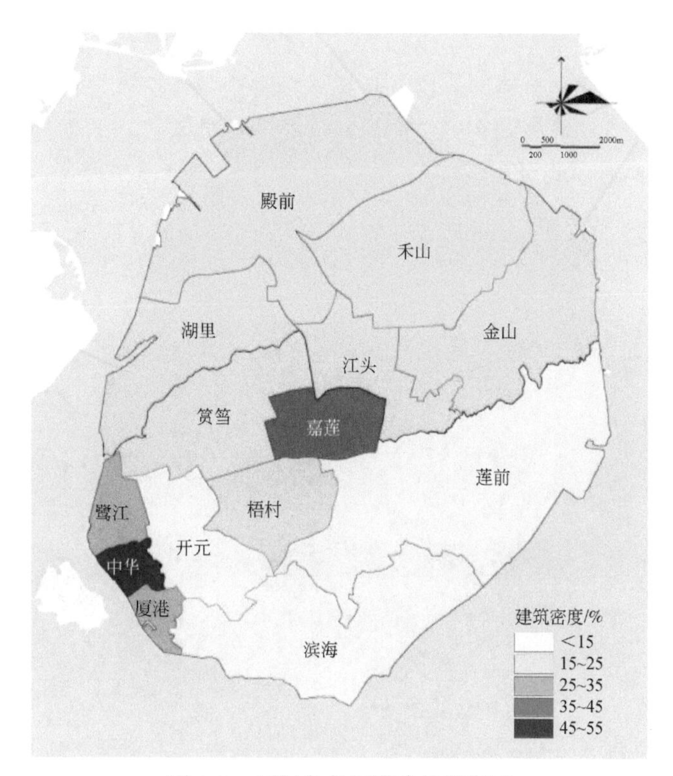

图4-2　厦门岛各街道建筑密度图

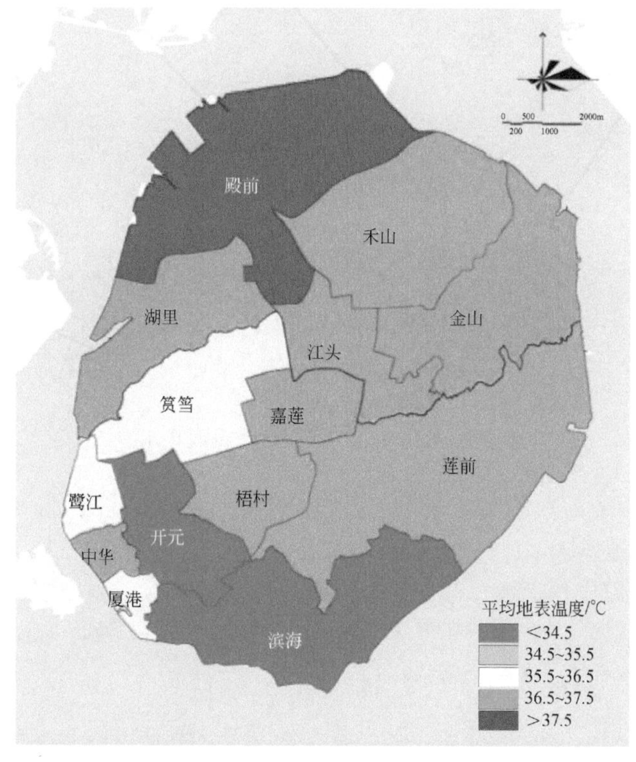

图4-3　厦门岛各街道平均地表温度图

（4）雨水径流

厦门岛雨水淹没模拟结果表明，在2年重现期降雨条件下，厦门岛积水区主要分布在高崎机场、西北部港口、筼筜湖、五缘湾和环岛路。总的来说，各街道积水面积占比范围为0.56%～35.9%，由西北至东南逐渐降低。在积水较为严重的北部沿海地区，存在着较高的内涝灾害风险。其中，鹭江街道雨水淹没面积占比最高，达到35.9%，其次是殿前街道，为25.84%（图4-4）。

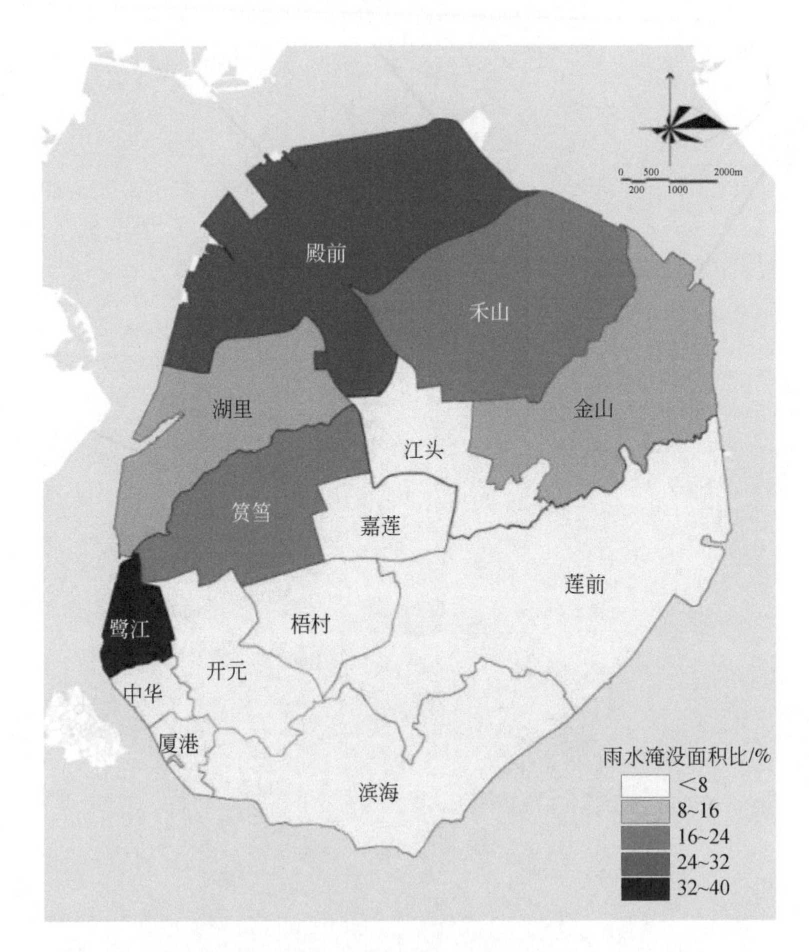

图4-4　厦门岛各街道雨水淹没面积比图

（5）区位价值

2017年厦门岛湖里区地区生产总值为54.07亿元，思明区为1321.86亿元。其中，人均GDP最高的街道是中华街道，其次是鹭江街道和嘉莲街道，这些街道的经济状况较好、区位价值较高；而人均GDP较低的街道包括江头街道、莲前街道、禾山街道，这些街道的经济状况一般、区位价值较低（图4-5）。

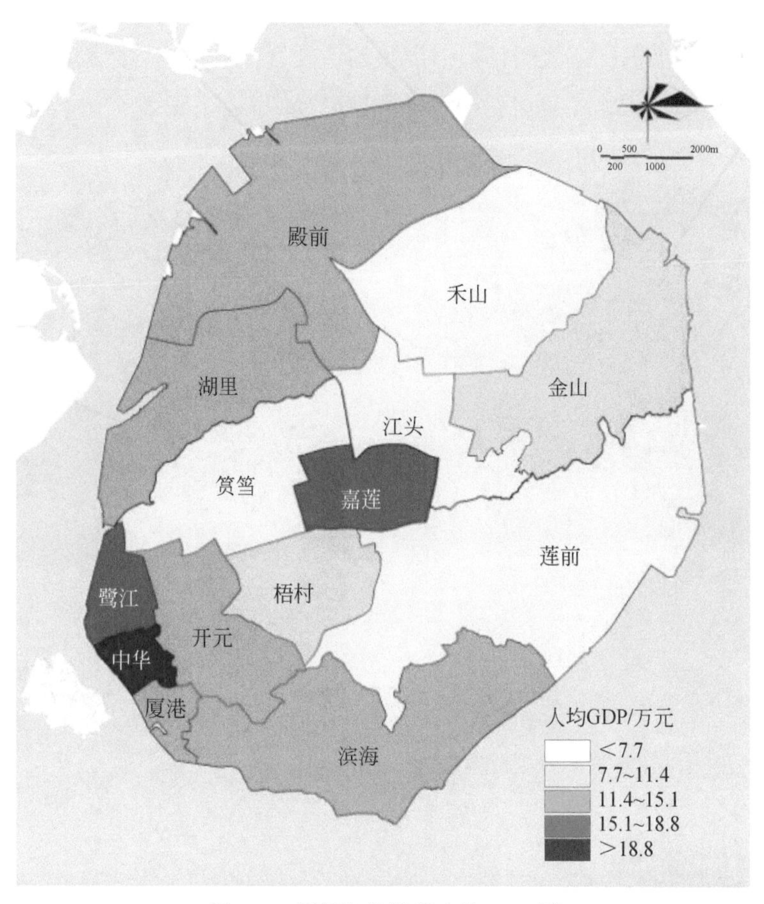

图4-5 厦门岛各街道人均GDP图

4.1.1.2 规划分区

厦门岛14个街道的屋顶绿化适建性规划分区评估结果如图4-6所示。对于每个街道进行70 000次MCS模拟产生70 000个评估值，通过计算这些评估值的统计特征值（a、b、c分别为各街道评估值的平均值、最小值及最大值）将厦门岛街道划分为核心区、重要区、一般区。在图4-6（a）中，70 000次模拟中平均值的高值街道为殿前街道、鹭江街道、中华街道、嘉莲街道；同时，在图4-6（b）中，70 000次模拟中最小值的高值街道为殿前街道、鹭江街道、中华街道，因此将殿前街道、鹭江街道、中华街道划分为核心区；而在图4-6（a）中，70 000次模拟中平均值的低值街道为开元街道、莲前街道、滨海街道、金山街道；同时，在图4-6（c）中，70 000次模拟中最大值的低值街道为开元街道、梧村街道、莲前街道、滨海街道、金山街道，因此将开元街道、莲前街道、滨海街道、金山街道划分为一般区；其他街道（禾山街道、湖里街道、江头街道、筼筜街道、嘉莲街道、梧村街道）划分为重要区（图4-7）。此外，图4-6（d）为各街道评估分值方差，同时对比图4-6（a）~（c）可知，评估值方差较小的街道的70 000个评估值更靠近平均值，离散程度越小（数值越稳定），这些街道的最大值、最小值通常同时属于高值部分或低值部分；而方差较大的街道表明评估值离平均值较远，变化趋势越大（数值越不稳定），这些街道的最大值和最小值相差较大，街道评估值不确定性高。

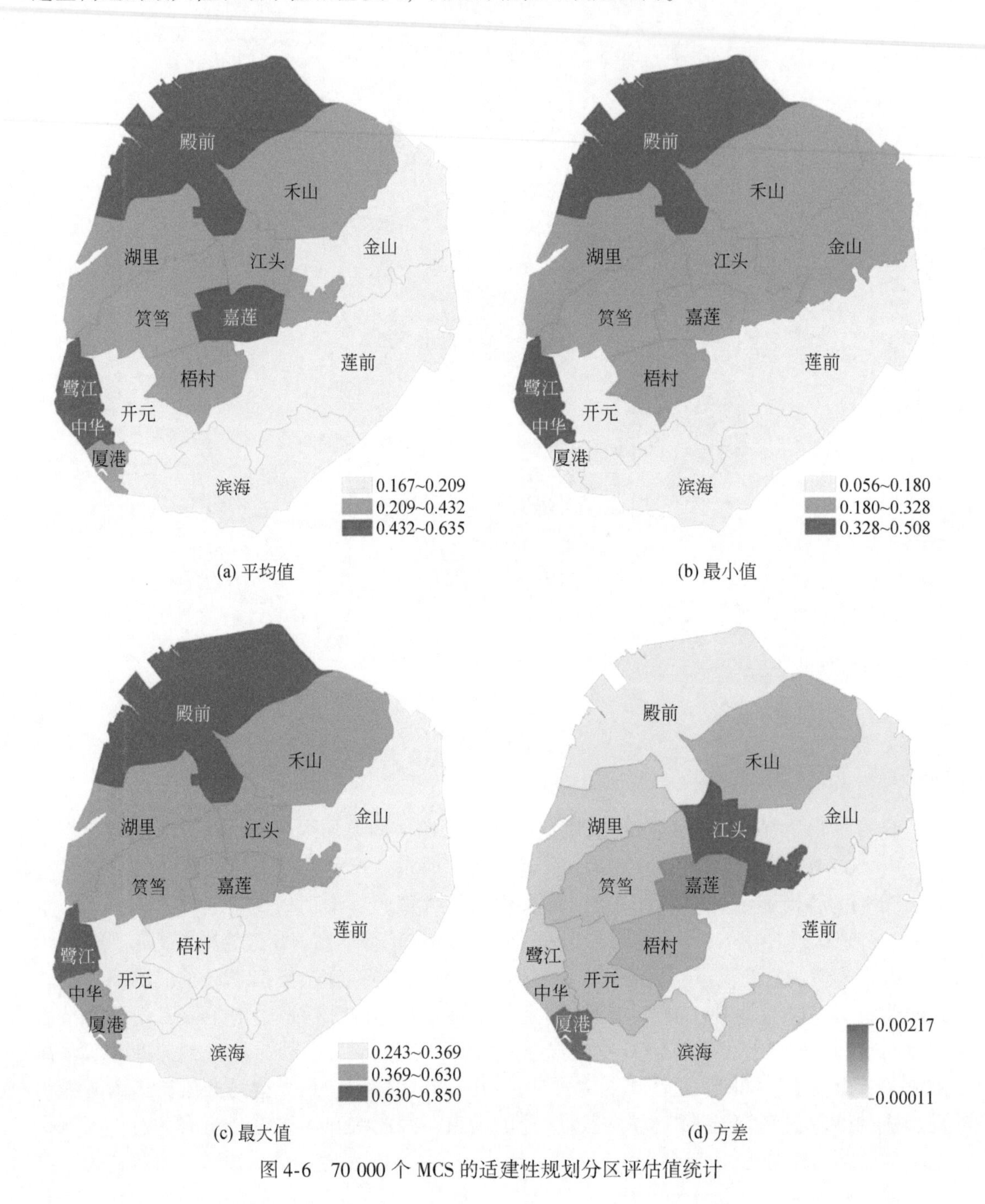

图 4-6　70 000 个 MCS 的适建性规划分区评估值统计

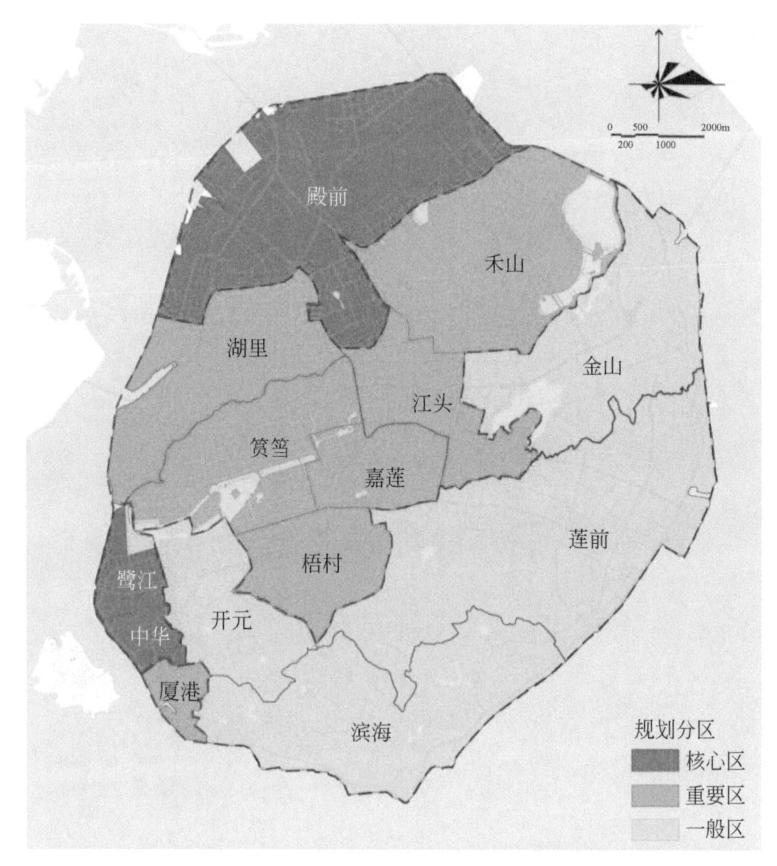

图4-7 厦门岛屋顶绿化适建性规划分区

4.1.2 屋顶绿化适建性建筑分类

针对厦门岛现状既有建筑条件，从建筑属性、屋顶属性两方面进行供给分析（建设约束），以建筑为基本评估单元，明确厦门岛实施屋顶绿化建筑分类的核心类、重要类、一般类。

4.1.2.1 指标计算

(1) 建筑功能

从建筑功能来看，厦门岛既有建筑中居住建筑总量最高，约为1181.37hm^2，占既有建筑屋顶总量的48.7%；其次是工业建筑、商业建筑、公共建筑（具有较高屋顶绿化实施潜力的建筑功能类型），三类总量为1036.43hm^2，占既有建筑屋顶总量的42.7%（图4-8）。三类之中，工业建筑屋顶总量最高为474.18hm^2，屋顶绿化潜力最高的公共建筑屋顶总量为217.61hm^2。

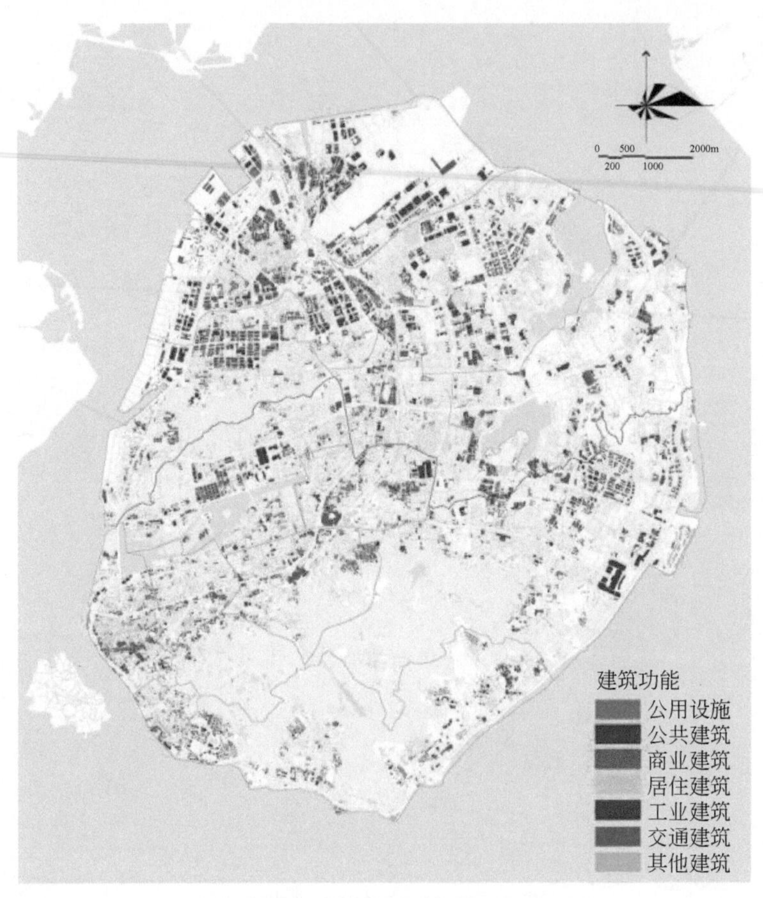

图 4-8 厦门岛建筑功能分类

（2）建筑高度

从建筑高度来看，2017 年厦门岛既有建筑中 1 ~ 6 层建筑总量最高，约为1710. 83hm²，占既有建筑屋顶总量的 70. 6%；其次是 7 ~ 12 层建筑，总量为 581. 43hm²，占既有建筑屋顶总量的 24. 0%（图 4-9），说明厦门岛屋顶绿化具有较大空间潜力。

（3）屋顶坡度

根据屋顶属性的识别提取结果，厦门岛屋顶绿化不适建建筑屋顶面积总量为 714. 40hm²，其中坡屋顶建筑屋顶面积为 473. 22hm²，占不适建建筑总量的 66. 2%，主要包括嘉庚风格的学校建筑以及分布在中山路等历史文化街区、老城区、部分城中村的传统建筑等。此外，滨海区域也多为坡屋顶建筑，这些建筑屋顶材料绝大部分都是红瓦（图 4-10）。

（4）屋顶材料

屋顶材料识别提取结果表明混凝土是厦门岛屋顶系统最常见的覆盖材料，总量达 1646. 23hm²，占既有建筑总量的 67. 9%。其次是彩钢板材料的建筑屋顶，总量为 335. 32hm²，这两类都是适宜进行绿化改造的屋顶材料，在厦门岛的东北部这两类材料的建筑屋顶占比较高。不适宜进行屋顶绿化改造的特殊材料屋顶面积共 444. 65hm²，其中红瓦材料的屋顶最多，占特殊材料屋顶总量的 71%（图 4-11）。

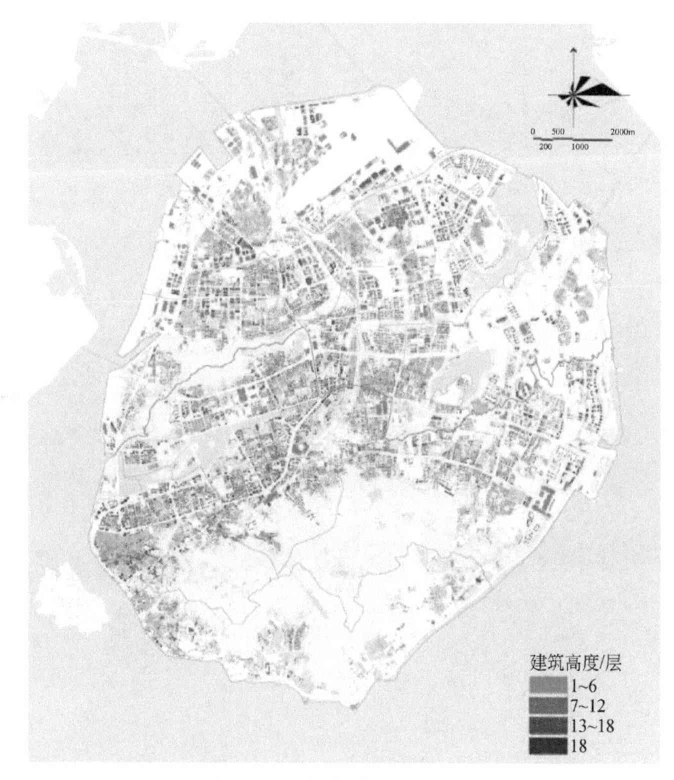

图 4-9　厦门岛建筑高度分类

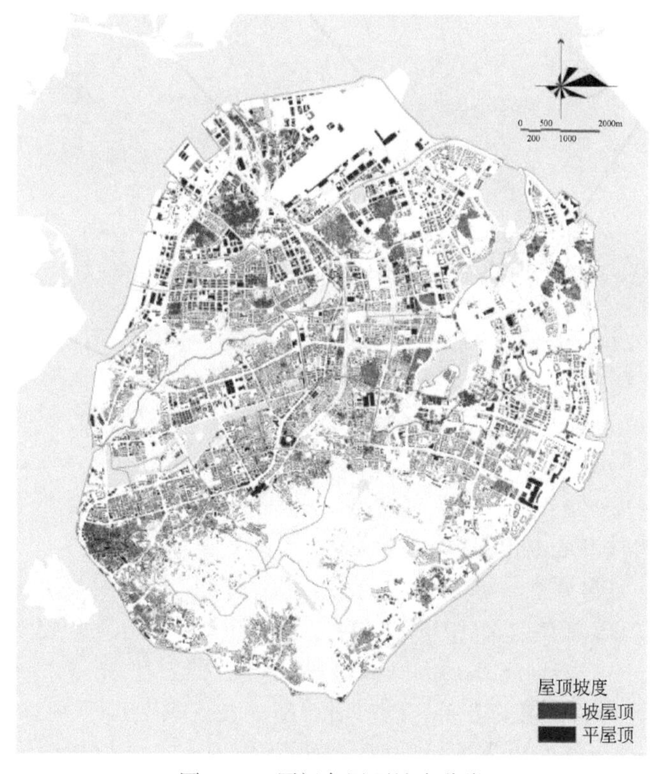

图 4-10　厦门岛屋顶坡度分类

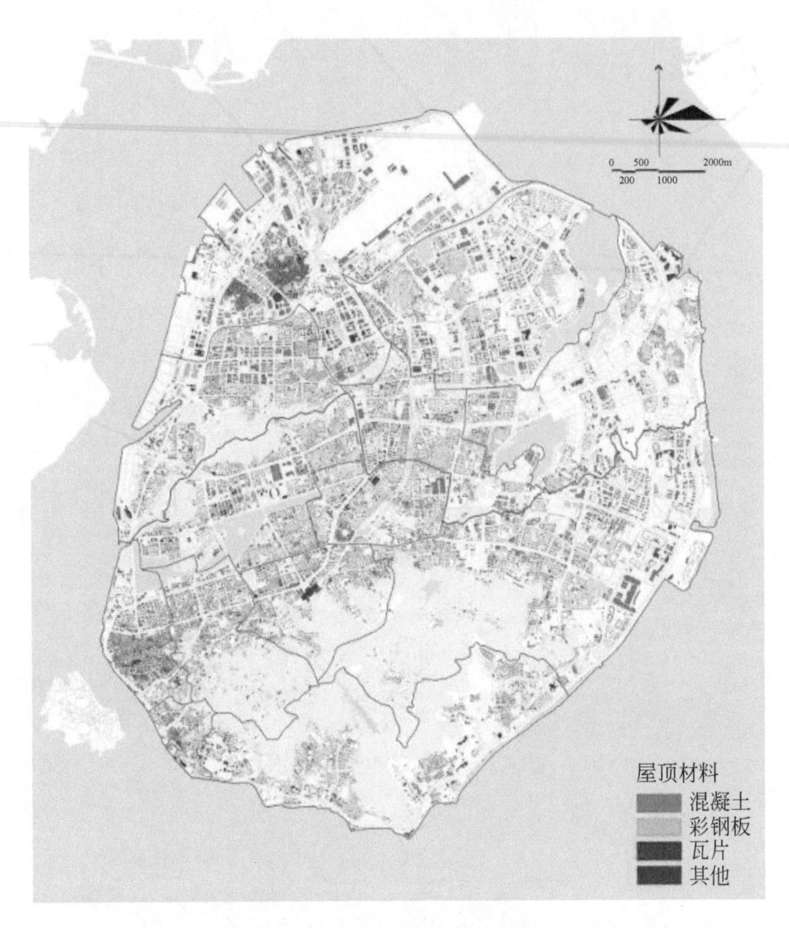

图 4-11 厦门岛屋顶材料分类

4.1.2.2 建筑分类

厦门岛屋顶绿化适建性建筑分类评估结果如图 4-12 所示。对于每个建筑，40 000 次 MCS 模拟产生 40 000 个评估分值，通过计算这些评估值的统计特征值（a、b、c 分别为各建筑评估值的平均值、最小值及最大值）将厦门岛建筑划分为核心类、重要类、一般类。将 40 000 次模拟中平均值的高值建筑［图 4-12（a）］，同时也是 40 000 次模拟中最小值的高值建筑［图 4-12（b）］划分为核心类；而将 40 000 次模拟中平均值的低值建筑［图 4-12（a）］，同时也是 40 000 次模拟中最大值的低值建筑［图 4-12（c）］划分为一般类；其他建筑划分为重要类。厦门岛适宜建设屋顶绿化的既有建筑屋顶面积总量为 1707.25hm^2，占厦门岛总屋顶面积的 70.4%。其中，核心类、重要类、一般类分别为 570.09hm^2、622.53hm^2、514.63hm^2，面积最高的重要类占比 36.5%（图 4-13）。此外，图 4-12（d）为各建筑评估值的方差，同时对比图 4-12（a）~（c）可知，评估值方差较小的建筑表明 40 000 个评估值更靠近平均值，离散程度越小（数值越稳定），这些建筑的最大值、最小值通常同时属于高值部分或低值部分；而方差较大的建筑表明评估值离平均值较远，变化趋势越大（数值越不稳定），这些建筑的最大值和最小值相差较大，建筑评估值不确定性高。

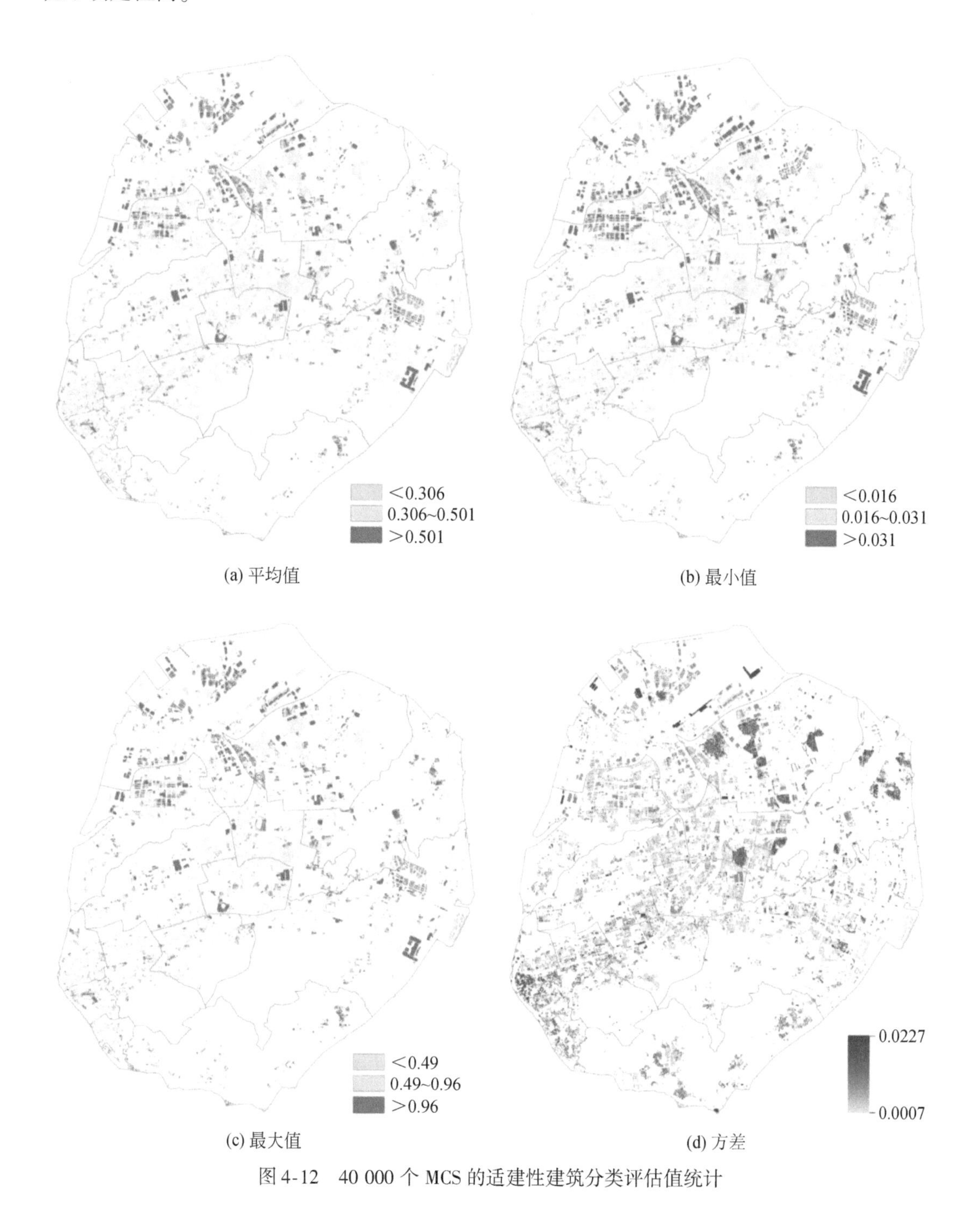

(a) 平均值　(b) 最小值　(c) 最大值　(d) 方差

图 4-12　40 000 个 MCS 的适建性建筑分类评估值统计

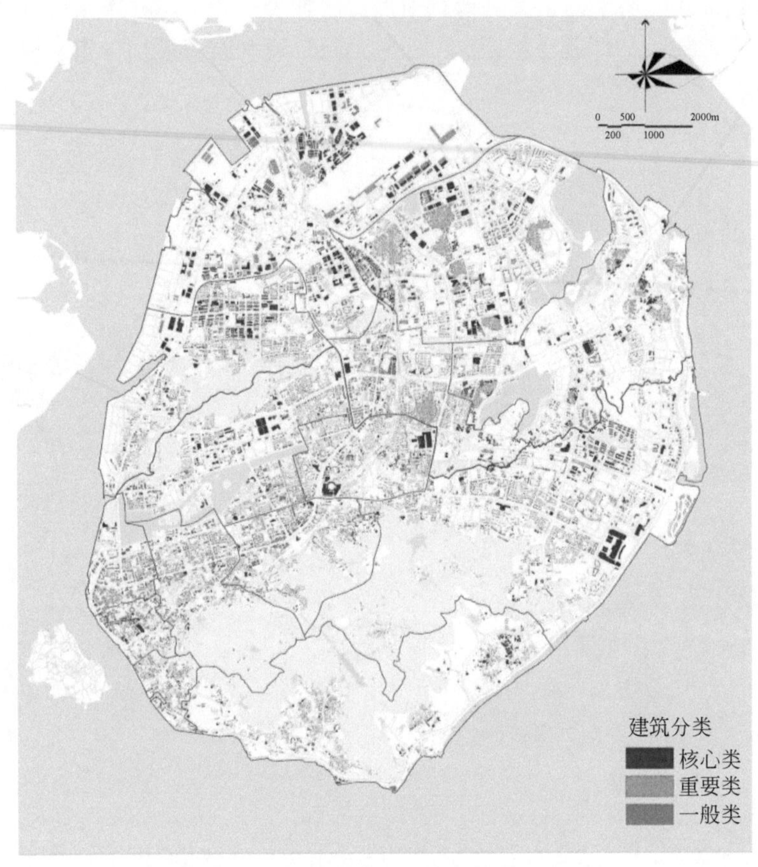

图 4-13　厦门岛屋顶绿化适建性建筑分类

4.1.3　屋顶绿化适建性绿化分级

基于屋顶绿化适建性建筑分类与规划分区的叠加分级（表 4-1，图 4-14），厦门岛一、二、三、四级适建屋顶面积分别为 176.31hm^2、300.60hm^2、212.32hm^2、1018.02hm^2，占比分别为 10.3%、17.6%、12.4%、59.6%。其中湖里区一、二级适建屋顶面积明显多于思明区，分别为 136.58hm^2、203.03hm^2，占一、二级适建屋顶总面积的 77.5%、67.5%。通过街道层面统计表明湖里区殿前街道一、二级适建屋顶面积均最高，其中一级适建屋顶面积为 78.34hm^2，二级适建屋顶面积为 72.62hm^2。这些结果表明厦门岛的屋顶绿化是一种有潜力的解决方案。在绝对值上，厦门岛适建屋顶绿化为 17.07km^2（上面一、二、三、四级适建屋顶的和），如果所有的适建屋顶都实施屋顶绿化，预期增加城市绿化率将达到 12%。而在倡导屋顶绿化技术的先锋国家——德国，14% 平屋顶建筑实施屋顶绿化已经受益于此项技术（Saadatian et al.，2013）。

表 4-1　厦门岛各街道既有建筑屋顶绿化分级　（单位：hm^2）

街道		存量屋顶面积	不适建屋顶面积	适建屋顶面积	其中			
					一级屋顶面积	二级屋顶面积	三级屋顶面积	四级屋顶面积
思明	筼筜	177.68	50.06	127.62	10.89	4.06	5.59	107.08
	鹭江	64.87	15.43	49.44	4.25	4.57	18.67	21.95
	中华	58.77	23.15	35.62	0.27	4.65	11.12	19.58
	厦港	38.88	14.06	24.82	1.14	7.00	7.90	8.78
	开元	96.11	24.72	71.39	2.18	10.37	16.63	42.21
	梧村	107.14	29.73	77.41	0.53	5.64	10.93	60.31
	嘉莲	110.33	23.14	87.19	8.73	10.69	9.89	57.88
	滨海	135.57	64.11	71.46	2.51	2.37	4.36	62.22
	莲前	332.01	93.16	238.85	9.23	48.22	26.47	154.93
小计（思明）		1121.36	337.56	783.80	39.73	97.57	111.56	534.94
湖里	湖里	191.38	54.31	137.07	11.74	36.62	18.76	69.95
	江头	148.45	45.75	102.70	8.57	10.60	14.53	69.00
	殿前	383.73	155.07	228.66	78.34	72.62	10.35	67.35
	禾山	316.96	66.09	250.87	23.84	32.58	32.21	162.24
	金山	259.77	55.62	204.15	14.09	50.61	24.91	114.54
小计（湖里）		1300.29	376.84	923.45	136.58	203.03	100.76	483.08
合计（本岛）		2421.65	714.40	1707.25	176.31	300.60	212.32	1018.02

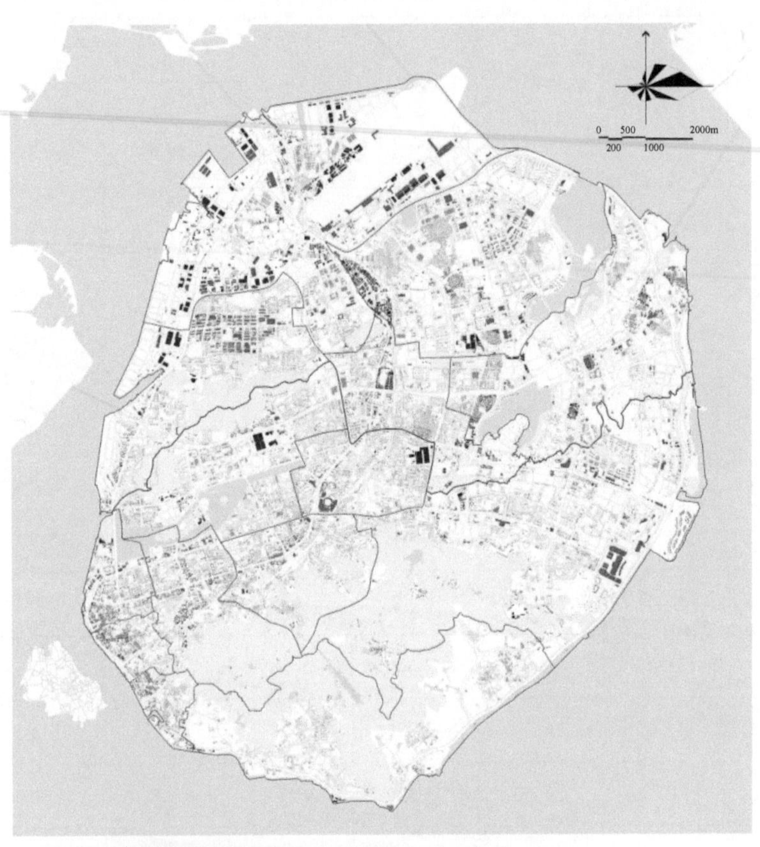

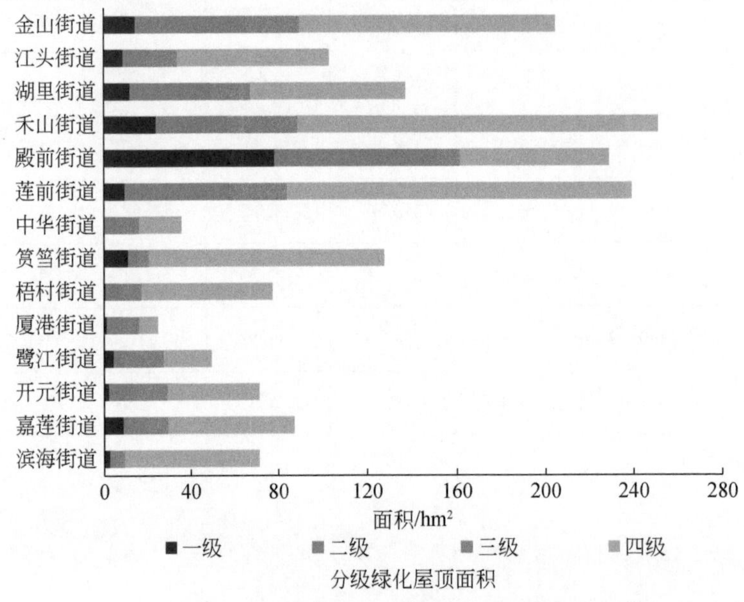

图 4-14 厦门岛屋顶绿化适建性绿化分级

4.2　绿色网络空间优化

高密度城区作为经历快速城市化进程的典型区域，大型生态斑块不断被蚕食，城市景观高度破碎化特征显著。景观破碎化导致生态廊道被阻断、景观连通性降低，从而阻碍了景观生态过程的正常运行，直接影响高密度城区的可持续发展（仇江啸等，2012；许峰等，2015）。屋顶绿化作为在有限的土地资源条件下高效利用城市空间、经济且快速地增加绿色空间的主要途径，可以解决高密度城区生态建设与用地紧缺矛盾，有效改善城市绿色空间的连通性。因此，基于屋顶绿化适建性的绿化分级与城市绿地空间格局，通过选定与城市树木高度相似的适建屋顶绿化串联地面生态斑块，将孤立、破碎的生态斑块与潜在的生态廊道连接起来，构建连接高密度城区的绿色网络，可以有效减少景观破碎化对景观连通性的影响，提升生态系统的服务能力（Velázquez et al.，2019）。

大量研究从景观生态学的角度来分析和构建不同空间尺度的绿色网络，并提出了许多模型和方法（Hong et al.，2017；陈竹安等，2017）。其中，常用的方法主要包括最小累积阻力模型（minimal cumulative resistance model，MCR）、图论、电流理论等。基于 ArcGIS 技术的 MCR 模型能综合考虑地形、环境、人为干扰等因素，计算不同土地利用类型对物种从生态源地向外扩散过程所产生的成本距离，模拟最小累积阻力路径，从而构建生态廊道，已被广泛应用于相关研究领域。同时，MCR 模型具有数据量小、结果能可视化表达等优点（Ye et al.，2020）。该模型通常与重力模型、图论、景观指数相结合，对生态廊道进行定量评价和优化（陈竹安等，2017）。生态源地的选择是通过 MCR 模型构建绿色网络的关键。然而，在目前的一些相关研究中，生态源地的筛选忽略了其在景观中的连通性作用，具有一定的主观性（许峰等，2015）。

近些年来，一种强调结构性连接的形态学空间格局分析（morphological spatial pattern analysis，MSPA）方法被广泛应用于绿色网络分析中。MSPA 是 Vogt 等（2007）学者提出的基于腐蚀、膨胀、开运算、闭运算等数学形态学原理，对栅格图像空间格局进行识别、分割和分类的图像处理方法。该方法可以精准地辨识景观类型与结构，仅依赖于土地利用数据，将其分为具有不同生态学含义的七类景观，并确定对保持连通性具有重要作用的景观类型，从空间形态的连通性角度科学性地创新了生态源地、生态廊道提取方法（于亚平等，2016），创新的提取方法可适用于各种空间尺度。迄今为止，MSPA 方法主要应用于林区的景观格局研究，近些年也有市域尺度的绿色网络生态源地确定、绿色网络连通性分析、绿色网络构建等（曹翊坤等，2015）。虽然基于 MSPA 方法与 MCR 模型的绿色网络研究近年来取得了一定的进展，但很少有针对快速城市化进程下高密度城区的研究（Wang et al.，2019），更缺乏城市绿地与屋顶绿化的协同研究。鉴于此，本研究基于屋顶绿化适建性分级分期实施进行绿化情景设定，采用 MSPA 方法与 MCR 模型进行绿色网络构建，分析屋顶绿化对高密度城区绿色网络空间格局的影响。

4.2.1 数据来源与预处理

本研究采用的主要数据包括：①厦门岛土地利用数据；②厦门岛屋顶绿化情景数据。首先，基于 ArcGIS 软件平台，对厦门岛土地利用数据进行重分类，根据厦门岛实际情况和研究目的，将厦门岛土地利用类型分为居住区、工业区、水域、公园绿地、防护绿地、农林用地、交通用地七类（图 4-15），得到栅格大小为 4m×4m 精度较高的土地利用现状图，满足景观格局分析精度要求。其次，通过地理配准将重分类后的土地利用栅格数据与屋顶绿化情景数据建立一致的空间参考（WGS_ 1984_ UTM_ Zone_ 50N 坐标系），并将土地利用栅格数据转换为矢量数据。最后，将土地利用与屋顶绿化情景矢量数据合并为同一图层，作为 MSPA 分析的基础底图。

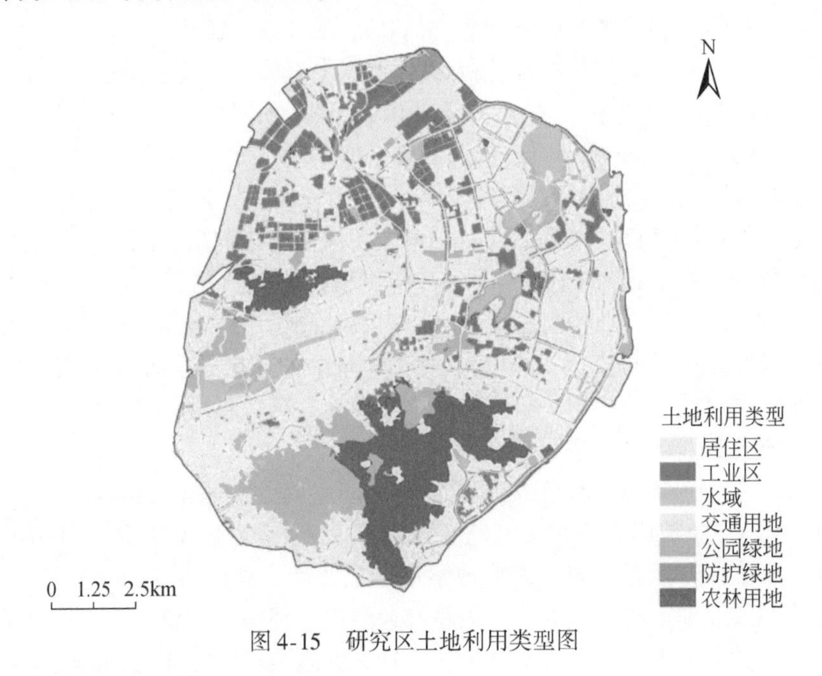

图 4-15 研究区土地利用类型图

4.2.2 基于适建性分级的绿化情景设定

城市屋顶绿化可以改善城市绿色空间的连通性，因此选择建筑高度与城市树木相对应的潜在适建屋顶绿化植物进行绿色网络空间优化研究（Velázquez et al.，2019）。厦门市的行道树有 30 多种，市树是凤凰木（高达 20m），最常见的树种是垂叶榕（高达 20m），因此潜在适建屋顶绿化建筑高度范围选择在 1～6 层（24m 以下）。在此基础上，通过屋顶绿化适建性分级评估结果进行近远期屋顶绿化实施情景设定。以现状为参照情景，考虑了两个屋顶绿化规划实施情景：①情景 1，近期屋顶绿化实施情景（一级绿化屋顶），其中 10.3% 的适建屋顶进行了绿化改造［图 4-16（a）］；②情景 2，中远期屋顶绿化实施情景

(一、二、三、四级绿化屋顶)，全部的适建屋顶进行了绿化改造［图4-16 (b)］。

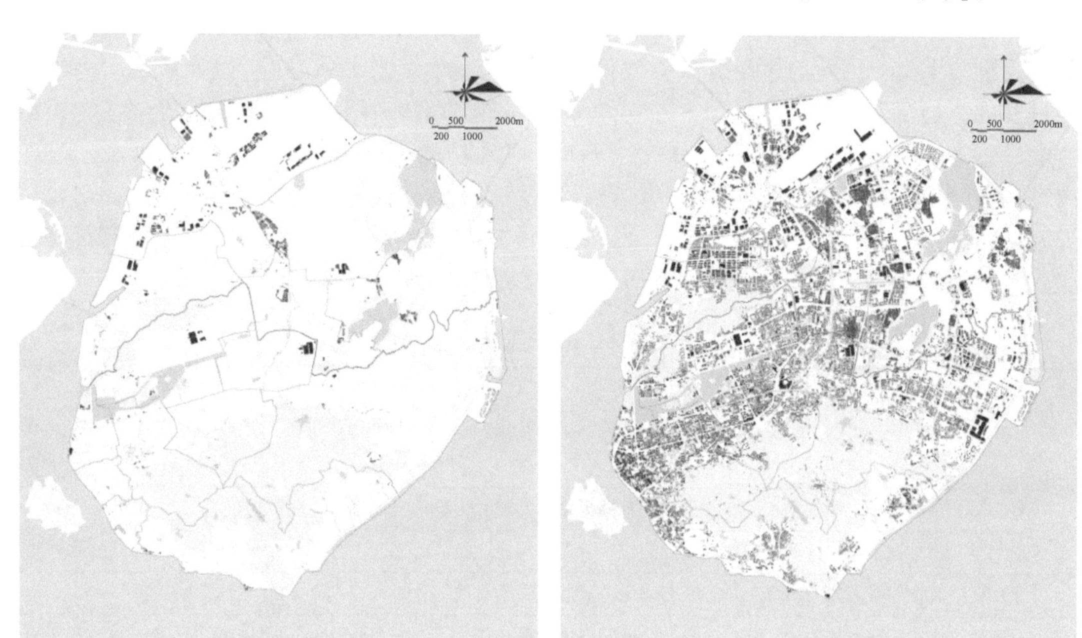

(a) 情景1　　(b) 情景2

图4-16　厦门岛屋顶绿化情景设定

4.2.3　基于MSPA与MCR模型的绿色网络空间优化

在绿化情景设定（现状参照情景，规划近、中远期实施情景）基础上，采用MSPA方法和MCR模型，构建不同屋顶绿化情景下城市绿地与屋顶绿化相协调的绿色网络。具体而言，首先，运用MSPA方法识别、提取出对维持景观连通性、生态廊道构建具有重要生态意义的核心区、桥接区以及具有生态效益的大型孤岛（潜力斑块）三类景观类型。然后根据景观指数中的整体连通性指数（IIC）、可能连通性指数（PC）和斑块重要性指数（dI）对核心区、桥接区以及潜力孤岛斑块进行定量评价，从而选取研究区的生态源地，并依据景观连通性对三类景观类型斑块进行重要性等级划分。最后采用最小累积阻力模型生成潜在生态廊道，基于重力模型确定生态廊道的相对重要性，并根据核心区、孤岛重要性等级选取核心潜力节点，通过中介中心度将具有良好中介功能的斑块确定为踏脚石，规划研究区的生态廊道，构建不同屋顶绿化情景下的绿色网络。最终通过对比不同绿化情景下的绿色网络格局，运用网络分析法剖析屋顶绿化对高密度城区绿色网络空间的优化作用。

4.2.3.1　基于MSPA方法的景观格局分析

首先，基于MSPA分析的基础底图，将水域、公园绿地、防护绿地、农林用地景观类型、屋顶绿化作为 MSPA 分析的前景，在二值图中赋值为 1，其他景观类型作为背景，赋值为 0。由于厦门岛用地面积较小，绿地景观以及屋顶绿化较破碎，研究尺度过大会使部分景观细节消失，因此经过反复试验，将栅格单元大小设为 4m×4m 可以保留厦门岛细小但重要的景观要素。其次，运用 Guidos Toolbox 分析软件、采用八邻域分析方法，将边缘宽度设置为 3，对栅格数据进行 MSPA 分析，得到功能不同的七类景观（表 4-2，图 4-17），并统计分析结果（表 4-3、表 4-4）；最后，考虑到 MSPA 的七个组成部分的分类，提取出对维持景观连通性、构建生态廊道具有重要生态意义的核心区和桥接区以及具有生态效益的大型孤岛作为景观连通性分析的景观要素（Velázquez et al., 2017）。

表 4-2　MSPA 景观类型及生态学含义

景观类型	生态学含义
核心区	面积较大的生境斑块，可作为绿色网络中的生态源地，为物种提供大型栖息地，对生物多样性保护具有重要作用
桥接区	连接核心区的狭长区域，代表绿色网络中的廊道，为物种迁徙和能量交换提供通道
孤岛	彼此不相连的孤立斑块，相互间进行物质、能量交换的可能性小
边缘区	位于核心区的边缘，核心区与非绿色景观区域的过渡区
孔隙	内部斑块的边缘，核心区与非绿色景观区域的过渡区
环岛区	连接同一核心区的内部通道，为核心区斑块内部提供物质和能量交换的通道
支线	只有一端与边缘区、桥接区、环岛区或孔隙相连的区域

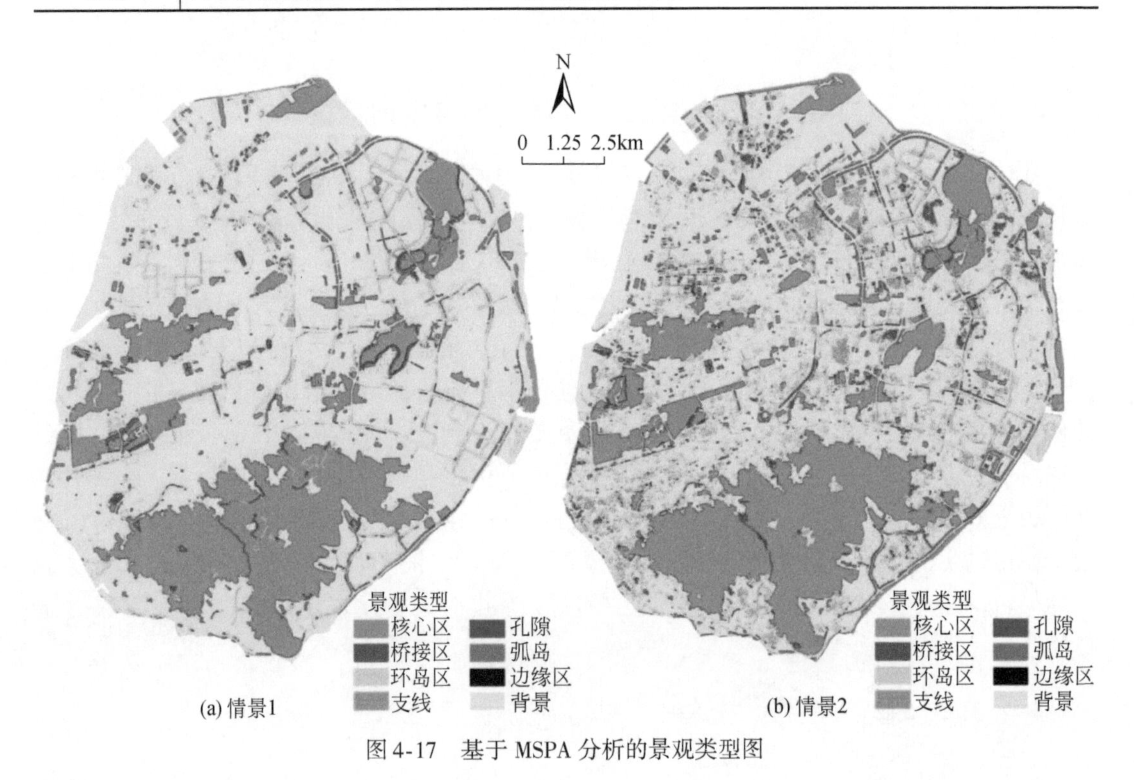

图 4-17　基于 MSPA 分析的景观类型图

表 4-3　基于 MSPA 的景观类型统计（情景 1）

景观类型	MSPA 景观类型			屋顶绿化	
	面积/hm²	占景观面积比/%	占研究区面积比/%	面积/hm²	占该 MSPA 类型比/%
核心区	3 051.95	76.82	21.49	34.40	1.13
桥接区	180.05	4.53	1.27	7.90	4.39
孤岛	153.40	3.86	1.08	13.08	8.53
边缘区	415.43	10.46	2.93	24.40	5.87
孔隙	20.45	0.52	0.14	0.22	1.08
环岛区	64.91	1.63	0.46	3.08	4.75
支线	86.73	2.18	0.61	4.98	5.74
总计	3 972.92	100	27.98	88.06	2.22

表 4-4　基于 MSPA 的景观类型统计（情景 2）

景观类型	MSPA 景观类型			屋顶绿化	
	面积/hm²	占景观面积比/%	占研究区面积比/%	面积/hm²	占该 MSPA 类型比/%
核心区	33 25.73	65.13	23.42	122.59	3.69
桥接区	246.49	4.83	1.74	99.61	40.41
孤岛	616.98	12.08	4.34	396.51	64.27
边缘区	589.80	11.55	4.15	143.35	24.30
孔隙	29.61	0.58	0.21	0.66	2.23
环岛区	131.97	2.58	0.93	57.22	43.36
支线	165.97	3.25	1.17	56.96	34.32
总计	5 106.55	100	35.96	876.90	17.17

4.2.3.2　重要景观类型的景观连通性评价

区域景观连通性水平可以定量表征某一景观类型是否适合物种扩散、迁移和交换，对生物多样性保护和维持生态系统稳定具有重要意义（高雅玲等，2019）。目前，景观连通性评价主要分为结构性与功能性连接评价，基于图论的连通性评价可以量化结构性连接与功能性连接，较好地反映斑块连通性水平，是国内外常用的景观连通性评价方法（刘世梁等，2017），主要采用整体连通性指数［IIC，式（4.1）］、可能连通性指数［PC，式（4.2）］以及斑块重要性指数［dI，式（4.3）］3 个景观指数，衡量景观格局与功能（许峰等，2015）。

$$\mathrm{IIC}=\frac{\sum_{i=1}^{n}\sum_{j=1}^{n}\frac{a_i a_j}{1+n\,l_{ij}}}{A_L^2} \tag{4.1}$$

$$\mathrm{PC}=\frac{\sum_{i=1}^{n}\sum_{j=1}^{n}a_i\ a_j p_{ij}}{A_L^2} \tag{4.2}$$

$$\mathrm{dI}=\frac{I-I_{\mathrm{remove}}}{I}\times 100\% \tag{4.3}$$

式中，n 表示景观中斑块总数；a_i和 a_j分别表示景观斑块 i 和 j 的面积；A_L表示研究区景观总面积；nl_{ij}表示景观斑块 i 和 j 之间的连接数量，p_{ij}表示物种在斑块 i 和 j 扩散的最大可能性。$0\leqslant \mathrm{IIC}\leqslant 1$，若 IIC=0，则区域内生态斑块间没有联系；若 IIC=1，则整个区域景观就是一个生态斑块。$0\leqslant \mathrm{PC}\leqslant 1$，PC 值越大则生态斑块的连通性越高。$I$ 表示景观连通性值，即整体连通性指数（IIC）和可能连通性指数（PC）；I_{remove}表示某斑块移除后景观的连通性值。

运用 Conefor 软件，通过 IIC、PC、dI 三个景观指数对核心区、桥接区和潜力孤岛斑块进行景观连通性评价。根据研究区范围特点与研究目标，将连通距离阈值设为 500m，连通性概率设为 0.5，并将核心区 dPC>1 且面积>30hm^{2}的 10 个斑块作为生态源地，将其他核心区斑块划分为重点区（dPC≥0.18）、重要区（0.02≤dPC<0.18）和一般区（dPC<0.02）；将桥接区斑块划分为重点区（dPC≥1.5）、重要区（0.08≤dPC<1.5）和一般区（dPC<0.08）；将面积>0.2hm^{2}的潜力孤岛斑块划分为重点区（dPC≥2.1）、重要区（0.4≤dPC<2.1）和一般区（dPC<0.4）（图 4-18）。

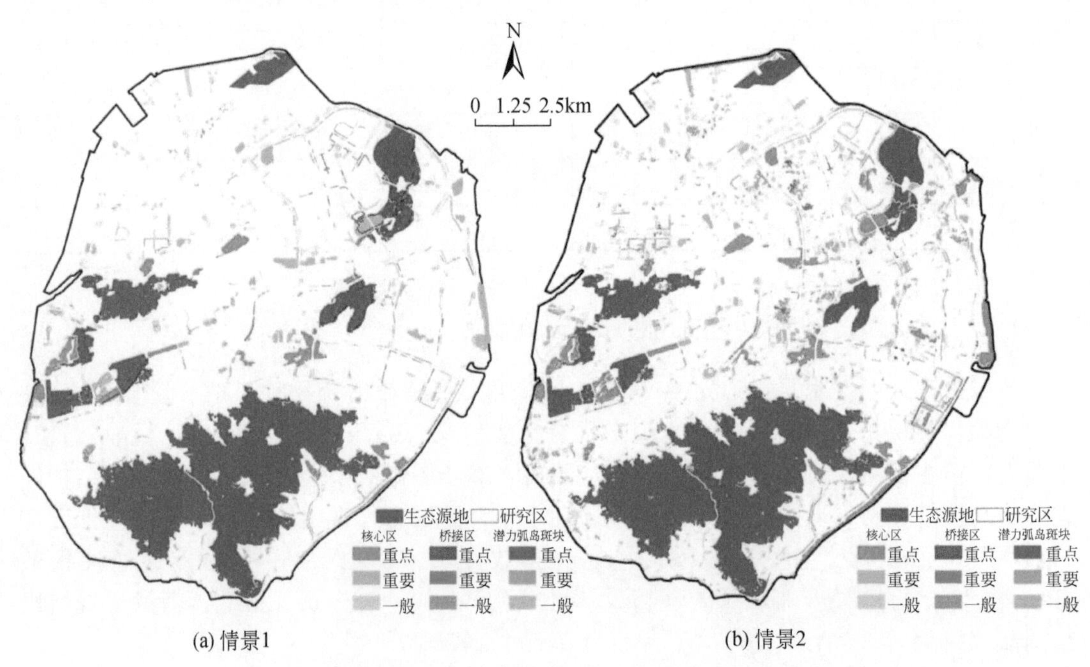

图 4-18　生态源地、核心区、桥接区、潜力孤岛斑块分类图

4.2.3.3　基于MCR模型的绿色网络构建

最小累积阻力模型通过计算源和目标间的最小累积阻力距离确定物种扩散、迁移的最佳路径，能够较好地反映物种在景观斑块中运动的可能性。最小累积阻力模型首先由Knaapen等（1992）提出，后经国内多位学者修改后公式如下（俞孔坚，1999）：

$$\mathrm{MCR}=f_{\min}\sum_{j=n}^{i=m}(D_{ij}\times R_i) \tag{4.4}$$

式中，D_{ij} 为物种从源 j 到景观单元 i 的距离；R_i 为景观单元 i 对物种运动的阻力系数。

首先，参考既有研究成果（高宇等，2019；黄河等，2019），结合景观连通性评价结果与不同景观类型对物种扩散、迁移产生的阻力大小，分别对核心区和桥接区重要景观类型以及其他土地利用类型赋予不同的阻力分值（表4-5），构建研究区的综合阻力面，阻力分值越高代表物种在不同景观单元间运动的难度越大，景观单元生境适宜度越低。其次，运用ArcGIS 10.7 Spatial Analyst工具条下Distance中的Cost Distance模块，通过生态源地和构建的综合阻力面计算每个像元与成本面上最小成本源的最小累积成本距离，再利用Distance中的Cost Path模块，计算从源到目标的最小成本路径，从而生成45条潜在生态廊道（图4-19），并通过重力模型［式（4.5）］建立10个生态源地斑块之间的相互作用矩阵（表4-6），定量评价生态源地斑块之间的相互作用强度，确定潜在生态廊道的相对重要性，生成研究区潜在绿色网络（图4-19）。

$$G_{ab}=\frac{N_a N_b}{D_{ab}^2}=\frac{\left[\frac{1}{P_a}\times\ln(S_a)\right]\left[\frac{1}{P_b}\times\ln(S_b)\right]}{\left(\frac{L_{ab}}{L_{\max}}\right)^2}=\frac{L_{\max}^2\ln(S_a S_b)}{L_{ab}^2 P_a P_b} \tag{4.5}$$

式中，G_{ab} 为斑块 a、b 之间的相互作用强度；N_a 和 N_b 分别为斑块 a、b 的权重系数；D_{ab} 为 a、b 两斑块潜在生态廊道阻力的标准化值；P_a 和 P_b 分别为斑块 a、b 的总阻力值；S_a 和 S_b 分别为斑块 a、b 的面积；L_{ab} 为斑块 a 与斑块 b 之间潜在生态廊道间的累积阻力值；$L_{\max}$ 为研究区所有生态廊道的最大累积阻力值。

表4-5　各类景观类型的阻力值

景观类型	小类	阻力值
生态源地		1
核心区	重点核心区	5
	重要核心区	10
	一般核心区	15
桥接区	重点桥接区	10
	重要桥接区	15
	一般桥接区	20
孤岛		30

续表

景观类型	小类	阻力值
支线		25
环岛区		30
边缘区		60
孔隙		50
居住区		800
工业区		1 000
交通用地		300

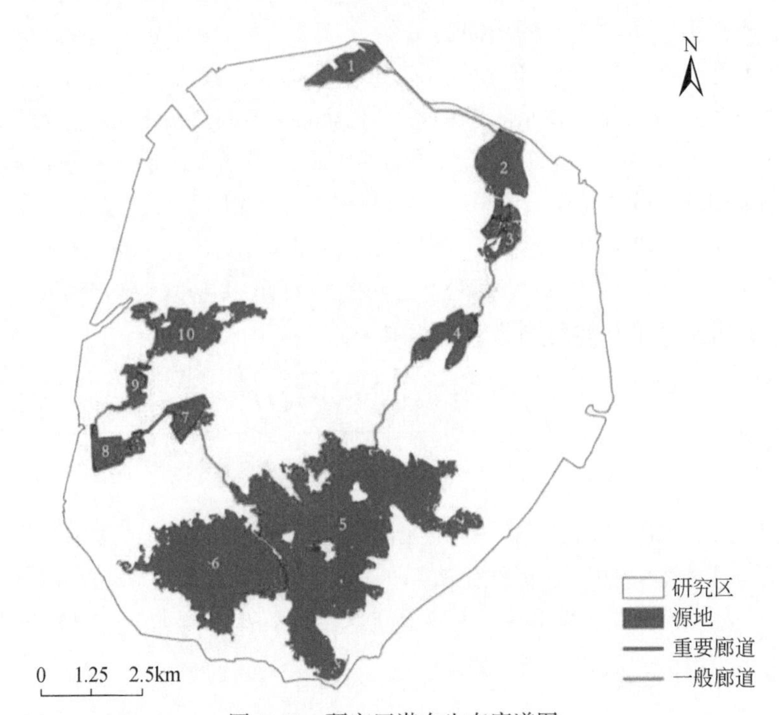

图 4-19 研究区潜在生态廊道图

表 4-6 基于重力模型的生态源地间相互作用矩阵

源地编号	1	2	3	4	5	6	7	8	9	10
1	—	983	941	776	377	326	184	184	177	197
2		—	1 110 767 496	76 530	2 433	2 314	655	623	594	659
3			—	74 320	2 333	2 219	627	597	569	631
4				—	3 403	3 236	780	738	703	779
5					—	246 227 793	4 008	3 630	3 448	3 790

续表

源地编号	1	2	3	4	5	6	7	8	9	10
6						—	3 810	3 451	3 278	3 603
7							—	705 165	529 750	477 411
8								—	28 719 161	9 554 293
9									—	41 807 757
10										—

最后，运用 ArcGIS 10.7 中 Matrix Green 工具条下的 Betweeness Centrality 模块，计算研究区景观斑块的中介中心度，利用中介中心度识别踏脚石斑块（陈竹安等，2017）。绿色网络中中介中心度越高的斑块起到的中介（枢纽）作用越显著，可以作为踏脚石斑块。根据核心区、孤岛重要性等级选取核心潜力节点，结合中介中心度计算结果及空间分布选取踏脚石，构建研究区绿色网络（图 4-20），并对其景观构成进行了分析（表 4-7、表 4-8）。

中介中心度公式如下：

$$C_i^B = \frac{1}{(N-1)(N-2)} \sum_{j=1;\ k=1;\ j\neq k\neq i}^{N} \frac{n_{jk}(i)}{n_{jk}} \tag{4.6}$$

式中，N 为绿色网络中的节点数；$n_{jk}(i)$ 为节点 j 和 k 之间的最短路径经过节点 i 的条数；n_{jk} 为节点 j 与 k 之间的最短路径条数。

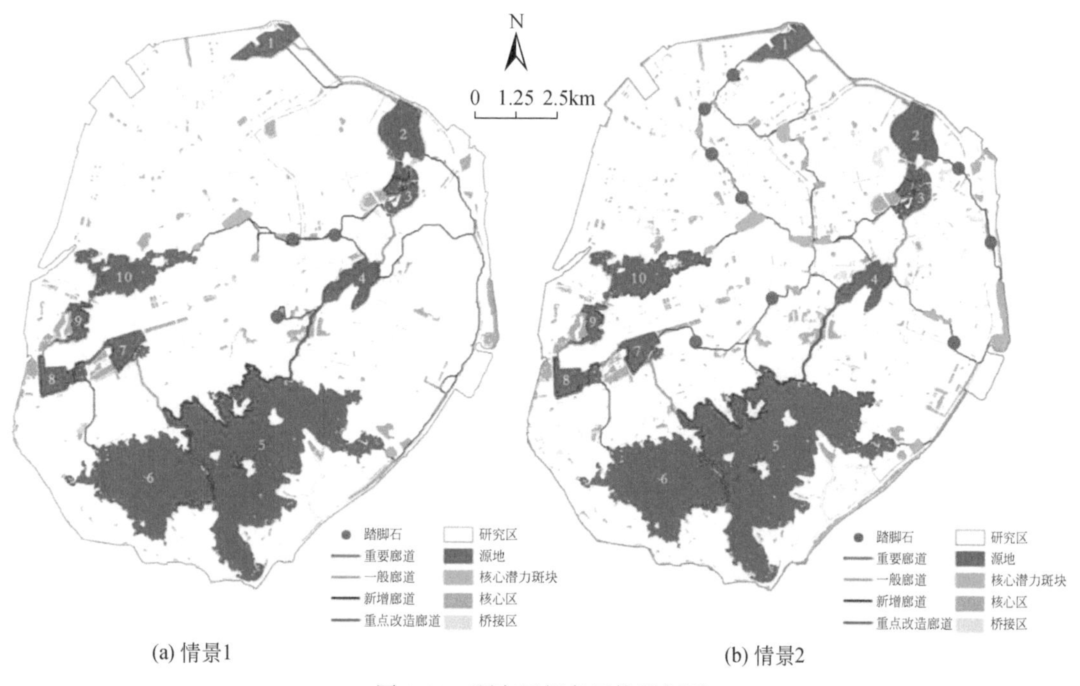

(a) 情景1　　(b) 情景2

图 4-20　研究区绿色网络规划图

表 4-7 规划生态廊道的景观组成（情景 1）

廊道类型		重要廊道	一般廊道	改造廊道	新增廊道	总计
屋顶绿化	面积/hm^2	0.00	0.03	0.11	5.69	5.83
	占比/%	0.00	0.02	0.26	3.18	1.70
水域	面积/hm^2	4.28	5.19	0.00	0.00	9.47
	占比/%	43.80	4.62	0.00	0.00	2.76
公园绿地	面积/hm^2	5.43	58.18	38.82	105.31	207.74
	占比/%	55.51	51.72	92.48	58.92	60.57
防护绿地	面积/hm^2	0.00	19.88	0.48	58.76	79.12
	占比/%	0.00	17.67	1.14	32.88	23.07
农林用地	面积/hm^2	0.00	27.34	2.15	3.17	32.66
	占比/%	0.00	24.31	5.13	1.77	9.52
居住区	面积/hm^2	0.02	0.98	0.23	1.99	3.22
	占比/%	0.23	0.87	0.54	1.11	0.94
工业区	面积/hm^2	0.00	0.17	0.006	0.47	0.65
	占比/%	0.00	0.15	0.02	0.26	0.19
交通用地	面积/hm^2	0.04	0.71	0.18	3.37	4.30
	占比/%	0.46	0.64	0.43	1.88	1.25
合计	面积/hm^2	9.77	112.48	41.98	178.76	342.99
	占比/%	100.00	100.00	100.00	100.00	100.00

表 4-8 规划生态廊道的景观组成（情景 2）

廊道类型		重要廊道	一般廊道	改造廊道	新增廊道	总计
屋顶绿化	面积/hm^2	0.003	4.18	0.44	43.02	47.64
	占比/%	0.03	3.59	1.04	14.27	10.14
水域	面积/hm^2	4.28	5.19	0.00	27.22	36.69
	占比/%	43.80	4.46	0.00	9.03	7.81
公园绿地	面积/hm^2	5.43	58.18	38.82	152.80	255.23
	占比/%	55.51	49.97	91.81	50.67	54.30
防护绿地	面积/hm^2	0.00	19.88	0.48	59.79	80.15
	占比/%	0.00	17.08	1.14	19.83	17.05
农林用地	面积/hm^2	0.00	27.34	2.15	9.78	39.27
	占比/%	0.00	23.48	5.09	3.24	8.35
居住区	面积/hm^2	0.01	0.90	0.21	3.34	4.46
	占比/%	0.20	0.78	0.49	1.11	0.95

续表

廊道类型		重要廊道	一般廊道	改造廊道	新增廊道	总计
工业区	面积/hm^2	0.00	0.04	0.006	0.73	0.78
	占比/%	0.00	0.03	0.02	0.24	0.17
交通用地	面积/hm^2	0.04	0.71	0.17	4.87	5.79
	占比/%	0.46	0.61	0.41	1.61	1.23
合计	面积/hm^2	9.76	116.42	42.28	301.55	470.01
	占比/%	100.00	100.00	100.00	100.00	100.00

4.2.4　绿色网络空间优化结果分析

4.2.4.1　景观格局分析

图4-17、表4-3结果表明，在情景1中，厦门岛内对改善生态环境具有积极作用的景观面积共3972.92hm^2，占研究区面积的27.98%，屋顶绿化面积共88.06hm^2，占景观总面积的2.22%；在情景2中，景观面积增加至5106.55hm^2，占研究区面积的35.96%，屋顶绿化增加至876.9hm^2，占景观总面积的17.17%。其中，核心区面积由3051.95hm^2增加至3325.73hm^2，研究区面积占比由21.49%增加至23.42%，均主要分布于厦门岛东北、西南部，西北部较少、空间分散、连通性差。桥接区面积由180.05hm^2增加至246.49hm^2，研究区面积占比由1.27%增加至1.74%，在北部分布相对较多，说明景观破碎化程度较严重。在七类景观类型中，随着屋顶绿化实施量的增加，屋顶绿化占各景观类型的比例均有所增加，其中桥接区与孤岛增幅最显著，分别由4.39%增加至40.41%、8.53%增加至64.27%，说明屋顶绿化作为结构性廊道与新增生态节点的潜力较大。

4.2.4.2　景观连通性分析

从图4-18的景观连通性分类结果来看，在两种绿化情景下，依据连通性与面积选取的10个生态源地斑块主要为风景名胜区和大型山体、公园，如万石山风景名胜区、东坪山公园、仙岳公园、五缘湾湿地公园。厦门岛景观连通性较高的核心区斑块均主要集中在生态源地周边，相比于绿化情景1，情景2的核心区斑块景观连通性更高；桥接区斑块主要分布于东北部，但情景1中高连通性桥接区斑块位于核心区斑块边缘，对斑块间的连通作用微弱，而在情景2中，众多重点和重要的桥接区斑块分布于核心区斑块之间，且桥接区斑块多为屋顶绿化，这些屋顶绿化作为结构性廊道增加了东北部景观的连通性；孤岛斑块均主要分布在中北部，特别是在屋顶绿化实施比例达到一定规模的情景2中，相对集中分布的高连通性大型屋顶绿化将作为新的生态源地为规划廊道的构建提供可能性。此外，两种绿化情景中连通性较差的区域均主要位于西北部的港口。总的来说，随着屋顶绿化实施量的增加，作为重点核心区与孤岛的屋顶绿化将成为规划生态廊道的功能节点，作为重点桥接区的屋顶绿化将成为结构性廊道，这对厦门岛绿色网络完善发挥重要作用。

4.2.4.3 绿色网络空间优化分析

图4-19 显示了基于 MCR 模型和重力模型生成的潜在绿色网络以及生态廊道重要性分级，结果表明厦门岛内生态源地斑块 4 和 5 间存在的潜在生态廊道周边区域生境质量较差，但这条廊道对于连接南北部起着重要作用。因此，需要通过生态建设对此廊道进行重点改造，提高廊道连接的有效性。从整体生态廊道分布来看，连接厦门岛北部与南部、东部与西部的生态廊道较少，尤其是西北部区域尚未形成生态廊道。因此，需要在北部以及东部增加新的生态源地与踏脚石保证整体景观连通性，完善绿色网络。本研究综合核心区、孤岛斑块的景观连通性、面积以及空间位置，在情景 1 和情景 2 中分别选取 5 个和 12 个重点核心区斑块（1 个为屋顶绿化），3 个（1 个为屋顶绿化）和 8 个重点孤岛斑块（6 个为屋顶绿化）作为厦门岛绿色网络构建的核心潜力斑块，通过对这些潜力斑块进行保护与优化，使其发展为新的生态源地。在此基础上，运用 MCR 模型以新增的核心潜力斑块为生态源地分别构建了 14 条和 20 条新的生态廊道，对绿色网络进行补充完善（图 4-20）。同时，结合生态廊道布局，分别选取中介中心度值较高的 3 个（1 个为屋顶绿化）和 9 个斑块作为踏脚石斑块（4 个为屋顶绿化）。

对比图 4-20（a）与图 4-20（b）可知，随着屋顶绿化实施量的增加，厦门岛现状生态基底较差的北部景观连通性得到提升，大型孤岛斑块也有效地融入绿色网络中。在情景 1 中，厦门岛北部仍然缺乏具有成为新生态源地潜力的核心区、孤岛斑块，景观连通性未得到提升。在情景 2 中，厦门岛中北部多个大型屋顶绿化斑块成为未来可作为生态源地的潜力节点，说明屋顶绿化在没有较大绿地和水体的环境中起着重要的景观连通作用。但是，当屋顶绿化实施比例大幅度增加时（情景 1 至情景 2），西北部的港口区域景观连通性仍没有显著变化。一方面，港口区域增加的屋顶绿化量不足以在景观连接方面发挥关键作用［图 4-16（b）］；另一方面，港口区域集中分布大量工业用地与对外交通用地，景观生境质量较差。因此，除屋顶绿化外，还应综合考虑其他生态策略。

本研究通过统计规划生态廊道的景观组成分析屋顶绿化对绿色网络的优化作用以及绿色网络构建的可实施性（表 4-6）。厦门岛生态廊道总面积由情景 1 的 342.99hm^2增加至情景 2 的 470.01hm^2，占总用地面积比例由情景 1 的 2.42% 增加至情景 2 的 3.31%，其中生态廊道中屋顶绿化面积占比由情景 1 的 1.70% 增加至情景 2 的 10.14%。从整体景观组成来看，公园绿地（情景 1 占比 60.57%，情景 2 占比 54.30%）、防护绿地（情景 1 占比 23.07%，情景 2 占比 17.05%）两类景观是生态廊道的主要构成，而建设用地（居住区、工业区、交通用地）总占比仅为 2.38%（情景 1）、2.35%（情景 2），表明了绿色网络构建的合理性。此外，新增生态廊道中屋顶绿化占比由情景 1 的 3.18% 增加至情景 2 的 14.27%，在一定程度上提高了规划廊道的可实施性。最终，运用网络结构指数分析法的网络闭合度指数（α 指数）、线点率指数（β 指数）、网络连接度指数（γ 指数）测度近远期屋顶绿化实施情景的绿色网络结构的完善程度（徐威杰等，2018）。结果显示，α 指数、β 指数、γ 指数分别由现状的 0.24、1.33、0.51 增加为屋顶绿化实施后的 0.33、1.54、

0.57（情景1），0.49、1.82、0.67（情景2）。说明随着屋顶绿化实施量的增加，网络连接的有效性得到了显著提升，绿色网络更加完善。

4.3　规划实施策略制定

4.3.1　增存并举——重点实施片区划分

在既有建筑绿化分级与绿色网络空间优化的基础上，屋顶绿化规划实施首先要增量存量并举，覆盖厦门岛全域空间。综合存量的既有建筑屋顶绿化分级和增量的规划建筑（具体划定参见3.1.3.1节），将厦门岛三类区域划分为增量规划建筑的屋顶绿化重点实施区：一类重点区域，公共、公用类建筑；二类重点区域，商业、工业类建筑；三类重点区域，其他类建筑。将两类区域划分为存量既有建筑的屋顶绿化重点实施区：一类重点区域，一级适建屋顶绿化区；二类重点区域，二级适建屋顶绿化区；并依据既有建筑屋顶绿化分级进一步将非重点实施区划分为两类：一类非重点区，三级适建屋顶绿化区，二类非重点区，四级适建屋顶绿化区（图4-21）。其中，增量规划建筑功能类型通过城市总体规划中的功能规划分区进行确定。

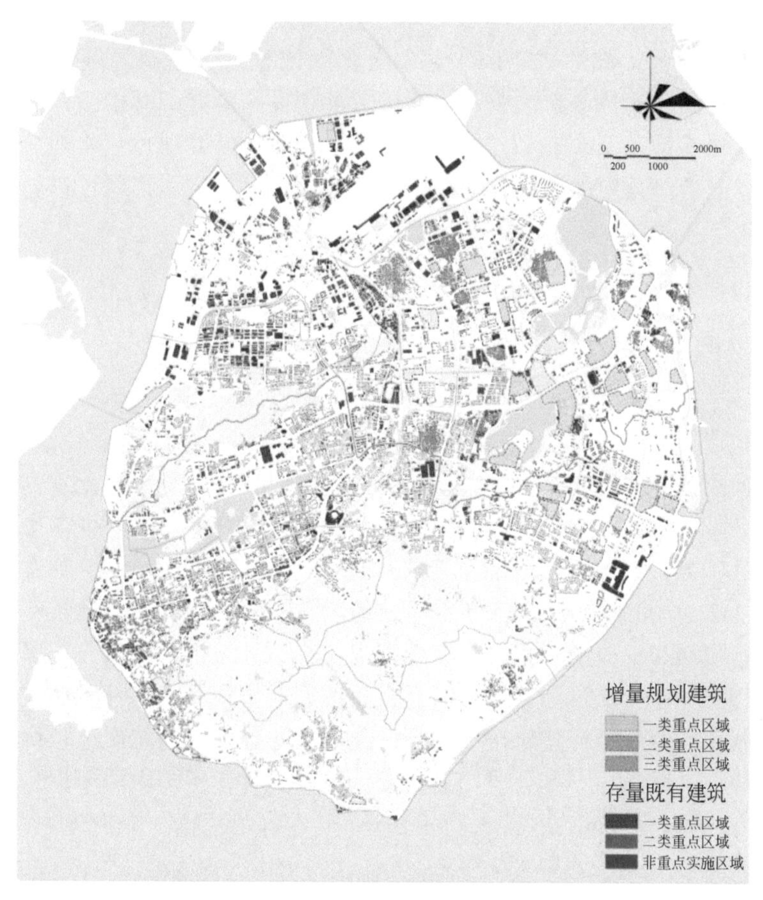

图4-21　厦门岛屋顶绿化实施片区划分图

在增量规划建筑层面，围绕厦门市政府“岛内大提升、岛外大发展”的战略目标，厦门岛中心城区思明区、湖里区加快推动城市更新（旧城旧村改造），包括现状条件差、配套短板凸显、阻碍城市功能联系的思明区何厝、岭兜旧村改造，以及湖里区的下忠旧村、蔡塘片区、高林-金林片区、湖里体育公园片区和钟宅旧村改造等。增量的重点实施片区可以充分利用城市更新改造契机，通过屋顶绿化推广政策制定，将屋顶绿化与增量建筑进行一体化规划、设计、施工，实现覆盖厦门岛全域的屋顶绿化布局。具体而言，可以通过绿色空间指数规划工具（将一定比例区域留作绿色空间，规定指标下限约束场地开发建设）将屋顶绿化纳入发展规划的强制性内容，开发商或业主承担相应责任，否则项目将不予验收。城市更新项目审批、土地出让条件、城市设计导则、建设规定等刚性手段也可纳入其中。此外，还应注意采取激励措施，如新建建筑中屋顶绿化面积可以按照一定比例折算计入绿地率等。

在存量既有建筑层面，相比增量规划建筑，屋顶绿化实施往往更加困难，应优先考虑屋顶绿化适建性更高的一类重点区域建筑。针对政府或企业单一产权人的公共、商业、工业等建筑，由于利益相关者少，可以通过制定相关政策促进屋顶绿化改造实施；针对产权复杂、实施困难的居住建筑等，可以充分利用厦门市老旧小区改造的契机，将屋顶绿化纳入改造项目。具体而言，《厦门市老旧小区改造2020—2022年行动方案》（2020年6月厦门市建设局印发）旨在引入社会资本参与老旧小区改造，由此推动城市有机更新。该方案确定的重点改造内容包括成片式老旧小区的公共空间整合、基础设施改造、公共设施改造、环境提升、建筑物本体改造、公共生活服务配套设施提升。其中，建筑物本体改造包括楼道修缮、楼道走道照明改造、立面及屋面整治等改造提升项目。将适合进行屋顶绿化建设的既有建筑整合到建筑物本体改造中的屋面整治项目，对适建屋顶进行既有建筑屋顶绿化改造。

4.3.2 纵向管控——绿化分级统筹指引

4.3.2.1 绿化分级引导

高密度城区屋顶绿化大规模实施的核心是改善城市生态环境，因此规划指标设定需要保证产生生态效益。借鉴既有研究数据，当城市屋顶绿化率达6%，可产生显著的生态效益（王仙民，2007）。以此为依据确定厦门岛屋顶绿化规划的总指标，则本岛实施屋顶绿化面积最少为 $2421.65\text{hm}^2 \times 6\% = 145.30\text{hm}^2$。基于增量规划建筑与存量既有建筑屋顶绿化适建性分级进行规划指标分解，通过提高屋顶绿化率推进城市绿化建设。其中，城市重点实施片区的屋顶绿化率要求最高，增量新建建筑按照同步规划、设计和施工原则，进行强制性实施建设指引；存量既有建筑按照屋顶绿化适建性分级级别越高屋顶绿化率越高的原则进行鼓励政策、补贴引导。结合厦门岛实际情况，同时参照国内城市屋顶绿化实施办法等相关经验，设定以下实施指标（表4-9），则本岛存量既有建筑的屋顶绿化可达 $176.31\text{hm}^2 \times 60\% + 300.60\text{hm}^2 \times 30\% = 195.97\text{hm}^2$，大于 145.30hm^2，可改善本岛生态环境。

由此，对行政分区进行规划指标的分解（表 4-10、表 4-11）。

表 4-9　屋顶绿化分区分级实施指标

总体目标	屋顶绿化的实施产生显著生态效益		
规划实施指标	规划实施分区		屋顶绿化率最低限值
	增量新建建筑	一类重点区域（公共/公用类）	60%
		二类重点区域（商业/工业类）	50%
		三类重点区域（其他类）	30%
	存量既有建筑	一类重点区域（一级适建绿化区）	60%
		二类重点区域（二级适建绿化区）	30%
		一类非重点区（三级适建绿化区）	引导
		二类非重点区（四级适建绿化区）	引导

表 4-10　思明区屋顶绿化规划指标引导

建筑屋顶				屋顶面积/hm^2	规划屋顶绿化面积/hm^2		规划屋顶绿化率/%
					现状	新增	
存量屋顶	现状存量屋顶			1121. 36	30	53. 11	≥7. 4
	其中	不适绿化屋顶		337. 56	—		—
		适建绿化屋顶		783. 80	53. 11		≥6. 8
		其中	一级绿化屋顶	39. 73	23. 84		≥60
			二级绿化屋顶	97. 57	29. 27		≥30
			三级绿化屋顶	111. 56	—		—
			四级绿化屋顶	534. 94	—		—
增量屋顶	（1）新建、改扩建的公共类、公用类建筑应该实施屋顶绿化，实施面积不应小于建筑占地面积的 60%； （2）新建、改扩建的商业类、工业类建筑应该实施屋顶绿化，实施面积不应小于建筑占地面积的 50%； （3）新建、改扩建的其他建筑屋顶应实施屋顶绿化，实施面积不应小于建筑占地面积的 30%						

表 4-11　湖里区屋顶绿化规划指标引导

建筑屋顶				屋顶面积/hm^2	规划屋顶绿化面积/hm^2		规划屋顶绿化率/%
					现状	新增	
存量屋顶	现状存量屋顶			1300. 29	24	142. 86	≥12. 8
	其中	不适绿化屋顶		376. 84	—		—
		适建绿化屋顶		923. 45	142. 86		≥15. 5
		其中	一级绿化屋顶	136. 58	81. 95		≥60
			二级绿化屋顶	203. 03	60. 91		≥30
			三级绿化屋顶	100. 76	—		—
			四级绿化屋顶	483. 08	—		—

续表

<table>
<tr><th colspan="2" rowspan="2">建筑屋顶</th><th rowspan="2">屋顶面积
/hm²</th><th colspan="2">规划屋顶绿化面积/hm²</th><th rowspan="2">规划屋顶绿化率
/%</th></tr>
<tr><th>现状</th><th>新增</th></tr>
<tr><td>增量屋顶</td><td colspan="5">(1) 新建、改扩建的公共类、公用类建筑应该实施屋顶绿化，实施面积不应小于建筑占地面积的60%；
(2) 新建、改扩建的商业类、工业类建筑应该实施屋顶绿化，实施面积不应小于建筑占地面积的50%；
(3) 新建、改扩建的其他建筑屋顶应实施屋顶绿化，实施面积不应小于建筑占地面积的30%</td></tr>
</table>

4.3.2.2 事权分级实施

在屋顶绿化分区分级实施指标引导的基础上，结合现行的“两级政府、三级管理”模式，即基于市、区两级政府的“市级-区级-街道级”三级纵向城市行政管理体制，多层面明确各级政府管理主体职能、合理界定事权，强化条块间协调合作，实现各类屋顶绿化项目的落地实施。从事权职能分工来看，市级政府主要享有宏观决策权与监督权，负责综合调控与统一协调；执行权分类分配给区级和街道级政府，区级主要负责分解决策，街道级主要负责执行（张冬冬，2015）。据此，按照“市级”实现规划统筹指引、“区级”立项、“街道级”落实执行的实施机制逐级推动屋顶绿化规划建设。从项目类型层面来看，市级层面重点考虑系统性的重大项目，如城市更新改造类项目，由市主导统筹；区级层面主要考虑成片的示范性项目，如园区类项目，由区主导统筹；街道级层面重点考虑需求性、自主性项目，由街道负责统筹实施。

通过与相关部门对接、街道问卷调查得到近期（2017～2022年）屋顶绿化拟建设情况（图4-22）。其中，思明区未建但有意向建设屋顶绿化的建筑项目共92个，屋顶面积共60 550m²（其中，筼筜街道11 440m²，嘉莲街道7830m²，开元街道7480m²，梧村街道1570m²，鹭江街道4030m²，中华街道3720m²，厦港街道3140m²，滨海街道3830m²，莲前街道17 510m²），主要包括商业、养老院、居委会等建筑。湖里区未建但有意向建屋顶绿化的建筑项目共63个，屋顶面积共112 730m²（其中，湖里街道19 360m²，江头街道41 390m²，殿前街道9110m²，禾山街道17 100m²，金山街道25 770m²），主要包括教育、办公、医疗、市政、商业等建筑类型。各街道具体情况详见附录附表1。

综上，结合规划实施分区与近期建设需求进行近远期结合、分期建设计划制订。近期至2022年，包括近期建设项目与屋顶绿化重点实施区，由易入难、积累相关经验，形成具备一定规模、效应良好的屋顶绿化示范区，规范建设管理流程。远期至2035年，包括全部适合进行屋顶绿化改造的既有建筑屋顶，全面推进城市屋顶绿化建设，实现城市尺度屋顶绿化生态效益、社会效益和经济效益的充分发挥。

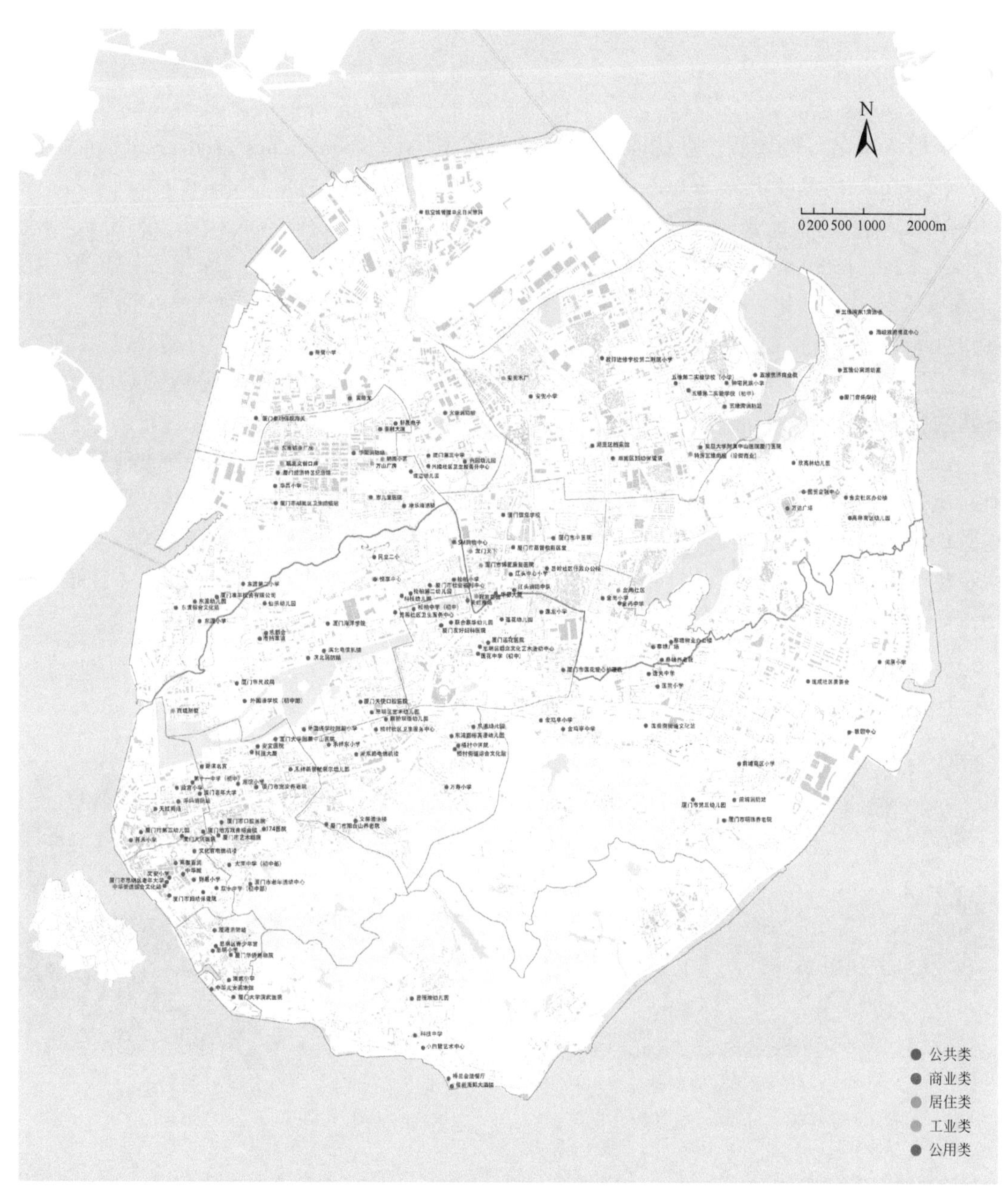

图 4-22　厦门岛近期拟建屋顶绿化项目分布图

4.3.3 横向协同——建筑绿化分类导则

在绿化分级统筹指引的基础上，制订屋顶绿化分类导则。结合当前屋顶绿化产品技术发展，选取具有容器式、荷载轻、成本低、易养护等特点的新型装配式轻型屋顶绿化产品。从屋顶绿化类型来看，德国景观研究发展建设协会（forschungsgesellschaft landschaftsentwicklung landschaftsbau，FLL）和英国屋顶绿化实践规范（code of practice for green roofs in the UK）[①] 从所需维护强度角度将屋顶绿化分为三大类（Liberalesso et al.，2020）：拓展型屋顶（extensive roofs）绿化、半密集型屋顶（semi-intensive roofs）绿化和密集型屋顶（intensive roofs）绿化。拓展型屋顶绿化（也称草坪式屋顶绿化）多为矮生、耐旱、阳性且浅根系，但能抗风的本土低矮灌木、草本植物，如景天属植被。土壤深度在 40 ~ 150mm，它们属低维护，安装完成后通常不需要灌溉（图 4-23）。密集型屋顶绿化（也称花园式屋顶绿化）需要灌溉，每年需要接受几次维护检查，土壤（称为基质的人工生长介质）深度相对较深（通常大于 200mm）。密集型屋顶绿化通常是真正意义上的具有景观价值的屋顶花园或进行城市粮食种植的屋顶农场（图 4-24）。而在实际应用中，有一些具有这两种特征的屋顶绿化类型，被称为半密集型屋顶绿化（也称组合式屋顶绿化），这些屋顶绿化通常比拓展型屋顶绿化具有更深的土壤深度，可以灌溉也可以不灌溉，并且倾向于种植更多的植物类型，包括灌木。

图 4-23　拓展型屋顶绿化

资料来源：Gary and Dusty，2019

图 4-24　密集型屋顶绿化

资料来源：Gary and Dusty，2019

结合屋顶绿化类型的特点，建筑屋顶绿化从建筑类型（增量、存量建筑）和建筑功能

① 英国屋顶绿化实践规范（code of practice for green roofs in the UK）由英国屋顶和墙体绿化组织 Livingroofs. org（https：//livingroofs. org/）制定。Livingroofs. org 是一个独立的组织，由 Dusty Gedge 在 2002 年建立，目的是在英国和全世界的城市地区推广屋顶和墙体绿化。

（产权属性、开放需求等）两个层面开展绿化分类建设引导。在建筑类型方面，增量新建建筑可选择密集型屋顶绿化的建设模式，密集型屋顶绿化对建筑结构和屋顶荷载要求更高，在新建建筑建设期间，可以与建筑统一施工，配置多层植物、花园道路和花园装饰；而存量既有建筑可选择拓展型、半密集型屋顶绿化的建设模式，它们具有快速推广和规模覆盖的优点。在建筑功能方面，根据产权属性、开放需求等因素进行建设引导，如对于商业裙房、公共建筑、对外开放居住建筑屋顶采用密集型、半密集型屋顶绿化，不对外开放居住建筑、公共建筑屋顶采用拓展型屋顶绿化。

此外，屋顶绿化产品设计和技术的创新已经产生现有屋顶绿化系统的多种变体，并进一步提高了建筑业将植被融入建筑环境的能力，为业主增加经济价值，尤其是当屋顶绿化与太阳能光伏和蓝色屋顶等其他技术相结合时，最典型的变体包括生物多样性屋顶（biodiverse roofs）绿化、生物太阳能屋顶（biosolar roofs）绿化、用于储存雨水的蓝绿屋顶（blue green roofs）绿化（Gary and Dusty，2019）。生物多样性屋顶绿化（图 4-25）旨在为特定种类的野生动植物提供特定的原生植被类型或定制栖息地。生物太阳能屋顶绿化（图 4-26）是将拓展型屋顶绿化与太阳能光伏阵列（PV）相结合，屋顶绿化基板用作支撑太阳能光伏阵列连接的框架所需的承载物，从而使屋顶绿化和太阳能光伏阵列均受益。美国最近的研究也表明（Maya et al.，2019），太阳能光伏阵列过热时效率会下降，而这种负面影响会因屋顶绿化提供的蒸发冷却降低。因此，这些技术的结合可以提高太阳能光伏的效率，现在也已经有专门的系统来确保这两种技术的无缝集成。蓝绿屋顶（图 4-27）是一种旨在储存雨水的屋顶，因此在可持续排水系统中起到源头控制作用，蓝绿屋顶由覆盖在防水层上方空隙的屋顶绿化组成。蓝绿屋顶的设置可以暂时储水，起到雨水源头控制作用，同时储存的雨水也灌溉了屋顶绿化层。近年来，随着此类型屋顶绿化的智能化发展，其传感器和软件可以使储存的雨水以比普通屋顶绿化慢的速率排放，从而持续维持灌溉，也可以在暴雨之前清空该空隙以最大限度地增加蓄水量。蓝绿屋顶绿化也可以设计成一个湿润的生物多样性屋顶绿化，在储存雨水的同时将栖息地和设施结合在一起。

图 4-25　生物多样性屋顶绿化

资料来源：Gary and Dusty，2019

图 4-26　生物太阳能屋顶绿化

资料来源：Gary and Dusty，2019

图 4-27　蓝绿屋顶绿化

资料来源：Gary and Dusty，2019

第5章 效益评估——屋顶绿化降温效应评估

屋顶绿化作为高密度城区增加绿色空间的重要方式，其规划需要与城市绿地系统联动互补，对屋顶绿化进行定性、定位和定量的统筹安排，形成具有合理结构的、协同城市绿地的绿色空间网络系统。简言之，即在城市绿地系统格局下，从多维空间角度串联地面绿色斑块，依托屋顶绿化补充完善形成格局性的绿色空间系统，通过绿色网络构建优化高度城市化地区区域景观格局。自1994年以来，厦门市地表温度波动越来越大，次高温和高温区景观面积增大，尤其是2010年以后，增长速度变快，厦门市各行政区中厦门岛升温趋势最明显，其热岛效应显著。因此，有必要对厦门岛屋顶绿化实施后的降温效应进行定量化评估。本章利用2014年（屋顶绿化实施前）、2017年（屋顶绿化实施后）两期遥感影像，结合ArcGIS定量刻画厦门岛54hm^{2}城市屋顶绿化实施后的降温效应，尤其针对有效降温的缓冲区范围、温度与绿化屋顶面积的定量关系进行研究。

5.1 评估对象与数据处理

5.1.1 评估对象

厦门岛内已建屋顶绿化的建筑类型较为全面，包括高层、多层、低层的商业、公共、居住等建筑，可以为量化高密度城区屋顶绿化降温效应提供较为全面的评估环境。本章选取2017年已建屋顶绿化的54hm^{2}屋顶空间（占整个城市屋顶面积的2%）为研究对象（图5-1），并分别把研究对象2014年（屋顶绿化实施前）、2017年（屋顶绿化实施后）两年的屋顶空间作为研究对照组。由于目标之一是研究屋顶绿化降温的空间尺度效应，因此研究对象还包括对照组屋顶空间对应的500m缓冲区。缓冲区半径的最小值确定为遥感影像的栅格像元大小30m，缓冲区半径的最大值确定为略大于研究区最大面积屋顶绿化区域的直径500m［根据Honjo和Takakura（1990）研究，城市公园的降温效应可以扩展到与公园长度相似的距离］。为了详细研究屋顶绿化降温效应的梯度变化，在ArcGIS空间分析模块中，根据屋顶绿化的边界，依次以30m、60m、90m、100m、120m、150m、180m、200m、300m、400m、500m为增量向外生成多级缓冲区，将对照组屋顶空间的500m缓冲区划分为11个区段（图5-2），通过对比不同缓冲区内地表温度变化，分析厦门岛屋顶绿化降温效应的空间特征，并选取有效降温的区域（特征降温缓冲区）作为进一步定量化分析厦门岛屋顶绿化降温效应的标准区域。

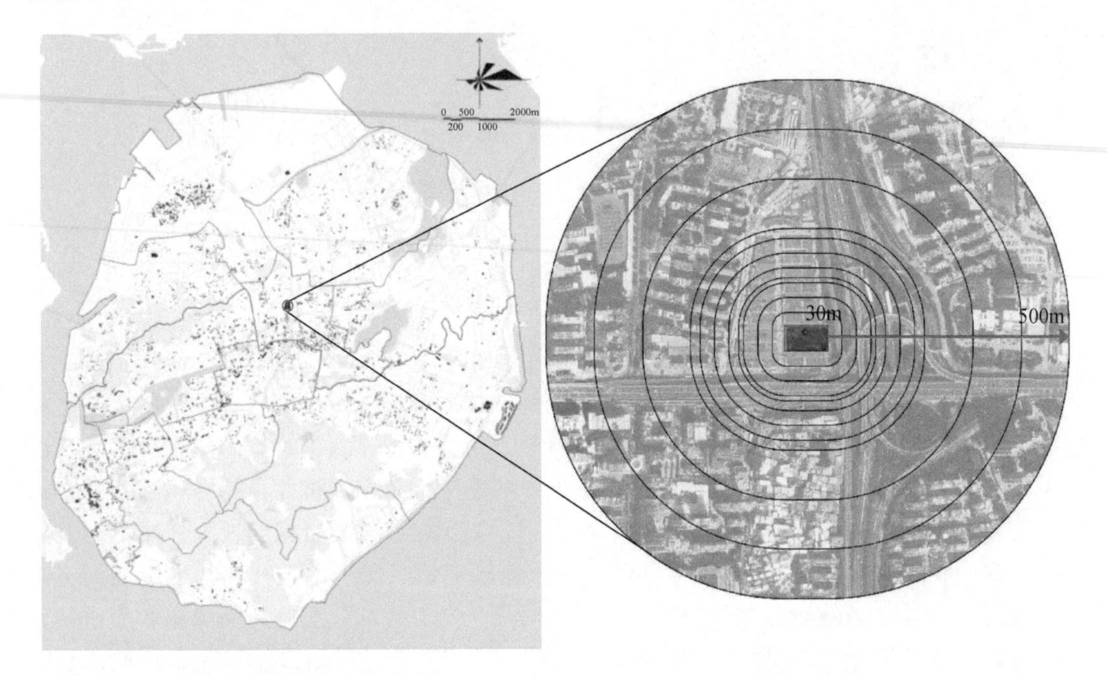

图 5-1　对照组屋顶绿化空间布局图　　　　图 5-2　对照组屋顶空间缓冲区示意图

5.1.2　数据处理

由于 Landsat 卫星提供的长期、连续的热红外遥感影像，其热红外数据一直是地表温度反演最重要的数据之一（胡德勇等，2015）。因此，本研究采用 Landsat 8 遥感数据提取厦门岛市区土地利用数据及地表温度数据。为研析高密度城区屋顶绿化降温效应，选择两期（2014 年屋顶绿化实施前、2017 年屋顶绿化实施后）Landsat 8 遥感数据（行列号：119043）对地表温度进行反演。所采用的数据下载自美国地质调查局网站，产品类型为 L1T，下载时 Landsat 8 热红外波段已重采样至 30m。这两期影像分别获取于 2014 年 07 月 22 日、2017 年 10 月 02 日，卫星过境时间在上午 10 点 33 分左右（北京时间），所选用影像数据成像质量较好，研究区内没有云层覆盖，大气可见度高。在此基础上，为保障地表温度反演的准确性，通过 ENVI 5.3 软件平台，依据研究区矢量边界对两期遥感影像进行辐射定标、大气校正、图像裁剪等预处理。

Landsat 8 携带有两个传感器：陆地成像仪（operational land imager，OLI）和热红外传感器（thermal infrared sensor，TIRS）。波段设置上保留了 Landsat 7 ETM+所有的波段范围，并且收窄了部分波段的光谱范围，同时新增了海岸波段和卷云波段，而热红外波段由 ETM+的一个增加至两个（Roy et al.，2014），其卫星参数如表 5-1 所示。

表 5-1　Landsat 8 卫星参数

传感器	波段号	名称	波长/μm	空间分辨率/m	辐射分辨率/bit
OLI	1	Coastal	0.43～0.45	30	12
	2	Blue	0.45～0.52	30	12
	3	Green	0.53～0.60	30	12
	4	Red	0.63～0.68	30	12
	5	NIR	0.85～0.89	30	12
	6	SWIR 1	1.56～1.66	30	12
	7	SWIR 2	2.10～2.30	30	12
	8	Pan	0.50～0.68	15	12
	9	Cirrus	1.36～1.39	30	12
TIRS	10	TIRS 1	10.60～11.20	100（重采样至 30）	12
	11	TIRS 2	11.50～12.50	100（重采样至 30）	12

5.2　降温效应定量评估方法

城市热岛效应是土地利用变化、城市形态、气候条件、人为热排放等因素导致的综合结果，而大量研究表明城市下垫面性质对城市热岛效应的影响最为显著（Sharma et al., 2017）。同时，不同类型土地利用间蒸发能力的差异是导致日间城市热岛强度在湿润地区（相比干旱地区）进一步变化的主要原因，即土地利用变化是日间城市热岛强度的主要控制因素（Li et al., 2019）。由此，此方法的基本前提是研究对照组 2014 年、2017 年厦门岛土地利用变化不显著，以保证两年对照组屋顶空间地表温度变化主要是由于屋顶绿化的建设。而已有研究中绿色基础设施的降温效应研究多采用单时相地表温度的绝对值进行定量化分析（Barbieri et al., 2018；Amani-Beni et al., 2019；Guo et al., 2019），但地表温度是多种因素导致的，因此不能用地表温度的绝对值进行衡量。鉴于此，为消除不同遥感影像因成像时间、气候变化等因素产生的差异，采用相对地表温度比较不同年份的热环境（Cai et al., 2019）。此外，有研究者将降温强度定义为绿地斑块内较周围建设用地的温度差值（Lin et al., 2015），同理，本研究将屋顶绿化的降温强度定义为屋顶绿化与周边城市区域的温度差值，采用屋顶绿化实施前后屋顶空间与厦门岛及其缓冲区平均地表温度的相对温度差值进行对比研究。具体而言，分别计算屋顶绿化实施前（2014 年）、实施后（2017 年）两年的厦门岛、对照组屋顶空间及其缓冲区的平均地表温度，并采用对照组屋顶空间与厦门岛平均地表温度差值（ΔT_{r}），以及对照组屋顶缓冲区与屋顶空间平均地表温度差值（ΔT_{b}）进行比较分析（Dong et al., 2020）。

$$\Delta T_{r}=T_{rm}-T_{im} \tag{5.1}$$

$$\Delta T_{b}=T_{bm}-T_{rm} \tag{5.2}$$

式中，T_{rm} 为对照组屋顶空间平均地表温度；T_{bm} 为对照组屋顶缓冲区平均地表温度；T_{im} 为厦门岛平均地表温度。

城市绿地、水体的降温效应曲线表明，绿地、水体的降温效应随绿地、水体的面积大小以及与其边界的距离而变化（张棋斐等，2018；Yu et al.，2018）。具体而言，绿地、水体面积越大，其周边区域的降温范围越大。超过一定范围，绿地、水体的降温效应就消失了，这个范围称为最大降温距离（图 5-3）。因此，假设屋顶绿化与绿地、水体一样，其降温效应随着与屋顶绿化边界距离增大而减小，并且在最大降温距离处消失，即屋顶缓冲区距离与 ΔT_{b} 的温度变化曲线关系是，随着屋顶绿化缓冲区距离的增加，温度差值显著升高，达到一定距离后，降温效应曲线开始下降，即屋顶绿化降温效应逐渐降低。由此，可以大致认为两年对照组 ΔT_{b} 温度变化曲线的交点即是屋顶绿化对周围热环境影响范围的极限，本研究将其定义为屋顶绿化特征降温缓冲区（B_{CE}）。

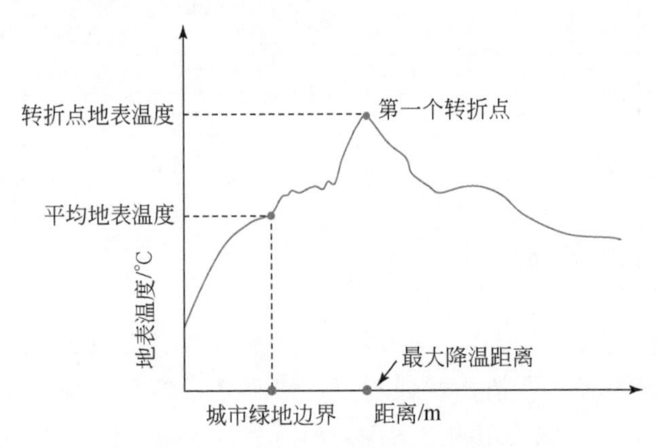

图 5-3　城市绿地降温效应曲线

综上，该方法的总体技术路线：首先，对研究区土地利用类型进行快速分类，并基于 Landsat 8 遥感影像的热红外波段反演地表温度，进行厦门岛屋顶绿化实施前（2014 年）、实施后（2017 年）地表温度反演，统计分析厦门岛、对照组屋顶区及其缓冲区温度变化，以验证高密度城区的屋顶绿化是否具有降温效应；其次，在此基础上，基于屋顶绿化实施后（2017 年）的地表温度反演结果，对比屋顶绿化对不同范围缓冲区的降温效应，确定特征降温缓冲区。最后，通过回归分析，量化屋顶空间及其缓冲区平均地表温度与绿化屋顶面积的关系。

5.2.1　土地利用分类

土地利用类型分类采用 NDVI 决策树分类方法。归一化植被指数（NDVI）可反映地表植被覆盖情况，NDVI 值的范围在-1 ~1，NDVI 值越大表示植被覆盖百分率越高、植被越茂密；反之，NDVI 值越小表示植被覆盖百分率越低。负值表示地面覆盖为水、雪等；0 表示有岩石或裸土；正值表示植被覆盖。NDVI 是目前应用最广泛的一种植被指数法，它的计算公式是

$$NDVI=\frac{B_{NIR}-B_{R}}{B_{NIR}+B_{R}} \tag{5.3}$$

式中，B_{NIR} 和 B_{R} 分别表示近红外波段和红光波段的反射值，对于 Landsat 8 来说，第 4 波段为红光波段，第 5 波段为近红外波段。

通过计算归一化植被指数（NDVI），根据经验值和实际情况设置一定的阈值可提取植被覆盖信息。基于植被覆盖信息的提取结果，利用NDVI阈值法将厦门岛地表土地利用类型快速划分为三种：建设用地（0≤NDVI≤阈值）、绿地（NDVI>阈值）和水体（NDVI<0）。经过反复实验，2014年和2017年的NDVI阈值分别取0.4和0.3，并采用分类后处理方法提高分类精度。采用随机取样方法（各类型取样20个）对分类结果进行精度评价，得出2014年和2017年Kappa系数①均大于0.8，因此可以认为厦门岛土地利用类型分类结果是基本正确的。

5.2.2 地表温度反演

目前通过遥感反演地表温度的算法主要包括辐射传输方程法（大气校正法）、单窗算法、分裂窗算法等，不同算法适用于不同类型的遥感传感器热红外数据（胡德勇，2015）。Landsat 8 OLI-TIRS数据虽然包含两个热红外波段，但由于TIRS第11波段暂时存在许多不稳定性，美国地质调查局建议把TIRS第10波段作为单波段热红外数据进行使用，这样可以较准确地反演地表温度。此外，国内外针对Landsat数据的单窗算法开展了大量研究，考虑到大气和地表对温度的影响，单窗算法将地表和大气的影响包含在公式内，相较于辐射传输方程法、分裂窗算法，它简单、易于应用，且更适用于Landsat数据长时间序列的地表温度反演（胡德勇，2015）。因此，本章基于热辐射传输方程的单窗算法进行地表温度反演（Qin et al.，2001）。单窗算法地表温度反演过程需要四个主要参数：辐射亮度温度、平均大气温度、大气透射率和地表比辐射率（图5-4）。具体过程如下：

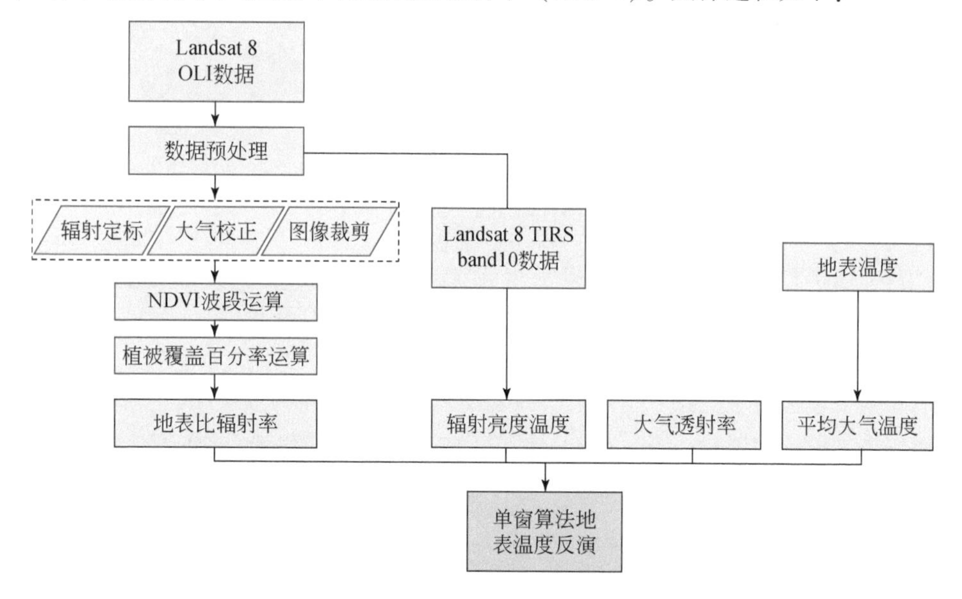

图5-4　基于单窗算法的地表温度反演过程图

① Kappa系数用于一致性检验，也可用于衡量分类精度。

(1) 辐射亮度温度

辐射亮度温度是指卫星观测到的热辐射强度与之对应的温度，它通常低于物体的实际温度，又叫地表辐射温度。根据下载的 Landsat 数据提供的不同参数，可以采用两种方法计算热辐射强度值。一种是通过传感器可探测到的最小和最大辐射亮度值，采用式（5.4）进行计算；一种是通过增益系数（gain coefficient）和偏移系数（off-set coefficient），采用式（5.5）进行计算。得到热辐射强度值后，根据普朗克函数计算辐射亮度温度（式5.6）：

$$L_\lambda = Q_{dn} \times \frac{L_{max} - L_{min}}{Q_{max}} + L_{min} \tag{5.4}$$

$$L_\lambda = M \times Q_{dn} + A \tag{5.5}$$

$$T_b = \frac{K_2}{\ln\left(\frac{K_1}{L_\lambda} + 1\right)} \tag{5.6}$$

式中，L_λ 表示热辐射强度值；T_b 表示第 10 波段的辐射亮度温度；Q_{dn} 表示第 10 波段的灰度值；Q_{max} 表示遥感数据最大的灰度值为 255；L_{min} 和 L_{max} 分别表示传感器可探测到的最小和最大辐射亮度；M 和 A 分别表示该数据的增益系数与偏移系数值；K_1 和 K_2 均表示常量，对于 Landsat 8 来说，$K_1 = 774.89\text{mW}/(\text{cm}^2 \cdot \text{sr} \cdot \mu\text{m})$，$K_2 = 1\ 321.08K$。

(2) 地表比辐射率

目前，地表比辐射率（ε）估算方法有以下几种：①利用热红外光谱仪手动获取参数，根据数学关系计算得出地表比辐射率；②理想状态下计算出黑体的比辐射率，再基于具体数据的相关参数推算出所需要的地表比辐射率；③前人研究表明地表比辐射率与 NDVI 之间存在着一定的函数关系，根据该函数关系和植被覆盖度（FVC）可以估算所需的地表比辐射率（Zribi et al.，2003），FVC 可以通过 NDVI 值计算：

$$\text{FVC} = \frac{\text{NDVI} - \text{NDVI}_S}{\text{NDVI}_V - \text{NDVI}_S} \tag{5.7}$$

$$\varepsilon = 0.004\text{FVC} + 0.986 \tag{5.8}$$

式中，ε 表示比辐射率；FVC 表示植被覆盖百分率；NDVI_S 表示完全是裸土或无植被覆盖的像元的 NDVI 值；NDVI_V 表示完全被植被覆盖的像元的 NDVI 值。

(3) 大气平均温度

大气平均温度通常难以获取，前人研究发现大气平均温度与地面附近 2m 处的温度存在线性关系。覃志豪等（Qin et al.，2001）模拟了标准大气条件和缺乏实际大气剖面数据情况下，离地面 2m 的地表温度（T_0）与大气平均温度（T_a）的线性关系，如表 5-2 所示。

表 5-2　大气平均温度与地表温度的线性关系

适用条件	模型
美国标准大气（USA-1976）平均大气	$T_a = 25.9396 + 0.88045T_0$
热带平均大气	$T_a = 17.9769 + 0.91715T_0$

续表

适用条件	模型
中纬度冬季平均大气	$T_a=19.2740+0.91118T_0$
中纬度夏季平均大气	$T_a=16.0110+0.92621T_0$

根据厦门市的地理位置和数据获取时间，本研究中地表温度反演选择表5-2中纬度夏季时的模型计算。由于 T_0 与 T_a 的单位均为K，按照式（5.9）将温度的单位进行换算，获得以℃为单位的温度（t）。

$$T=t+273.15 \tag{5.9}$$

（4）大气透射率

大气透射率（τ）是指通过大气后的辐射强度与入射前的辐射强度之比。大气透射率的影响因素众多、计算过程复杂，计算较为困难。但它可以通过美国国家航空航天局（NASA）官网进行方便获取。NASA提供了2000年之后的大气透射率，本研究中温度反演的时间为2014年和2017年，通过输入成像时间以及中心经纬度，可以获得大气透射率。

（5）地表温度

基于单窗算法模型，反演地表温度。

$$C=\varepsilon\tau \tag{5.10}$$

$$D=(1-\tau)[1+(1-\varepsilon)\tau] \tag{5.11}$$

$$\mathrm{LST}=\frac{a(1-C-D)+[b(1-C-D)+C+D]\times T_b-D\times T_a}{C} \tag{5.12}$$

式中，LST为地表温度；a 和 b 均为常量，当温度介于0～70℃时，$a=-67.3554$，$b=0.4586$；T_b 为第10波段的辐射亮度温度；T_a 为大气平均作用温度；C 和 D 均为中间变量，二者与地表比辐射率和大气透射率相关。

5.2.3　定量关系分析

SPSS软件分别用于配对 t 检验和Spearman相关分析。将4436对对照组屋顶的2014-ΔT_r 和2017-ΔT_r 进行配对 t 检验，以确定屋顶绿化实施前后同一屋顶是否存在差异（具有显著的降温效应）。配对 t 检验的主要参数为概率 p，若 $p>0.05$，则说明配对数据没有呈现出差异性；$p\leqslant0.05$，则说明差异显著；$p\leqslant0.01$，则认为差异非常显著。理论上，Spearman相关分析用于表示两个变量之间变化趋势的方向和程度，其值（Spearman相关系数）的范围为-1～1/(-1，1)，0表示两个变量不相关，正值表示正相关，负值表示负相关，系数越大意味着相关性越强。以单个屋顶为研究对象，使用Spearman相关分析来检验屋顶及其特征降温缓冲区的平均地表温度与绿化屋顶面积之间的相关性。在此基础上，进行回归分析，探讨绿化屋顶面积与对照组屋顶和特征缓冲区平均地表温度之间的定量关系。

5.3　降温效应评估结果分析

5.3.1　景观格局与地表温度

从土地利用类型分类结果看（图5-5、图5-6），2014年、2017年厦门岛三类土地利用面积变化不显著（水体、绿地、建设用地），城市建设用地周边景观格局相对稳定。相比于2014年，2017年厦门岛建设用地面积仅增加了0.18km^2，而具有降温效应的水体和绿地则分别减少了1.03km^{2}和增加了0.75km^2（表5-3）。从地表温度反演结果看（图5-7、图5-8），两个时相地表温度空间分布格局变化不显著，低温区均主要集中于南部（思明区），而地表温度的高温区域主要分布于北部（湖里区），热岛最严重的区域位于机场片区的西北部。相比于2014年，2017年厦门岛平均地表温度上升了4.54℃，绿化屋顶区的平均地表温度上升了3.63℃。

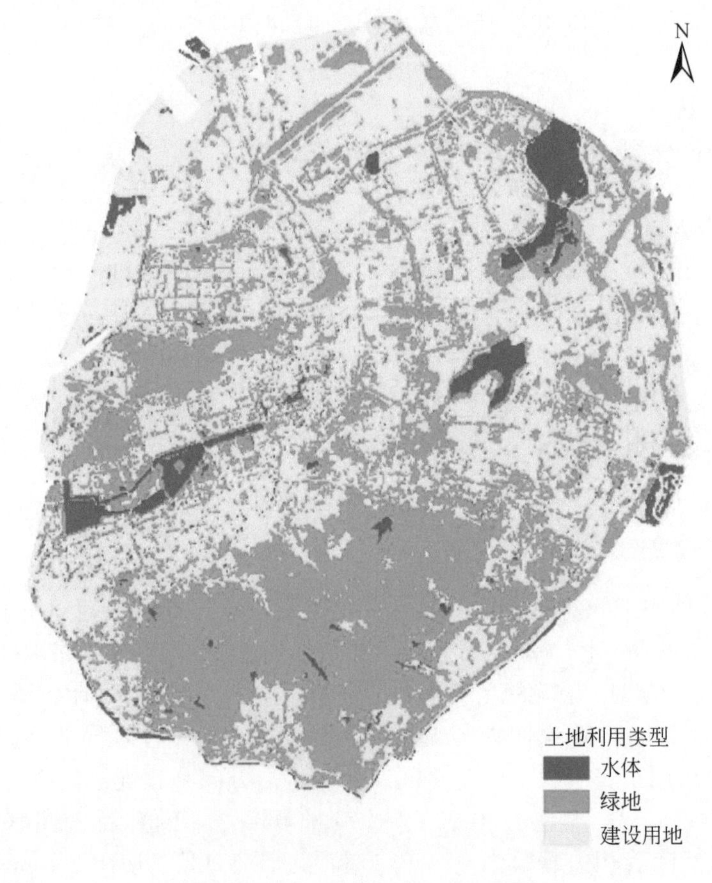

图5-5　2014年厦门岛土地利用图

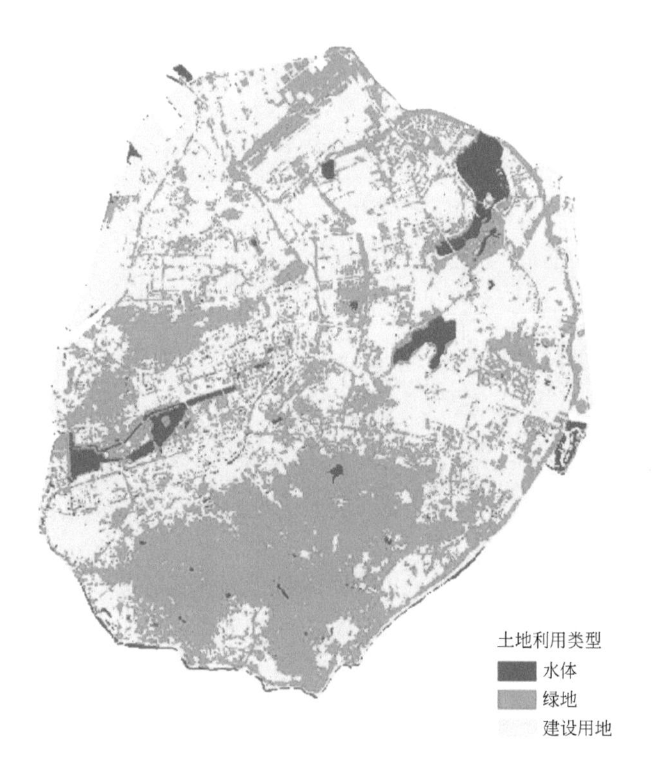

图5-6　2017年厦门岛土地利用图

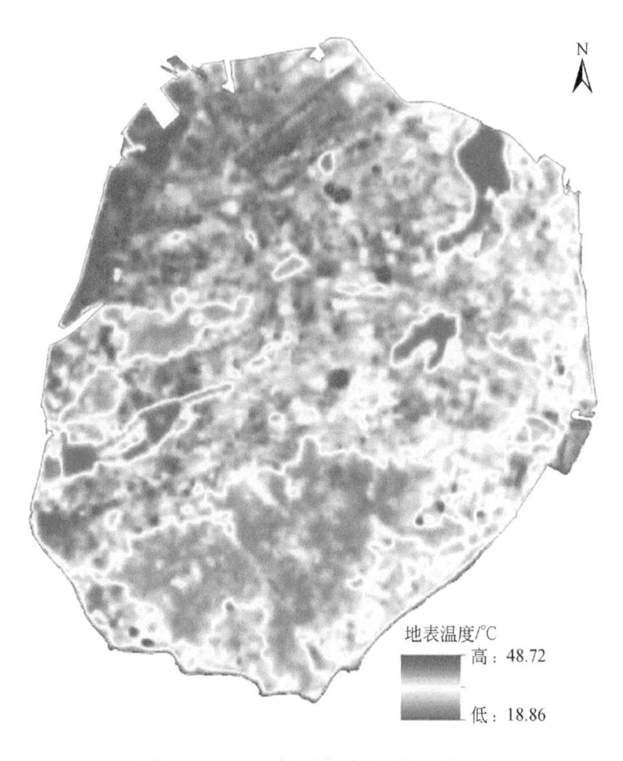

图5-7　2014年厦门岛地表温度图

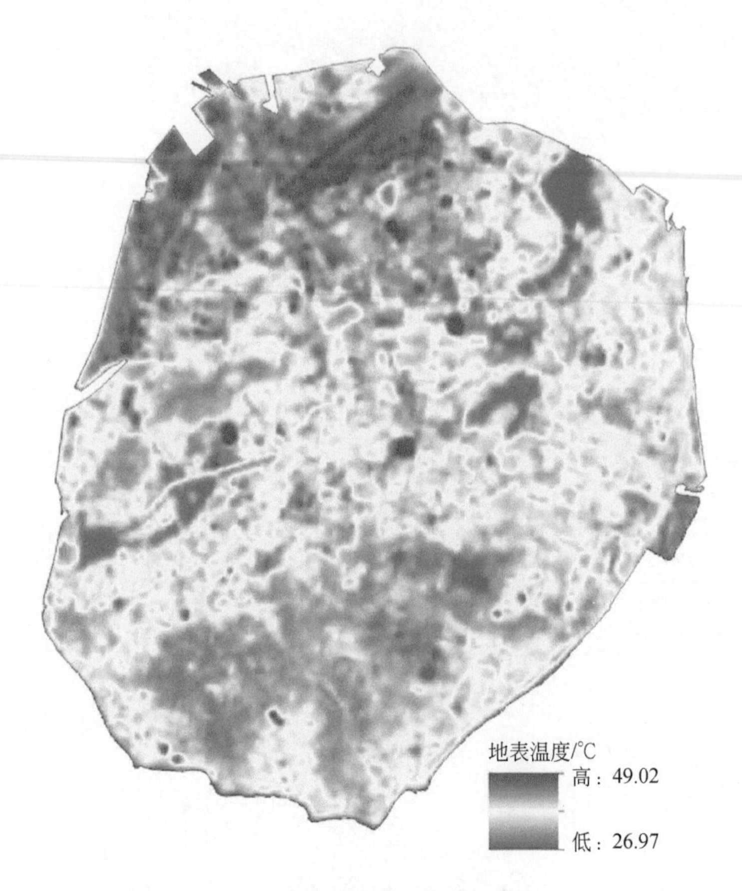

图 5-8　2017 年厦门岛地表温度图

表 5-3　2014 年和 2017 年厦门岛土地利用类型及平均地表温度变化统计

	土地利用面积/km²			平均地表温度/℃		
	水体	建设用地	绿地	厦门岛	绿化屋顶	ΔT_r
2014 年	6.57	62.75	73.35	31.96	33.13	1.17
2017 年	5.54	62.93	74.1	36.5	36.76	0.26
差值	-1.03	0.18	0.75	4.54	3.63	-0.91

注：ΔT_r=绿化屋顶平均地表温度-厦门岛平均地表温度。

5.3.2　地表温度与屋顶绿化

厦门岛 2014 年、2017 年温度反演结果表明（表 5-3），实施屋顶绿化前，2014 年厦门岛的平均地表温度为 31.96℃，对照组屋顶的平均地表温度为 33.13℃，屋顶的平均地表温度比厦门岛的平均地表温度高 1.17℃；实施屋顶绿化后，2017 年厦门岛的平均地表温度为 36.50℃，对照组屋顶的平均地表温度为 36.76℃，屋顶的平均地表温度比厦门岛的平均地表温度高0.26℃。相比2014年，实施屋顶绿化后，屋顶与厦门岛的平均地表温度差下降了0.91℃。这些结果与以前的研究结果一致，即当在城市尺度实施屋顶绿化时，其平均环境温度可能会降低0.3～3K（Santamouris，2014；Imran et al.，2018；Yang and Bou-Zeid，2019；Huang et al.，2019）。配对 t 检验（图5-9）结果表明实施屋顶绿化前后，屋顶与厦门岛的平均地表温差存在显著差异（n=4435，p<0.01），这也就是说，屋顶绿化对厦门岛的热岛效应具有一定的缓解作用。

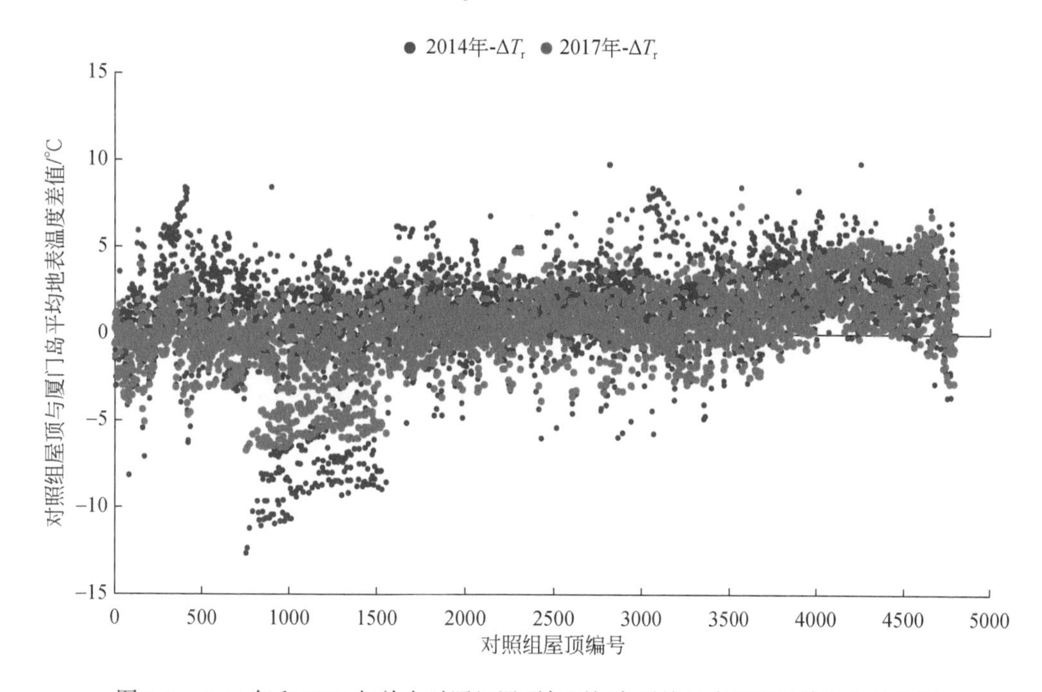

图5-9　2014年和2017年单个对照组屋顶与厦门岛平均地表温度差值散点分布图

5.3.3　降温效应的定量分析

（1）城市屋顶绿化特征降温缓冲区 B_{CE}

城市屋顶绿化实施前后对照组屋顶与缓冲区的平均地表温度差值（ΔT_b）如图5-10所示。在未扣除缓冲区内绿地的情况下（水体面积较小）在30～100m缓冲区范围内，实施屋顶绿化后的 ΔT_b 小于实施屋顶绿化前的 ΔT_b。而在100～150m的缓冲区范围内，实施屋顶绿化后的 ΔT_b 大于实施屋顶绿化前的 ΔT_b。这意味着屋顶绿化的实施缩小了屋顶与其周边环境的温度差值，屋顶绿化在一定距离内可能会起到降温的作用，但此结果不能排除屋顶绿化周边绿地对降温效应的影响。以往的大多研究表明，绿地本身具有绿岛效应，绿地的平均地表温度低于周边环境（Amani-Beni et al.，2019；Guo et al.，2019）。为了消除缓冲区内绿地对温度的影响，在扣除了缓冲区内绿地的情况下（水体面积较小），统计了对照组屋顶与各级缓冲区的平均地表温度差 ΔT_b，结果如图5-10实线所示。在30～150m

缓冲区范围内，实施屋顶绿化后的 ΔT_b 同样具有小于实施屋顶绿化前 ΔT_b 的趋势，由此可见，缓冲区内的绿地加强了对周边环境的降温效应，使得缓冲区内的平均地表温度更低（$\Delta T_b = T_{bm} - T_{rm}$，$T_{rm}$ 是屋顶的平均地表温度，且保持不变，在 150m 缓冲区范围内，且 $\Delta T_b \geqslant 0$ 的情况下，虚线总是在实线以下）。

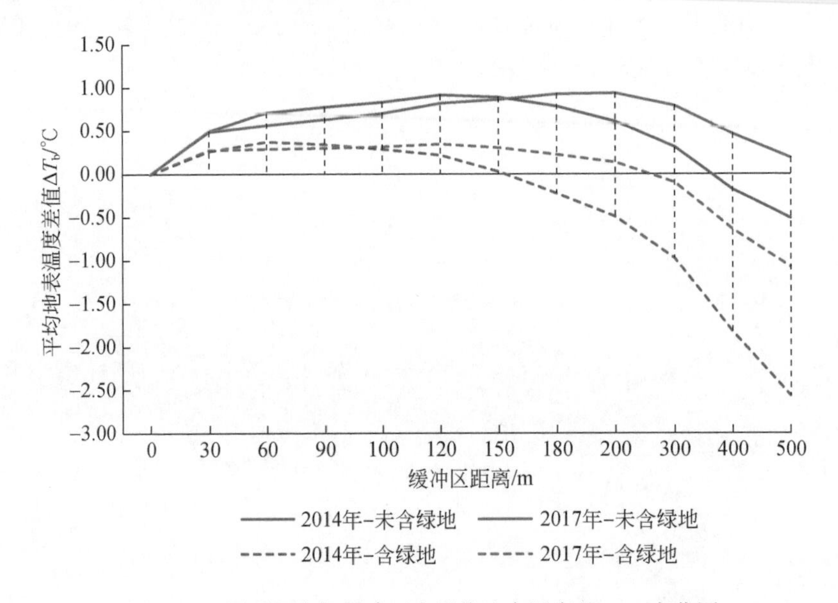

图 5-10 屋顶与多级缓冲区内平均地表温度差 ΔT_b 变化图

虽然扣除绿地后使厦门岛屋顶绿化对周边环境的最大降温范围从 100m 扩大到 150m，但仍然不能完全消除屋顶绿化周边绿地对缓冲区范围内的温度影响。由此，将最小距离（100m）定义为屋顶绿化的特征降温缓冲区 B_{CE}。已有研究表明土地利用类型、城市形态等对地表温度变化具有显著影响（Guo et al.，2019），同时，在较高温度和较低相对湿度的条件下，绿化植被的降温效应更显著（Perini and Magliocco，2014）。因此，具有不同气候条件、空间特征的区域，其屋顶绿化特征降温缓冲区可能不同。

（2）降温效应与绿化屋顶面积的定量关系

以单个对照组屋顶为研究对象，利用 Spearman 统计分析屋顶及其特征降温缓冲区（100m）内的平均地表温度与绿化屋顶面积的相关关系（图 5-11、图 5-12），结果表明，在绿化屋顶面积不超过 10 000m^2 的情况下，实施屋顶绿化后屋顶（$r = -0.084$，$p<0.01$）及其 100m 缓冲区（$r = -0.078$，$p<0.01$）的平均地表温度均与绿化屋顶的面积呈现出负相关关系，即随着绿化屋顶面积的增大，其降温效应越明显。通过拟合回归分析，屋顶平均地表温度与绿化屋顶面积的线性回归方程是 $y = -0.0004x + 37.086$，100m 缓冲区平均地表温度与绿化屋顶面积的线性回归方程是 $y = -0.0004x + 37.142$。屋顶及其缓冲区平均地表温度与绿化屋顶面积的拟合决定系数 R^2 都相对较小（表 5-4），可能原因包括样本分散、屋顶周边景观配置、城市地表形态等。由于本研究主要集中在绿化屋顶面积与屋顶平均地表温度的定量关系上，其他回归模型无法得到稳定的斜率（斜率代表降温值），即无法得到

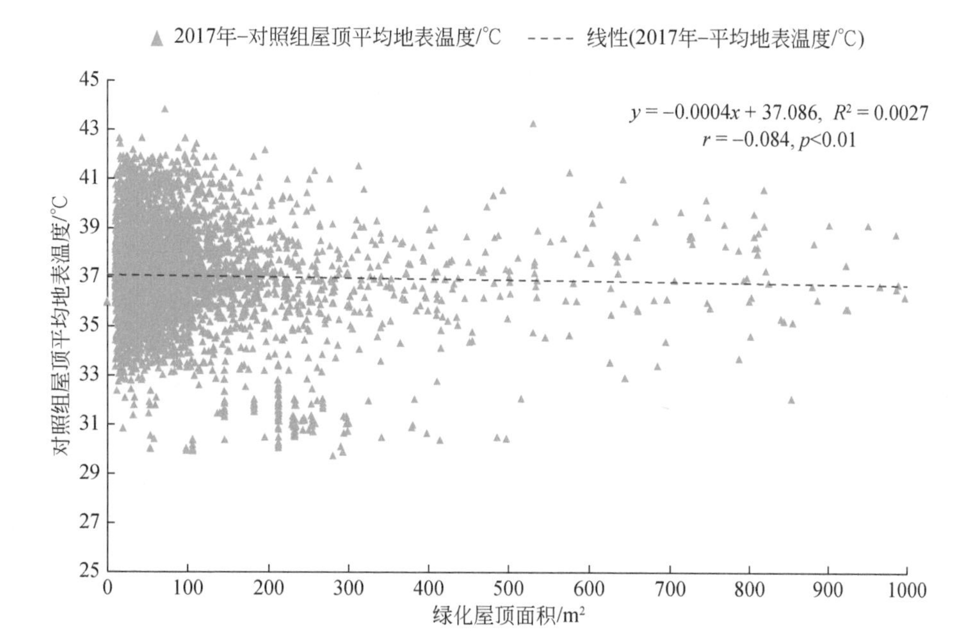

图 5-11　对照组屋顶平均地表温度与绿化屋顶面积的线性拟合回归图

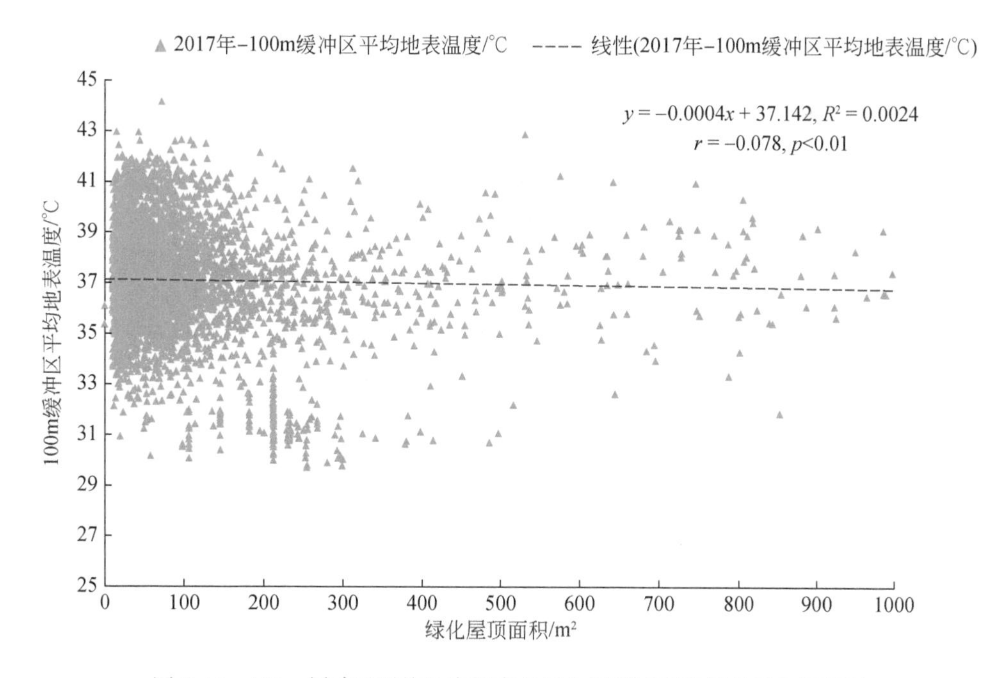

图 5-12　100m 缓冲区平均地表温度与绿化屋顶面积的线性拟合回归图

绿化屋顶面积和降温值的定量关系结果。同时，线性回归更稳定，选取屋顶面积≥900m^{2}的绿化屋顶样本（遥感数据更加可靠），并对其进行线性回归拟合，拟合决定系数R^2有所提高，函数斜率仍为-0.0004（图5-13和图5-14）。相反，如果用其他回归方程，它的表达式就不那么稳定了。比如，在全样本情景下对数曲线回归方程是$y=-0.256\ln(x)+38.103$，而选取屋顶面积≥900m^{2}的绿化屋顶样本时，对数曲线回归方程是$y=-1.02\ln(x)+45.098$（图5-15和图5-16）。因此，本研究选用线性回归方程。综上，在厦门岛高密度城区，屋顶绿化面积每增加1000m^2，屋顶及其100m缓冲区内的平均地表温度可降低0.4℃。此外，本研究采用对照组屋顶及其缓冲区与厦门岛平均地表温度的相对温度差值方法分析屋顶绿化的降温效应，由于屋顶绿化实施后会降低厦门岛的平均地表温度，该方法在一定程度上低估了屋顶绿化的降温效应。这也意味着随着未来屋顶绿化的持续建设，这个温度的相对差值可能会越来越小。

表5-4　平均地表温度与绿化屋顶面积的曲线回归

	回归模型	R^2	p值
绿化屋顶平均地表温度和绿化屋顶面积	线性	0.0027	0.001
	对数曲线	0.0140	0.000
	逆函数	0.0001	0.584
	二次曲线	0.0035	0.000
	三次曲线	0.0099	0.000
	复合曲线	0.0031	0.000
	幂函数	0.0160	0.000
	S曲线	0.0001	0.612
	增长曲线	0.0031	0.000
	指数曲线	0.0031	0.000
	逻辑函数	0.0031	0.000
特征缓冲区平均地表温度和绿化屋顶面积	线性	0.0024	0.001
	对数曲线	0.0152	0.000
	逆函数	0.0002	0.399
	二次曲线	0.0039	0.000
	三次曲线	0.0104	0.000
	复合曲线	0.0027	0.000
	幂函数	0.0173	0.000
	S曲线	0.0001	0.419
	增长曲线	0.0027	0.000
	指数曲线	0.0027	0.000
	逻辑函数	0.0027	0.000

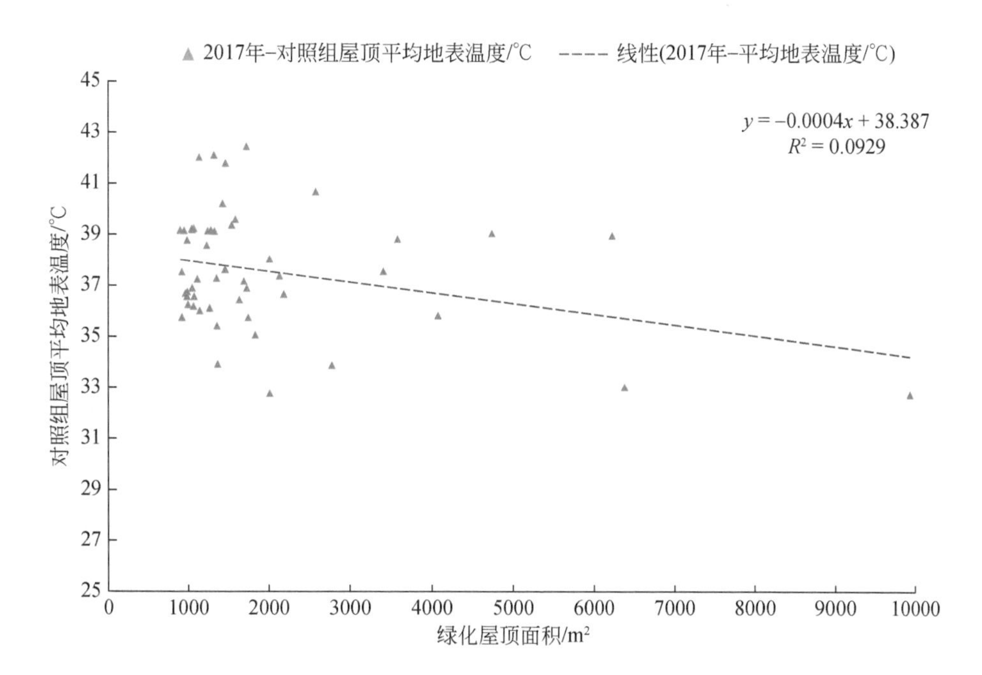

图 5-13　对照组屋顶平均地表温度与绿化屋顶面积（屋顶面积≥900m²）线性拟合回归图

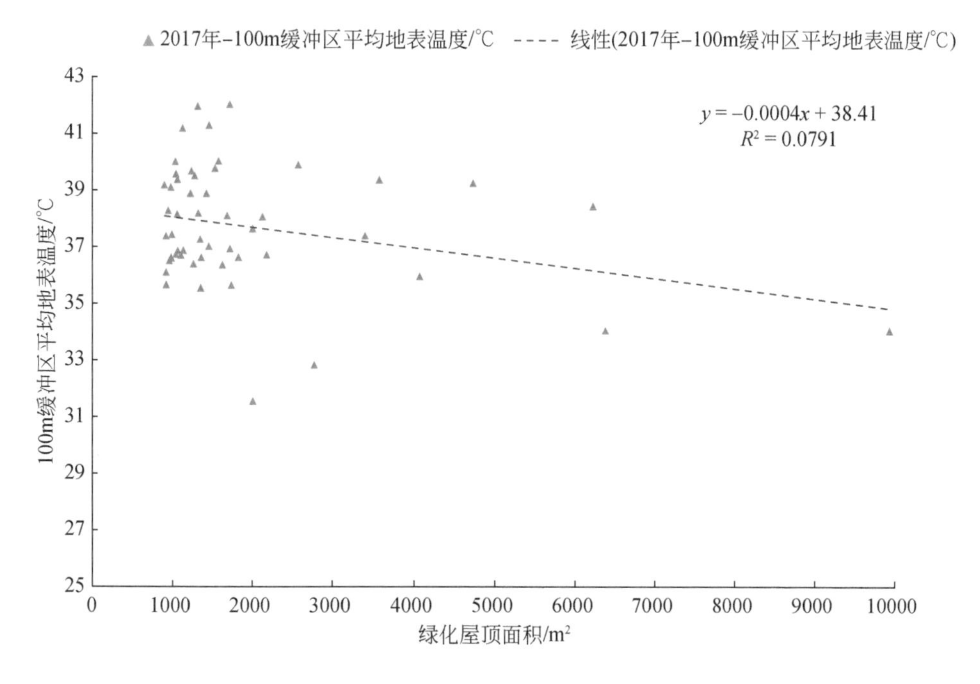

图 5-14　100m 缓冲区平均地表温度与绿化屋顶面积（屋顶面积≥900m²）线性拟合回归图

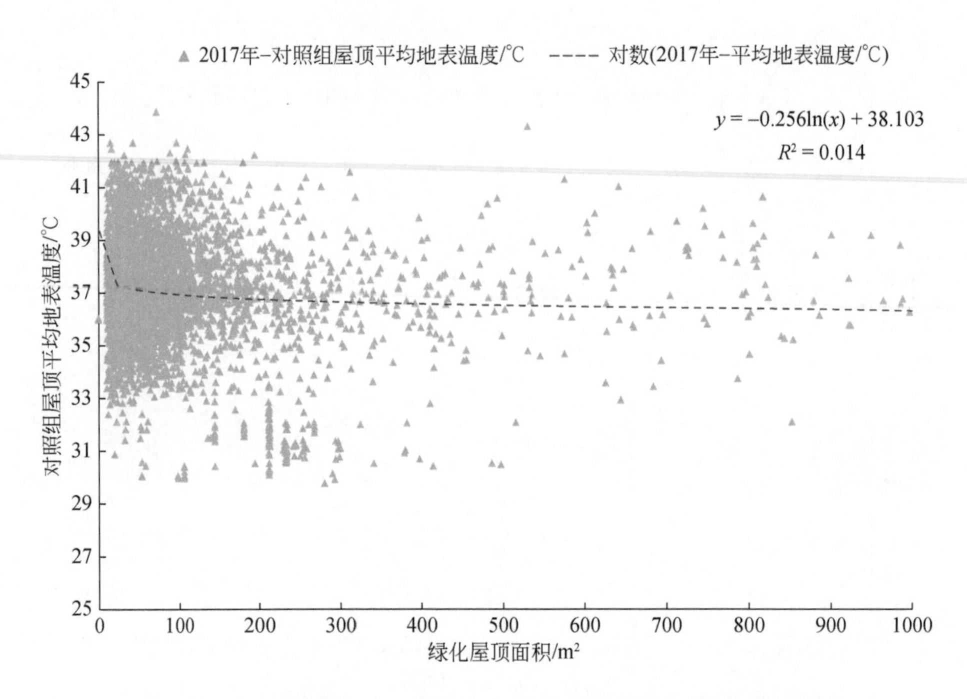

图 5-15　对照组屋顶平均地表温度与绿化屋顶面积的对数曲线回归图

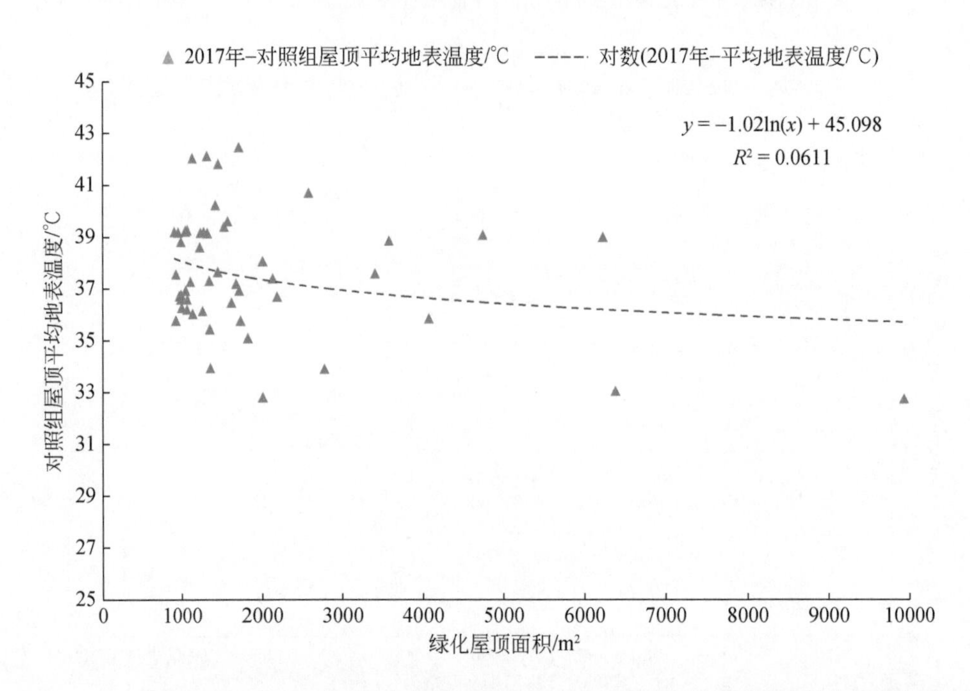

图 5-16　对照组屋顶平均地表温度与绿化屋顶面积（屋顶面积≥900m^2）对数曲线回归图

第 6 章
效益评估——屋顶绿化径流调控效益评估

城市化和气候变化的双重影响导致城市洪涝灾害频繁发生。近年来，中国大部分城市发生的洪涝灾害均造成了巨大的经济损失（Li，2012）。作为国外城市暴雨管理理念中缓解城市暴雨洪水的重要方式，屋顶绿化可以有效地减少径流量、延缓产流时间、降低流量峰值和改善水质（Vijayaraghavan，2016）。厦门市常受西太平洋和南海台风影响，强风暴雨往往造成严重的内涝灾害（朱文彬等，2019）。而作为第一批海绵城市建设试点，厦门城市积水和人口增长的压力，而作为第一批海绵城市建设试点，厦门大规模屋顶绿化建设成为改善城市积水、提升生态环境的重要措施。SCS-CN 水文模型具有所需参数少、物理概念明确、结构简单等优点，可应用于各种规模流域的研究。鉴于此，本章采用 ArcGIS 与 SCS-CN 水文模型相结合的方法，对城市尺度屋顶绿化的径流调控效益进行评估。为此，制订了以下两个研究目标：①基于四个不同重现期的降雨事件，运用 SCS-CN 水文模型进行降雨径流模拟，分析屋顶绿化对城市地表径流的削减效果；②通过城市雨水淹没模型研究屋顶绿化对城市积水的改善作用。

6.1 数据处理

本章节数据主要包括厦门岛 2017 年土地利用数据，下载自地理空间数据云网站的 30m 分辨率厦门市 DEM 数据，屋顶绿化规划情景数据，来自中国科学院南京土壤研究所的 1∶100 万厦门市土壤类型数据。

（1）DEM 数据：通过 ArcGIS 的水文分析模块对研究区 DEM 数据进行填洼处理，计算排水方向和汇流累积量，并结合实地观测的排水方向更正、完善结果，形成独立和封闭的汇水区，并确保汇水区不跨越河流、山体，最终厦门岛被划分为 20 个汇水区（图 6-1）。

（2）土壤类型数据：美国土壤分类系统（SCS-CN 模型的土壤分类标准）根据土壤的渗透性将土壤类型分为 A、B、C、D 四类，入渗能力依次减弱。根据 SCS-CN 模型的土壤分类标准，对厦门岛土壤栅格数据进行了重分类，得到符合 SCS-CN 模型要求的厦门岛土壤分类结果（图 6-2）。

（3）土地利用数据：对研究区土地利用进行重分类，根据 SCS-CN 模型需要和研究区厦门岛的实际情况，最终将厦门岛土地利用类型分为林地、草地、建设用地、水体、滩涂五类（图 6-3）。

图 6-1　厦门岛汇水区划分

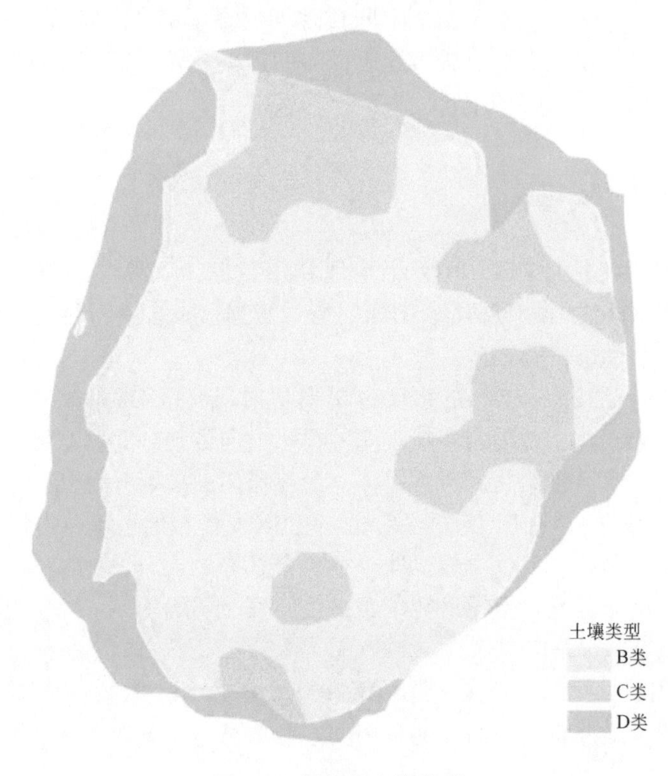

图 6-2　厦门岛土壤类型

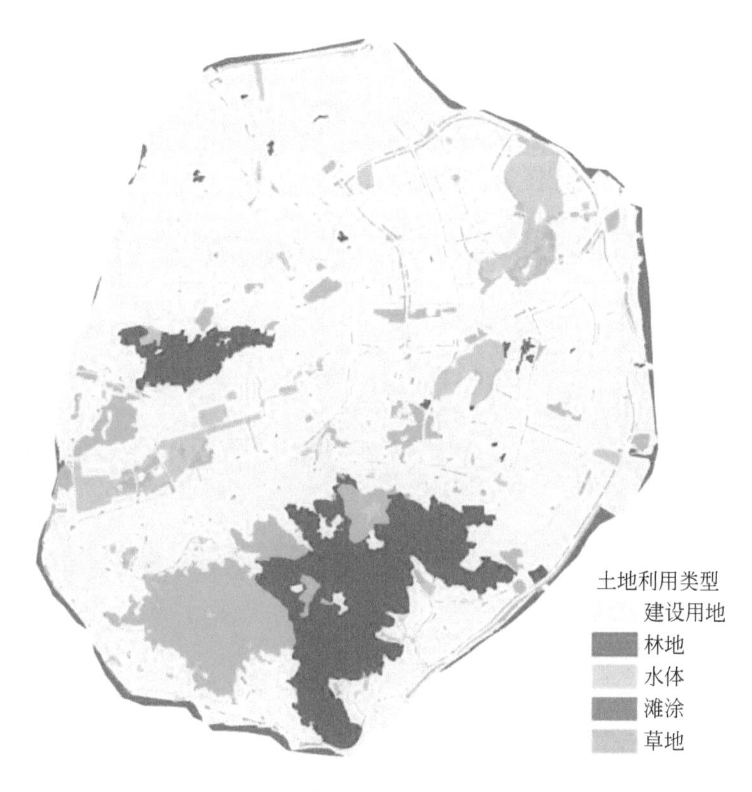

图6-3 厦门岛土地利用类型分类

6.2 径流调控效益定量评估

首先，运用SCS-CN水文模型计算各汇水区的产流。通过整合各汇水区的潜在屋顶绿化和土地覆盖，计算不同绿化场景的CN值。其次，通过计算四种不同重现期（2年、5年、10年、20年）降雨事件下的径流量减少率，分析屋顶绿化的径流削减效应。最后，计算四种降雨事件下的城市积水量，并对比屋顶绿化实施前后积水面积的变化，分析屋顶绿化对积水的改善效果。所有的空间分析在ArcGIS 10.7平台上进行。

6.2.1 屋顶绿化情景设定

基于厦门岛屋顶绿化适建性分级评估结果，本研究考虑了四个屋顶绿化规划场景（一级屋顶绿化改造10.3%，一二级屋顶绿化改造27.9%，一二三级屋顶绿化改造40.4%，一二三四级屋顶绿化改造100%）（图6-4）。

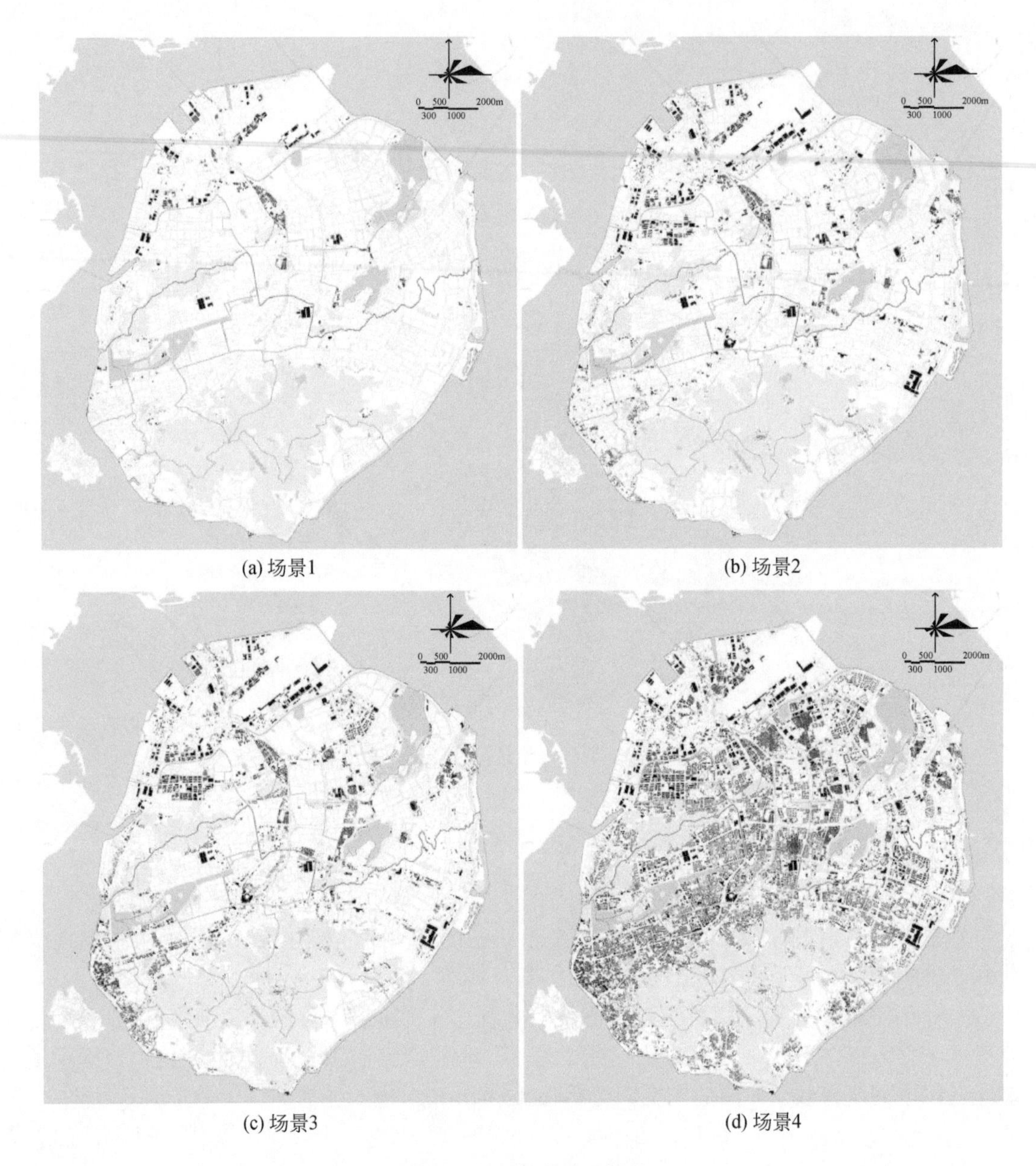

(a) 场景1 (b) 场景2

(c) 场景3 (d) 场景4

图 6-4 屋顶绿化改造场景

6.2.2 降雨径流模型构建

SCS-CN 模型是由美国农业部水土保持局（USDA-SCS）开发的用于流域径流量估算的水文经验模型（徐田婧等，2019），已被应用于各种规模（2500m^2 到 1000km^2）地表径流的评价（Yao et al.，2015），同时，在屋顶绿化径流计算中也被广泛采用（Palla and

Gnecco，2015）。SCS-CN 模型的计算公式如下：

$$Q=\begin{cases}0, & P<\mathrm{Ia}\\ \dfrac{(P-\mathrm{Ia})^2}{P-\mathrm{Ia}+S}, & P\geqslant \mathrm{Ia}\end{cases} \tag{6.1}$$

$$S=\frac{25400}{\mathrm{CN}}-254 \tag{6.2}$$

$$\mathrm{Ia}=\lambda S \tag{6.3}$$

式中，Q 为径流量（mm）；P 为降水量（mm）；Ia 为降雨的初损量（mm），即径流开始前由于低洼储水、植被吸收、蒸发等造成的损失量；S 为流域的最大入渗量；λ 为初损率，是一个常数，通常在0.0～0.2，美国农业部水土保持局提出适用于较湿润地区的比例系数为0.2，因此本研究 λ 取 0.2；CN 为无量纲参数，表示地表产流能力，取值范围为0～100。

不同土地利用类型的 CN 值与流域土壤前期湿度（antecedent moisture condition，AMC）、土壤类型、土地利用类型、坡度及水文特征等有关，可以根据美国自然资源保护服务中心（NRCS）1986 年创建的 CN 值检索表并参考与本研究区气候、水文地形条件相似的相关文献确定（朱文彬等，2019）。在本研究中，考虑到研究区地处东南沿海、气候湿润，土壤前期湿度设置为 AMC Ⅱ。将研究区土壤类型和土地利用类型重分类结果在 ArcGIS 中进行叠加分析，通过查表得到研究区不同土地利用类型的 CN 值。

屋顶绿化的 CN 值结合既有研究成果得到。国内外学者基于不同气候区与植被土壤特征得到的结果显示，屋顶绿化的 CN 值介于 80～96（Soulis et al.，2017；徐田婧等，2019）。Fassman-Beck 等（2015）通过给屋顶绿化分配一定的 CN 值，当实验值与计算值之间的平方差最小时，可以得到最优值。运用此方法对 21 个不同结构组成和不同气候条件下的屋顶绿化降雨-径流数据进行了分析，得出屋顶绿化的 CN 值的范围在 75～96。在他们的研究中，厦门岛所属气候区的屋顶绿化 CN 平均值为 91。本章将 91 作为厦门岛屋顶绿化的平均 CN 值（表6-1），与徐田婧等（2019）在同气候区南京的研究结果（CN＝92）相似。

表 6-1 厦门岛各类土地利用类型面积及其对应的 CN 值（包括屋顶绿化）（AMC Ⅱ）

土地利用类型	面积/km²	占比/%	CN		
			B	C	D
建设用地	79.82	56.21	98	98	98
林地	13.67	9.62	58	72	79
草地	18.80	13.24	56	70	77
滩涂	3.18	2.24	89	93	95
水体	5.82	4.09	100	100	100
屋顶绿化	20.71	14.6	91		

注：B、C、D 为6.1 节提及的土壤分类。

根据厦门市降雨强度-持续时间-频率的关系，设计了 2h 降雨事件的 4 个重现期（T=2 年、5 年、10 年、20 年）[①]，这些降雨事件的最大强度发生在降雨的中间时间。本研究运用芝加哥雨型对降雨进行时程分配，得到四个重现期累计降水量分别为 57.7mm、69.0mm、77.6mm 和 86.2mm（Zhou et al., 2019）。

6.2.3 径流调控效益定量评估

通过分析在四种屋顶绿化改造场景（100%、40.4%、27.9%、10.3%）下，2 年、5 年、10 年和 20 年重现期降雨事件中的地表径流削减效应和城市积水改善效果，评估城市尺度屋顶绿化的径流调控效益。现状未绿化建筑屋顶作为参考场景，四种规划绿化屋顶对应改造场景。在 ArcGIS 平台采用基于 DEM 的雨水淹没分析方法，按成因主要分为有源淹没和无源淹没。在只考虑因降水造成的水位抬升，而不考虑地表径流流速和淹没区连通性的情况下，无源淹没将凡是高程低于给定水位的点都计为淹没区。本研究假设整个区域是均匀降水且城市积水处于相对静止状态，因此模拟的雨水内涝可以看作是无源淹没。根据径流总量与地面汇流区积水量相等的原理（等体积法），模拟淹没区和区域内每一点的淹没高度（刘小生等，2007），积水量计算方法如下

$$W=Q\times S_{透}+(Q-V)\times S_{不透} \tag{6.4}$$

式中，W 为积水量（mm）；Q 为单位面积径流量（mm），可由 SCS-CN 水文模型求得（式 6.1）；$S_{透}$ 和 $S_{不透}$ 分别为城市透水面和不透水面的汇水面积（m^2）；V 为单位面积的排水量（mm）。厦门市室外排水标准为一年一遇，即 V=48.327mm。

6.3 径流调控效益结果分析

6.3.1 屋顶绿化的径流削减效应

在 100% 屋顶绿化改造场景下，城市尺度屋顶绿化可以有效改善高密度城区地表透水性，起到削减地表径流的作用。屋顶绿化显著降低厦门岛 11.4% 地表的 CN 值，部分地表 CN 值由 98 降至 91，全岛平均 CN 值从 90 降至 89。在 4 个重现期降雨事件（T=2 年、5 年、10 年、20 年）下，屋顶绿化可使汇水区平均径流量减少率由 2.86% 下降到 2.01%。从 2 年重现期到 20 年重现期降雨事件，径流量减少率超过 5% 的区域面积占比从总面积的 50% 下降到 21.5%（图 6-5）。从空间上来看，厦门岛内部径流量减少率总体上高于边缘区（沿海片区），北部地区的径流量减少率高于南部地区。此外，随着降雨强度的增大，屋顶绿化的径流减少效应呈减弱趋势，有效消减径流的区域缩小至厦门岛内部。在重现期为 2 年的降雨事件下，径流量减少率在 5% 以上的汇水区分布于大部分研究区。然而，东南沿海汇水区的径流量减少率均在 5% 以下，低于北部。当降雨事件重现期达到 20 年时，径流量减少率在 5% 以上的汇水区仅有一个，位于中山路商圈。

① 见《厦门市海绵城市建设技术规范》（2018）。

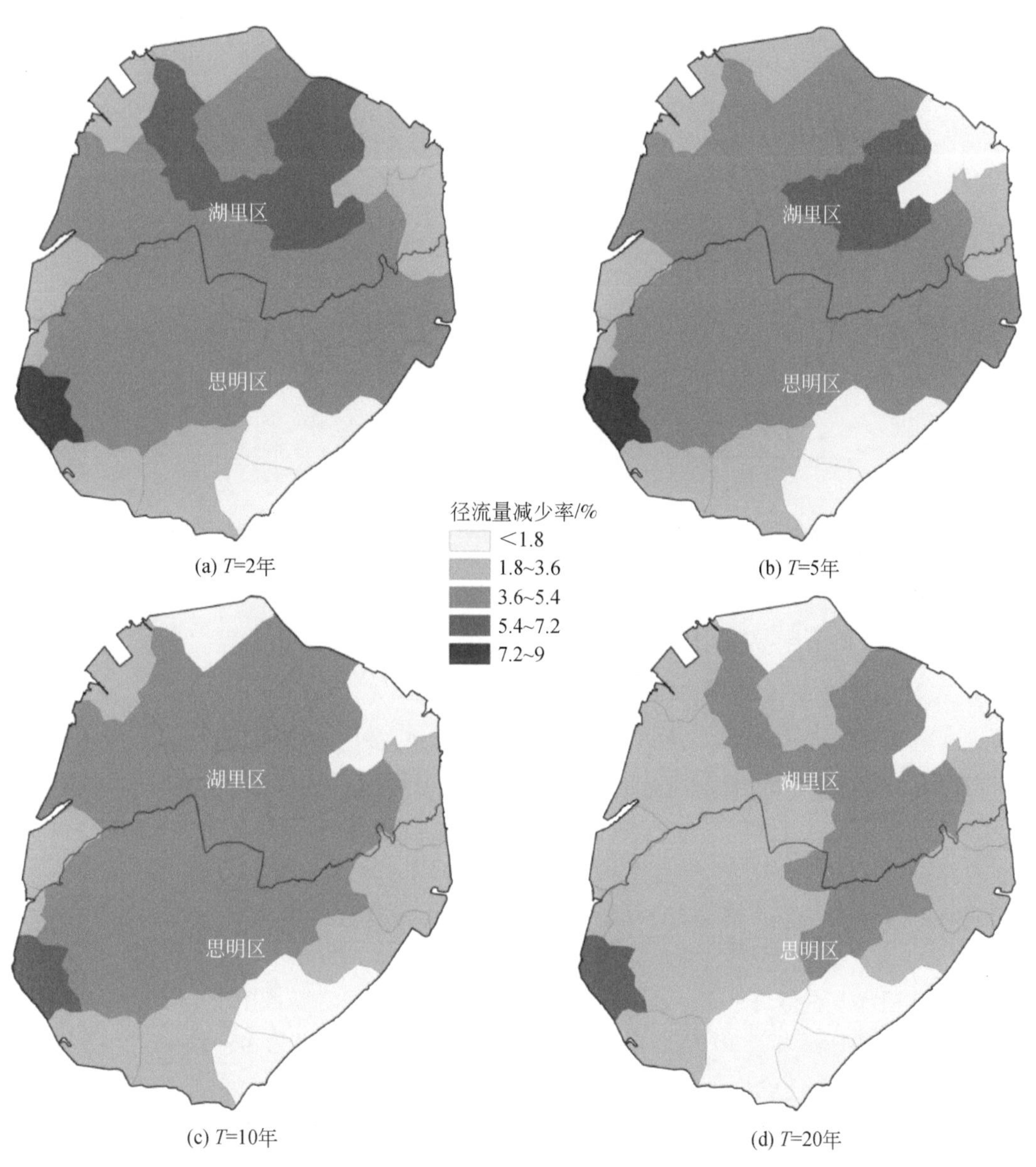

图6-5 100%屋顶绿化改造场景中四个重现期降雨事件下径流量减少率

在2年重现期降雨事件中，10.3%屋顶绿化改造场景下的地表径流量减少率范围为0.01%~1.27%，平均地表径流量减少率为1.10%；27.9%屋顶绿化改造场景下的地表径流量减少率范围为0.1%~2.61%，平均地表径流量减少率为2.19%；40.4%屋顶绿化改造场景下的地表径流量减少率范围为0.17%~4.39%，平均地表径流量减少率为2.74%；100%屋顶绿化改造场景下的地表径流减少率范围为1.04%~8.84%，平均地表径流减少率为5.41%。此外，具有明显径流减少效应的汇水区是中山路商圈所在的汇水区（编号：20），在100%屋顶绿化改造场景中，单个汇水区的径流量减少率可达8.84%，在40.4%屋顶绿化改造场景中达到4.39%（图6-6）。

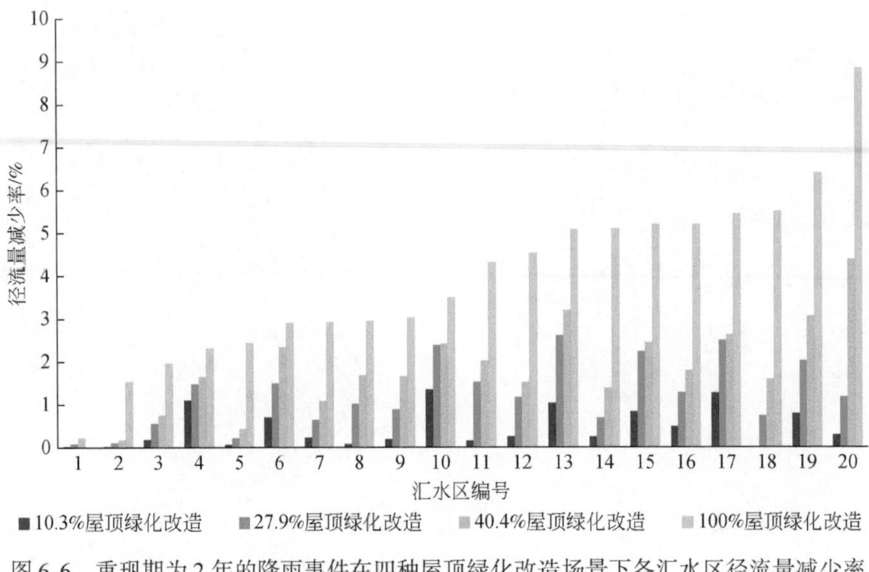

图 6-6　重现期为 2 年的降雨事件在四种屋顶绿化改造场景下各汇水区径流量减少率

6.3.2　屋顶绿化的积水改善效果

通过城市雨水淹没模型计算了不同场景下城市积水的淹没高程和面积。模拟结果表明，厦门岛积水区在不同屋顶绿化改造场景和降雨重现期下的淹没高程和面积差异显著（图 6-7），总体表现为降雨强度越大，积水面积和最大淹没高程越大。厦门岛积水区主要分布在高崎机场、西北部港口、筼筜湖、五缘湾和环岛路；在相同重现期降雨事件下，随着城市屋顶绿化改造量的增加，厦门岛平均积水深度分别降低为 1.68cm、4.68cm、6.45cm、14.43cm，平均积水面积分别减少为 6.11hm^2、16.89hm^2、23.29hm^2、52.06hm^2，屋顶绿化的积水改善效果明显。同时，在 100% 屋顶绿化改造场景中，4 个重现期降雨事件下（T = 2 年、5 年、10 年、20 年）积水面积分别减少为 49.52hm^2、52.93hm^2、53.34hm^2、52.46hm^2，积水面积减少率分别为 2.24%、1.84%、1.59%、1.37%；但厦门岛北部沿海仍有较大部分区域积水，尽管如此，这些区域的积水面积在逐渐减少；而随着降雨强度的增加，厦门岛积水面积减少率以及其减少幅度随之降低（表 6-2），即屋顶绿化的积水改善效果减弱，表明屋顶绿化对中低强度降雨的积水改善效果显著。

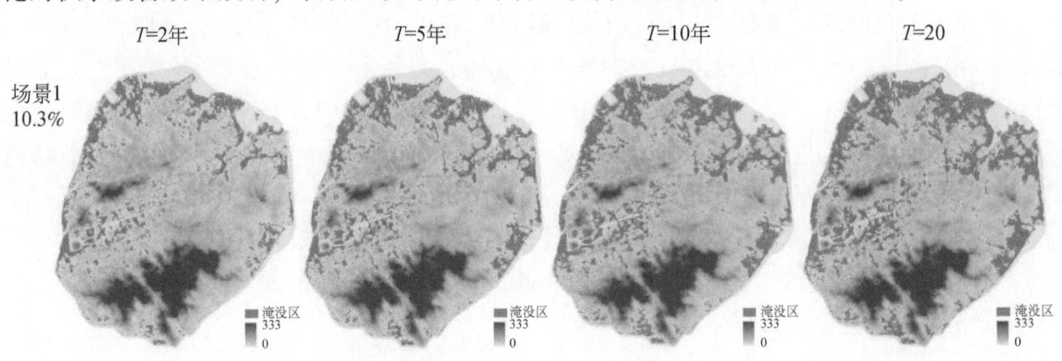

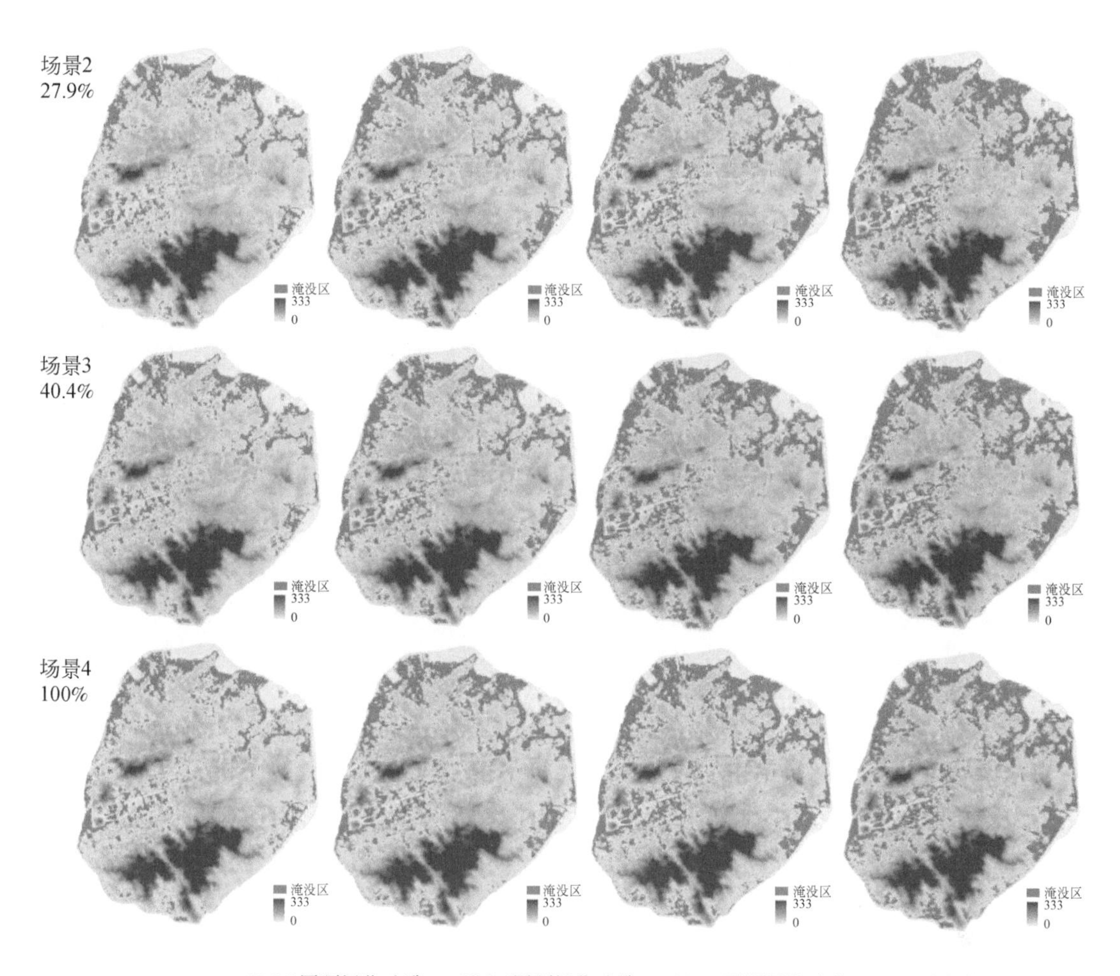

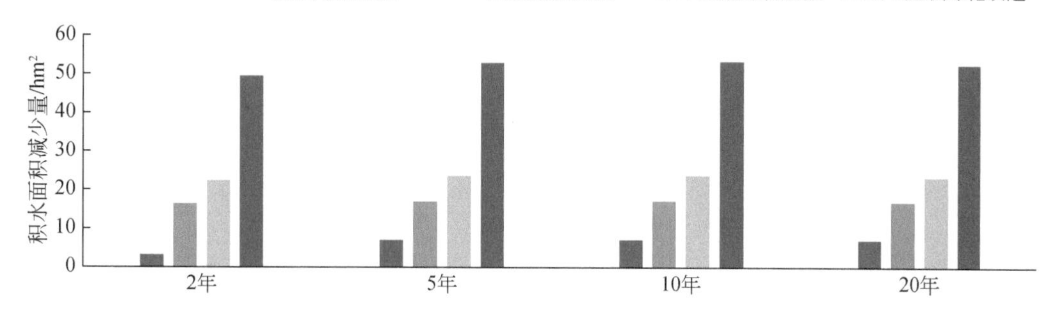

图 6-7　4 种不同重现期降雨事件和四种屋顶绿化改造场景下积水分布

表 6-2　4 种不同重现期降雨事件下的积水面积和积水深度

降雨重现期	积水面积/hm²					积水深度/m				
	现状	场景 1	场景 2	场景 3	场景 4	现状	场景 1	场景 2	场景 3	场景 4
2 年	2213.5	2210.3	2197.1	2191.1	2164.0	10.59	10.58	10.54	10.53	10.45
5 年	2881.5	2874.5	2864.5	2857.8	2828.6	12.35	12.33	12.30	12.29	12.21

续表

降雨重现期	积水面积/hm^2					积水深度/m				
	现状	场景1	场景2	场景3	场景4	现状	场景1	场景2	场景3	场景4
10年	3362.8	3355.7	3345.7	3339.1	3309.5	13.62	13.60	13.58	13.56	13.48
20年	3817.2	3810.1	3800.2	3793.9	3 764.8	14.87	14.85	14.82	14.80	14.72

在2年重现期降雨条件中，10.3%、27.9%、40.4%、100%屋顶绿化改造场景下的积水减少面积分别为3.21、16.4、22.46、49.52hm^2，积水面积减少率范围分别为0.03%～0.58%、0.15%～2.95%、0.2%～4.04%、0.44%～8.91%（表6-3）。从空间上来看，屋顶绿化的积水改善效果由东南至西北逐渐降低，其中，积水改善最有效果的区域是东南沿海黄厝风景区所在的汇水区2。在100%屋顶绿化改造场景中，此汇水区的积水面积减少率可达8.91%。总体来说，只有在100%屋顶绿化改造场景下，才会有近一半的汇水区减少3%以上的积水面积，其他绿化场景并不会产生明显的积水改善效果。同时，在厦门岛积水较为严重的北部沿海地区，尽管屋顶绿化可以减少一定的积水面积，但这种作用微乎其微，这些区域应作为未来屋顶绿化建设的重点区域，应制订更综合的生态缓解策略。

表6-3　2年重现期降雨事件在4种屋顶绿化改造场景下各汇水区积水面积减少率

汇水区	汇水区面积/hm^2	屋顶绿化面积/hm^2	现状积水面积/hm^2	积水面积减少率/%			
				场景4	场景3	场景2	场景1
1	338.81	10.11	6.04	6.05	2.77	2.03	0.40
2	670.11	29.01	7.02	8.91	4.04	2.95	0.58
3	572.18	38.26	166.35	1.03	0.47	0.34	0.07
4	447.74	35.47	295.94	0.44	0.20	0.15	0.03
5	730.58	46.07	40.08	4.62	2.10	1.53	0.30
6	78.17	7.63	42.41	0.69	0.31	0.23	0.05
7	310.59	29.82	46.17	2.43	1.09	0.80	0.16
8	511.96	52.36	81.17	4.11	1.86	1.36	0.27
9	404.59	38.65	13.89	5.63	2.56	1.87	0.37
10	411.60	49.63	168.55	1.55	0.70	0.51	0.10
11	523.57	75.07	82.25	3.74	1.69	1.24	0.24
12	617.02	97.45	115.58	2.67	1.21	0.89	0.17
13	1 028.70	178.03	150.90	2.69	1.22	0.89	0.17
14	3 164.15	516.45	307.66	2.94	1.33	0.97	0.19
15	777.09	140.53	215.65	1.89	0.86	0.63	0.12
16	1 488.26	255.28	8.65	6.79	3.11	2.27	0.45
17	560.73	105.90	105.18	2.50	1.13	0.83	0.16
18	337.03	64.83	160.93	1.59	0.71	0.52	0.10

续表

汇水区	汇水区面积/hm^2	屋顶绿化面积/hm^2	现状积水面积/hm^2	积水面积减少率/%			
				场景 4	场景 3	场景 2	场景 1
19	922. 11	204. 24	128. 17	3. 37	1. 53	1. 12	0. 22
20	305. 00	96. 14	36. 31	3. 48	1. 58	1. 15	0. 23
总计	14 199. 99	2 070. 93	2 178. 90	0. 14	0. 74	1. 01	2. 24

第三篇　政策体系保障篇

第 7 章
城市屋顶绿化公共政策体系研究

在以“潜力评估-规划实施-效益评估”为技术路径的基础上，屋顶绿化公共政策体系研究对大规模实施屋顶绿化计划至关重要。在世界范围内，屋顶绿化技术越来越多地用于改善城市高密度地区的生态环境。尽管与传统方法相比，屋顶绿化的短期经济效益较低，但屋顶绿化城市规模的实施可以大幅度降低成本，产生的效益远超过单体建筑，潜在的经济效益是巨大的（Dowson et al.，2012；Langston，2015；Tabatabaee et al.，2019）。总的来说，在各种市场、地理位置和气候条件下，屋顶绿化的生命周期价值和财务回报被证明是一贯稳定的（Pérez-Urrestarazu et al.，2016），这直接导致越来越多的城市制订了屋顶绿化的强制性要求。从世界范围看，欧美发达国家的屋顶绿化已经形成了相对完善的政策体系，通过公共政策提供的政府工具和支持也正在推动城市屋顶绿化项目的增加（Irga et al.，2017），相比之下，屋顶绿化在中国的实践相对滞后。近些年，中国政府也在积极推行屋顶绿化公共政策，而这些政策以一线发达城市为主，且迄今为止，屋顶绿化发展的政策指导框架尚未建立。欧美发达国家在屋顶绿化推广方面积累的经验可以为中国提供参考，然而，中国独特的国情、地情可能会导致某些经验的适用性降低（Tan et al.，2018），需要结合自身实际情况进行优化调整。本章旨在审查国际屋顶绿化公共政策，为中国因地制宜制定城市屋顶绿化公共政策提供指导。

中国城市屋顶绿化公共政策框架制定研究分为两个阶段。在第一阶段，通过对现有文献资料的批判性分析来总结国际屋顶绿化政策。数据收集是基于网络的全球文档搜索，使用以下关键词进行网络搜索：“绿色基础设施”“激励政策”“公共政策”“补贴”“屋顶绿化”，以及它们构成的几种组合。选择研究城市的标准是屋顶绿化公共政策信息的可用性。最终分析了南美洲的阿根廷、巴西、哥伦比亚，北美洲的加拿大、墨西哥、美国，欧洲的奥地利、比利时、捷克、丹麦、法国、德国、意大利、荷兰、瑞士，亚洲日本、新加坡、韩国四大洲的 18 个国家城市的屋顶绿化政策。被广泛分析的资料包括同行评议的期刊论文、书籍、案例研究、学术会议等，还回顾了来自欧洲屋顶和墙体绿化协会（European Federation of Green Roof and Green Wall Associations）、北美绿色屋顶健康城市协会（North American Green Roofs for Healthy Cities）最近发布的报告，其中《北美屋顶和墙体绿化政策》对北美屋顶和墙体绿化政策的类型、实施、效益、个案研究、经验教训等方面进行了全面分析，《从政策到实践的活屋顶和墙体——伦敦及周边城市绿化十年》（Gary and Dusty，2019）对伦敦及全球各城市屋顶和墙体绿化的实施数据与政策进行了详细的审查与对比分析，本研究对这两篇报告进行了系统研析。在第二阶段，基于对中国国情、地情（气候条件、经济发展、城市建设和政策环境）的总结提出了加快屋顶绿化实施的政策建议。为此，对中国的屋顶绿化发展现状展开了调查，并以相对广泛地实施屋顶绿化的北京、上海、深圳、成都为重点调查对象。所调查的文件包括影响屋顶绿化实施的条例等法规性公文，技术规程、规范、标准、办法、细则、规定、导则、图集等规范性文件，规划、意见、方案、技术指引、手册等指导性文件。最后，根据研究结果提出中国推广屋顶绿化的政策建议，并制定政策框架。

7.1 国际屋顶绿化政策综述

7.1.1 屋顶绿化政策综述

在研析、总结相关文献和资料的基础上，对国际立体绿化政策进行了系统的综述。在世界范围内，立体绿化政策主要集中在欧洲和北美，且多为屋顶绿化的推广政策，或者同时包括屋顶绿化和墙体绿化，没有专门促进墙体绿化发展的公共政策。通过初步评估将国际屋顶绿化推广政策分为六类（表7-1）：税费减免、融资、建筑面积奖励、可持续认证、法定义务和灵活的行政管理流程。

表7-1 国际屋顶绿化推广政策类别说明

政策		说明
1. 税费减免	1. 1. 财产税	财产税是土地所有者每年向当地政府支付的用于支持公共服务维护的资金
	1. 2. 雨水费	雨水费是市政当局对业主收取的用于支持暴雨排水系统维护和升级，根据不透水表面积征收的雨水管理税
	1. 3. 其他税费减免	在这一类别中包括不太常见的减税类型，如污水处理费、公共照明费、清运费
2. 融资	2. 1. 补贴	补贴或政府奖励是对个人或公司的一种财政援助或支持，通常为现金支付的形式
	2. 2. 降息	降息是向业主提供的利率较低的金融贷款
3. 建筑面积奖励		建筑面积奖励使土地所有者能够在超出市政规范限制范围进行建设，前提是这一增加由可渗透结构（包括屋顶绿化和其他绿色基础设施）补偿，即是对在城市地块上安装屋顶绿化基础设施的所有者的建筑面积奖励。对于每平方米的植被面积，业主可获得额外的建筑面积
4. 可持续认证		可持续认证是建筑环境可持续性的评估体系，如能源与环境设计先锋(Leadership in Energy and Environmental Design，LEED）认证
5. 法定义务		法定义务是强制要求在某些新建筑中安装屋顶绿化基础设施的规定
6. 灵活的行政管理流程		包含屋顶绿化的项目在建设许可审批过程中会予以优先考虑

表7-2 显示了各大洲不同类型屋顶绿化推广政策的分布情况（Liberalesso et al.,

2020)，几乎各大洲的屋顶绿化推广政策都缺乏可变性。在欧洲，85%的屋顶绿化推广政策属于补贴。在亚洲，政策集中在法定义务和补贴（均为 37%）两类。此外，北美的推广政策分布较为均衡，主要集中在补贴（23%）、法定义务（18%）、雨水费减免（15%）和可持续认证（15%）。在南美，相对于其他类别，主要是财产税减免政策（31%）。南美国家不具备与欧洲和北美相同的社会经济条件和市场力量。在这些国家，资金通常会优先用于其他领域，如卫生、安全和教育问题。在这一背景下，屋顶绿化推广政策侧重于强制性要求或税费减免等不需要直接财政投资的政策。

表 7-2　国际屋顶绿化推广政策在各大洲的分布　　（单位：%）

政策类型		北美	南美	欧洲	亚洲	世界范围
税费减免	财产税	5	31	—	—	4
	雨水费	15	—	4	—	7
	其他税费减免	10	15	1	—	5
融资	补贴	23	—	85	37	53
	降息	3	—	3	5	3
建筑面积奖励		8	15	—	5	4
可持续认证		15	8	—	16	7
法定义务		18	23	7	37	15
灵活的行政管理流程		3	8	—	—	2
总计		100	100	100	100	100

注：每类政策的百分比是基于该洲的推广政策总数，即每一列（洲）的总和为 100%。

资料来源：Liberalesso et al.，2020。

图 7-1 显示了全球背景下的各类屋顶绿化推广政策分布（Liberalesso et al.，2020）。法定义务是唯一四大洲中都具有的屋顶绿化推广政策。补贴和法定义务是应用最广泛的政策，分别占政策总量的 53%和 15%，降息政策的应用频率远低于补贴政策。欧洲城市在提供补贴方面表现突出，占其政策总量的 79%。一般来说，市政当局会制订一些最低要求以获得补贴，这些要求包括植被覆盖面积、基质厚度、蓄水量、维护期等，而这些取决于当地因素和社会条件，在一个国家内也是可变的。南美没有对屋顶绿化的融资政策。税费减免政策占屋顶绿化推广政策总量的 16%，其中，雨水费减免政策应用最广泛，北美地区占 70%，欧洲地区占 30%。值得注意的是，在美国国家环境保护局（U. S. Environmental Protection Agency，USEPA）实施法规变更（允许雨水收费）后，北美的雨水费减免政策变得越来越普遍。从这个意义上说，规范这项税收可能是世界上其他城市利用雨水费减免来促进屋顶绿化采用的第一步；其他税费减免政策（污水处理费、公共照明费、清运费等）也主要应用于北美，约占其政策总量的 57%，其次是南美（29%）和欧洲（14%），亚洲没有对屋顶绿化的税费减免政策。相对来说，灵活的行政管理流程政策最少，占屋顶绿化推广政策总量的 2%，且亚洲和欧洲都没有此类政策。

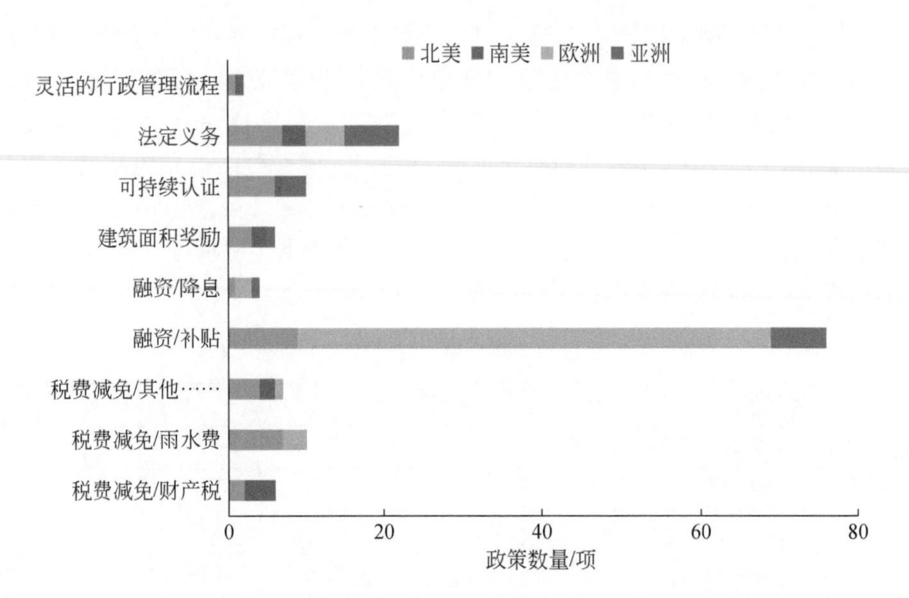

图 7-1 全球背景下各类屋顶绿化推广政策的分布

资料来源：Liberalesso et al.，2020

相比之下，欧洲城市在鼓励绿色基础设施方面有相当先进的政策工具。同时，大多数成功的政策通常是提供激励措施或强制要求实施屋顶绿化（Irga et al.，2017）（表 7-3）。其中，最早的屋顶绿化行业出现在德国，它是全球公认屋顶绿化最先进的国家，已经实行了 40 多年的屋顶绿化政策，政策环境较好，而世界上大多数城市直到 2000 年才开始制定屋顶绿化政策。从 2015 年全球城市屋顶绿化面积统计来看（Gary and Dusty，2019），具有较高人均屋顶绿化面积的城市大多在欧洲的奥地利、德国和瑞士。其中，瑞士巴塞尔人均屋顶绿化面积最高（$5.71m^2$）（图 7-2），其次是德国斯图加特、奥地利林茨，巴塞尔和斯图加特对屋顶绿化基础设施的采用表现出强烈的环境动机（生物多样性和清洁空气）（van der Meulen，2019）。在过去的 15 年里，由于政府部门和个人对环境可持续性问题的关注，屋顶绿化基础设施逐渐增加，其中成果最为显著的是英国伦敦。此外，美国、加拿大、澳大利亚、新加坡和日本等国家也在大力倡导新建建筑以及既有建筑实施屋顶绿化（Chen et al.，2019）。

7.1.1.1 欧洲

德国现代屋顶绿化始于 20 世纪 70 年代（Berardi et al.，2014；Brudermann and Sangkakool，2017），研究人员调查柏林周围自然生长的屋顶植被，这项研究推进了 1975 年德国景观研究发展建设协会（FLL）的形成，德国于 1982 年立法强制推行屋顶绿化。德国从联邦级政府到州市各层面，都出台了推广屋顶绿化的相关政策。《联邦建筑法》授权德国市政当局通过有约束力的土地利用规划强制所有新建的平屋顶建筑实施屋顶绿化（Irga et al.，2017）。城市层面于 20 世纪 80 年代末开始推行屋顶绿化政策，各城市的政策不同，但许多政策包括强制性目标。斯图加特市将屋顶绿化作为缓解空气污染、城市热岛

表 7-3　国际屋顶绿化领先城市的推广政策

城市	政策名称	政策机制	政策细节	实施效果
瑞士巴塞尔	建筑和建设法（Building and Construction Law 1996-1997，2002，2005-2006，BCL）	法律法规，引导，经济激励	BCL 要求所有新建和翻新的平屋顶强制实施屋顶绿化，在 1996～1997 年/2005～2006 年提供每平方米屋顶绿化 20 瑞士法郎补贴	到 2015 年，屋顶绿化面积超过 $100hm^2$，是世界上人均屋顶绿化面积最大的城市（$5.71m^2$）
德国斯图加特	斯图加特城市条例（City of Stuttgart 1986 Regulations）	法律法规，引导，经济激励	斯图加特城市条例为屋顶绿化提供财政支持	到 2015 年，斯图加特屋顶绿化面积达 $200hm^2$，人均屋顶绿化面积为 $3.38m^2$
	斯图加特气候地图（Climate Atlas 2008 Stuttgart）		气候地图为规划策略提供气候评估和建议	
	德国建筑规范（German Building Code，GBC）		GBC 要求执行当地气候敏感的规划建议	
	FLL 制订的屋顶绿化指南（FLL Green Roof Guidelines 2008）		提供屋顶绿化基础设施安装、效益、成本、维护指南	
奥地利林茨	城市建筑规范（City Building Codes 1985）	法律法规，引导，经济激励	新建建筑必须实施屋顶绿化	到 2015 年，林茨屋顶绿化面积达 $50hm^2$，人均屋顶绿化面积为 $2.57m^2$
	城市绿色空间计划（Green Space Program）		自 1986 年开始补偿屋顶绿化基础设施安装成本的 5%（2005 年为 30%），最终于 2016 年结束，但屋顶绿化仍是城市绿色空间计划的重要组成部分	
英国伦敦	伦敦规划（London Plan of 2008）	纳入发展计划，引导	市长及各自治市在可行的情况下应将屋顶和墙体绿化纳入重大发展中，并在地方发展框架政策中反映这一原则气候变化政策鼓励可持续建筑设计	2017 年大伦敦地区的屋顶绿化总面积为 $150hm^2$，人均屋顶绿化面积 $0.17\ m^2$，目前英国 42% 的屋顶绿化市场在伦敦
	伦敦应对气候变化的屋顶绿化和开发用地环境政策和城市绿化政策（Green Roofs and Development Site Environs Policy and Urban Greening Policy Within London's Response to Climate Change of 2015）；生物多样性行动计划（Biodiversity Action Plan of 2010-2015）		屋顶绿化作为解决环境问题的重要措施；鼓励可持续建筑设计	
	屋顶和墙体绿化指南（Living Roofs and Walls Guidance Note of 2008）		提供关于屋顶绿化效益、成本、维护和案例研究的全面信息	

续表

城市	政策名称	政策机制	政策细节	实施效果
美国华盛顿	清洁水法（Clean Water Act of 1987）	法律法规，引导，经济激励	清洁水法要求由综合雨水管网系统服务的社区实施最佳管理实践	到 2015 年，人均屋顶绿化面积为 0.37m^2，是北美屋顶绿化实施量最多的地区
	市政管理条例（Washington DC Municipal Management Regulations of 2013）		市政管理条例（DCMR）要求面积超过 464.5m^2 以及结构成本占总成本大于或等于 50% 的项目，必须实施雨水管理措施	
	智慧河流计划（River Smart Programs of 2007）		智慧河流计划对绿色基础设施提供补贴，每平方英尺屋顶绿化提供 5 美元的免税资金	
	雨水保持信用培训计划（Stormwater Retention Credit Training Program of 2013），屋顶绿化折扣计划（Green Roof Rebate Program of 2016）		为屋顶绿化提供补助	
	绿化率（Green Area Ratio of 2017）		绿化率土地管理要求所有需要房屋占用证的新建筑必须符合基于分区的适当绿化率	
澳大利亚悉尼	屋顶和墙体绿化政策（Green Roofs and Walls Policy of 2014）	引导，经济激励	提供屋顶绿化效益、实施障碍、设计信息；屋顶绿化综合资源手册；建立咨询委员会	自 2014 年实施屋顶和墙体绿化政策以来，悉尼总屋顶和墙体绿化覆盖率增加了 23%
	屋顶和墙体绿化政策实施计划，可持续悉尼环境绩效资助（Green Roofs and Walls Policy Implementation Plan Environmental Performance Grants Supported by Sustainable Sydney of 2030）		通过环境绩效资助屋顶绿化项目	
澳大利亚墨尔本	生长的绿色指南（Growing Green Guide of 2014）	引导，经济激励	指南提供屋顶绿化效益的综合信息、技术设计、安装、维护注意事项、维多利亚州最佳实践案例研究	自文件发布以来，墨尔本的屋顶绿化平均实施量都有所增加，2015 年墨尔本人均屋顶绿化面积达 0.36m^2
	绿色城市战略行动计划（Green Our City Strategic Action Plan of 2017–2021）		绿色城市战略行动计划旨在与工业和私营部门合作提高墨尔本屋顶绿化和垂直绿化的质量和数量，包括制定行业标准、通过私营部门与城市森林基金共同资助绿化工作，其中一个目标是到 2021 年将屋顶绿化和垂直绿化面积增加一倍	

续表

城市	政策名称	政策机制	政策细节	实施效果
美国波特兰	生态屋顶私房翻新计划（Eco-roof Requirement Private Property Retrofit Program of 2018）	纳入发展计划，容积率奖励，经济激励	建筑面积为 20000ft²① 或以上的新建筑，其生态屋顶面积必须达到建筑面积的 100%	到 2015 年，波特兰已实施了 15.8hm² 屋顶绿化，人均屋顶绿化面积有 0.27m²
	绿色建筑政策（Green Building Policy of 2001）		所有新建建筑必须实施屋顶绿化，覆盖面积至少是屋顶空间的 70%；生态屋顶容积率奖励允许开发商在没有额外许可情况下，每平方英尺屋顶绿化可获赠 3ft² 建筑面积	
	清洁河流奖励（Clean River Rewards of 2005），雨水管理手册（Stormwater Management Manual of 1999）		雨洪费折扣计划	
美国芝加哥	可持续发展政策（Sustainable Development Policy of 2017）	纳入发展计划，引导，经济激励	可持续发展政策要求发展项目通过实施选定的可持续战略（包括屋顶绿化）获得若干分，所有新的发展都必须达到 100 分	到 2015 年，芝加哥已实施了 50.8hm² 屋顶绿化，人均屋顶绿化面积有 0.19m²
	绿色许可受益等级计划和绿色许可计划（Green Permit Program of 2014），屋顶绿化激励（Green Roof Incentives of 2015），绿色城市设计计划（Adding Green to Urban Design Plan of 2008），屋顶绿化改善基金（Green Roof Improvement Fund of 2006），屋顶绿化资助计划（Green Roof Grant Program of 2005）		在不同的政策下，各种屋顶绿化项目有资格获得许可证费用降低、优先发展审查、财政和非财政奖励，如提供 50% 成本或 10 万美元用于进行覆盖大于等于 50% 屋顶空间的屋顶绿化建设；屋顶绿化最佳实践指南	
日本东京	东京绿色计划（Tokyo Green Plan of 2012），东京都政府环境白皮书（Tokyo Metropolitan Government Environmental White Paper of 2006），自然保育条例东京 2020（Nature Conservation Ordinance of Tokyo of 2020）	法律法规，经济激励	所有新建建筑必须实施屋顶绿化；面积在 1000m² 以上的私有建筑或 250m² 以上的公共建筑屋顶空间的 20% 必须进行屋顶绿化，否则，每年支付 2000 美元罚款	到 2015 年，东京已实施了 134.5hm² 屋顶绿化，人均屋顶绿化面积有 0.1m²
	绿色建筑计划（Green Building Program of 2002），东京都公寓环境绩效标识体系（Tokyo Metropolitan Condominium Environmental Performance Labelling system）		绿色建筑项目评估并公布开发商为推广绿色建筑所做的努力	
	绿色东京 10 年计划（10-Year Project for Green Tokyo of 2006）		绿色东京计划提供税收优惠	
	日本国家建筑法（National Building Law of 2005）		国家法律要求所有城市地区的新公寓或办公楼至少有 20% 的植被屋顶	

续表

城市	政策名称	政策机制	政策细节	实施效果
加拿大多伦多	屋顶绿化条例（Green Roof Bylaw of 2009）	法律法规，引导，经济激励	条例要求面积超过 $2000m^2$ 的新建筑必须进行屋顶绿化，覆盖面积要求为可用屋顶空间的 20% ~60%	在 2009 ~2018 年开发了 50 万 m^2 的屋顶绿化
	生态屋顶激励计划（Eco-roof Incentive Program of 2009）		合格的屋顶绿化通过激励计划获得每平方米 75 加元，最高达 10 万加元的奖励	
	生物多样性绿色屋顶指南（Guidelines for Biodiverse Green Roofs of 2013）		指南提供屋顶绿化效益、设计、维护的综合信息	
新加坡	空中绿化奖励计划［Skyrise Greenery Incentive Scheme（SGIS） of 2009，SGIS 2. 0 of 2015］	引导，经济激励	SGIS 为使用者提供总楼面面积奖励计划；提供 50% 的屋顶绿化安装成本	至 2016 年，新加坡屋顶和墙体绿化共 $72hm^2$，人均屋顶绿化面积有 0. $09m^2$
	城市空间与高层建筑景观设计计划［Landscaping for Urban Spaces and High-rises（LUSH） of 2009，LUSH 2. 0 of 2014］		LUSH 为屋顶绿化提供开发免税和激励措施；众多提供屋顶绿化效益、设计、工厂选择、安装、维护等信息的综合出版物	
	绿色建筑认证体系（BCA Green Mark Scheme Certification）		通过可持续认证促进屋顶绿化发展	
丹麦哥本哈根	哥本哈根气候计划（Copenhagen 2025 Climate Plan），生物多样性战略（Strategy for Biodiversity）	纳入发展计划，引导，经济激励	自 2008 年以来，将屋顶绿化纳入城市发展一部分；自 2010 年以来，将屋顶绿化纳入多数地方计划，要求坡度小于 30°的屋顶必须绿化，且翻新较旧屋顶可获得奖励	到 2015 年，人均屋顶绿化面积有 0. $07m^2$
	建筑和土木工程的可持续性（Sustainability in Constructions and Civil Works，SCCW）		SCCW 规定在所有市政建筑上实施屋顶绿化	
	哥本哈根屋顶绿化指南（Green Roofs Copenhagen Guidance Note of 2012）		提供屋顶绿化设计、安装、维护等信息	
温哥华加拿大	绿色城市：2020 行动计划（Greenest City: 2020 Action Plan），可持续大型开发的再分区规划政策（Rezoning Policy for Sustainable Large Developments 2014）	纳入发展计划，引导	所有新的建筑分区都必须符合 LEED 黄金标准	屋顶绿化被纳入 LEED 认证，并有助于 LEED 认证的要求

注：①$1ft^2 = 9.290\ 304 \times 10^{-2} m^2$。

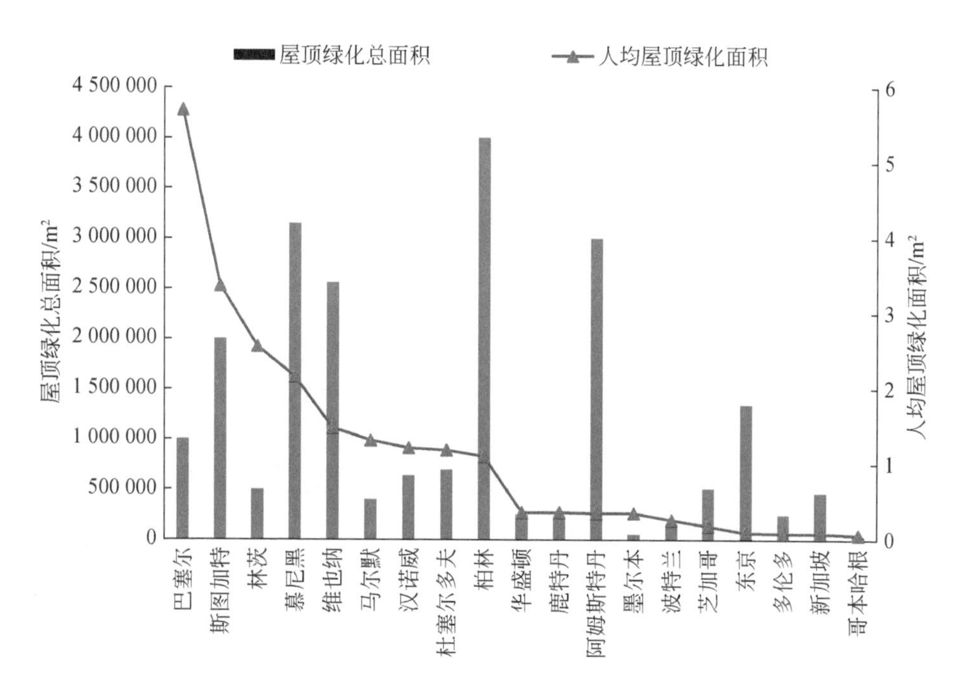

图7-2　2015年全球城市屋顶绿化总面积和人均屋顶绿化面积排名

资料来源：Gary and Dusty，2019

效应的重要措施进行推广。其屋顶绿化发展历程是德国屋顶绿化发展的缩影，大致经历3个阶段：①将屋顶绿化作为强制性措施纳入城市发展规划；②对公共建筑实施屋顶绿化；③给私人建筑业主提供屋顶绿化财政补贴（谭一凡，2015）。该市地方性法规规定：工业区所有平屋顶和8°～12°的坡屋顶必须大规模实施屋顶绿化；并于次年起，政府每年支付9万欧元，开展公共建筑屋顶绿化示范项目的建设；同年，制订的屋顶绿化财政激励计划支付50%的屋顶绿化成本，最多达到10 000欧元（Gary and Dusty，2019）。在柏林，城市地区典型环境问题是缺乏绿色空间和生物多样性减少，新建建筑的开发计划受到一项法规的约束，生境面积指数（biotope area factor，BAF）要求新建建筑将一定比例的区域留作绿色空间，该政策的目标是改善生态系统的功能，促进市中心生物群落的发展。同时，柏林与科隆等城市在“能源效率计划”（Energieeffizient Sanieren）下提倡屋顶绿化的自然隔热，在这种情况下，可以通过低息贷款安装屋顶绿化基础设施。科隆市政府还提供50%的成本补贴，最高不多于40欧元/m²，每年不超过20 000欧元。在法兰克福、汉堡、斯图加特等城市，对基质深度不低于8～12cm的屋顶绿化提供财政补贴，斯图加特还要求业主维护屋顶绿化系统至少10年；而在杜塞尔多夫，除了最小基质深度为8cm外，还要求流量径流系数小于0.3。此外，雨水费减免政策在德国应用也较为广泛，其中，汉诺威和汉堡分别对安装屋顶绿化基础设施的土地所有者提供年度雨水费用70%和50%的折扣，而慕尼黑在某些情况下则免除了雨水费（Gary and Dusty，2019）。

瑞士是另一个在屋顶绿化推广方面占据国际领先地位的国家。巴塞尔被认为是瑞士采用屋顶绿化的先驱（Irga et al.，2017），目前拥有世界最高人均屋顶绿化面积。巴塞尔增加屋顶绿化的举措最初是由节能计划推动的，其后是由生物多样性保护驱动的（Gary and Dusty，2019）。1996 年巴塞尔《建筑和建设法》要求所有新建和翻新的平屋顶必须采用屋顶绿化，并且该项法规对屋顶绿化提供补贴（Irga et al.，2017）。奥地利的林茨是世界上最早实施屋顶绿化政策的城市之一。1989 年市政府开始通过提供补贴鼓励人们实施屋顶绿化，城市建筑法规规定，新建建筑必须实施屋顶绿化，补贴屋顶绿化成本的 5%（2005 年为 30%）。该项目最终于 2016 年结束，但屋顶绿化仍然是城市绿色空间项目的重要组成部分（Gary and Dusty，2019）。瑞典马尔默一直处于斯堪的纳维亚半岛屋顶绿化发展的前沿。21 世纪初，马尔默奥古斯汀堡地区实施了第一批屋顶绿化，它也是该地区第一个使用景观规划工具——绿色空间指数（green space factor）来帮助支持城市绿化的城市。斯堪的纳维亚半岛上只有丹麦哥本哈根强制性规定使用屋顶绿化，自 2010 年以来，哥本哈根在地方规划中要求屋顶坡度小于 30°的屋顶必须进行绿化改造。该市也正在将屋顶绿化纳入城市发展战略，要求所有市政建筑都实施屋顶绿化。在荷兰，鹿特丹率先制订了屋顶绿化目标。2006 年，该市启动了雨水管理政策，包括屋顶绿化政策。到 2008 年，通过提供财政补贴增加屋顶绿化实施量，这些政策的长期目标之一是到 2025 年将城市屋顶绿化面积增加到 $60hm^2$（Gary and Dusty，2019）。

尽管没有一个法国城市排在全球屋顶绿化城市前列，但法国在国家层面，对屋顶绿化进行了规定。其相关环境法规定法国所有新的商业建筑屋顶必须由绿色植物或太阳能电池板覆盖（Gary and Dusty，2019）。法国的屋顶绿化市场目前主要集中在首都巴黎周边，约占整个市场的 30%。巴黎在其气候变化计划中为创造新的绿色空间设定系列目标，包括《巴黎城市规划》“在 2020 年之前实施 $100hm^2$ 屋顶和墙体绿化”。此外，在东欧国家中，捷克在制定屋顶绿化政策方面处于领先地位。它的《适应气候变化战略》在城市发展、景观美化、生态系统保护、雨水径流减缓、城市热岛效应缓解等领域具体阐述了采用屋顶绿化的建议。捷克的四个城市（布拉格、布尔诺、皮尔森、奥斯特拉瓦）已经制定了专门针对屋顶绿化的政策。其在 2017 年启动了一项全国绿色节能计划，对屋顶绿化进行支持。截至 2017 年，捷克已经实施了 $19.5hm^2$ 的屋顶绿化（Gary and Dusty，2019）。

2008 年以来，英国伦敦屋顶绿化发展在短时间内取得了巨大的成就。2019 年 7 月 22 日，伦敦正式成为全世界第一座国家公园城市，并计划在 2050 年之前让伦敦一半以上区域被绿色覆盖。他们通过加强规划手段实现这一目标，包括通过规划审批要求新建项目包含更多的屋顶绿化、墙体绿化、雨水花园等。虽然伦敦的屋顶绿化政策出台时间较短，伦敦在全球城市绿化领域中仍是一个相对较新的城市，然而，近些年屋顶绿化和墙体绿化已经成为伦敦城市绿化最显著的表现形式（Gary and Dusty，2019）。屋顶绿化政策在 2008 年首次引入《伦敦规划》(*The London Plan*)：“市长以及各自治市在可行的情况下应将屋顶和墙体绿化纳入重大发展中，并在地方发展框架政策中反映这一原则”。同时，伦敦还发布了一份技术报告——《屋顶和墙体绿化》(*Living Roofs and Walls*) 以支持该政策。自此，伦敦的屋顶绿化和墙体绿化建设规模逐年增加，并且已经开始改变首都的屋顶景观（图 7-3）。而这一政策制定前，在伦敦屋顶和墙体绿化仍然是一个相对新颖的想法，对应的技术也是一种新型技术，因此其建设争议较大。十年后，由于这一政策的执行，建筑师、城市设计师、规划师、开发商以及居民对于屋顶和墙体绿化的公众意识均显著提升。目前，无论是在政策、规划和设计方面，还是在屋顶绿化的实施总量方面，伦敦都被认为是城市绿化的领导者。

图7-3　伦敦金融城屋顶绿化景观

资料来源：Gary and Dusty，2019

与世界上许多城市不同，伦敦屋顶绿化推广政策类型中没有补贴税费减免、建筑面积奖励，伦敦主要是通过土地利用规划过程实现屋顶绿化（Gary and Dusty，2019）。2008年《伦敦规划》于2011年进行了评估和更新。在这一版规划的第5章（伦敦应对气候变化）中，除了保留关于屋顶绿化的具体政策（“政策5.11”：发展建议包括屋顶、墙体和地面的绿化，特别是屋顶和墙体绿化，以实现多重环境目标；地方发展框架中的自治市可制定支持发展屋顶绿化和场地绿化更详细的政策，在可行的情况下，自治市应在小型开发项目、更新项目、扩建项目中推广使用屋顶绿化）外，还提出了一项关于城市绿化的新政策[“政策5.10”：发展建议应从设计初始就整合绿色基础设施，包括树木、屋顶和墙体绿化，中央活力区应展示如何纳入绿色基础设施；地方发展框架中的自治市应确定城市绿化和绿色基础设施可以对减轻气候变化影响（如城市热岛效应）做出特别贡献的区域]。2016年公布的现行《伦敦规划》保留了2011年的政策框架，并引入了城市绿色指数

(urban greening factor)，以确保所有新的重大开发、更新项目都包含绿化要素。

目前英国42%的屋顶绿化市场在伦敦，主要集中在内伦敦和外伦敦的重点再生区(Gary and Dusty，2019)。2017年各区屋顶绿化实施情况如表7-4所示，大伦敦地区的屋顶绿化总面积为1 507 934m^2，人均屋顶绿化面积为0.17m^2，与2010年相比，屋顶绿化总面积和人均面积都翻了一倍。其中，伦敦金融城人均屋顶绿化面积达6.21m^2，其大量的广泛型屋顶绿化多是为生物多样性而设计；伦敦中央活力区（CAZ）是一个不断经历再生与更新的区域，屋顶绿化总面积为291 598 m^2，人均屋顶绿化面积为1.26m^2。各行政区间差异的部分原因是各区屋顶绿化政策的变化，同时也是由于各区屋顶绿化不同的发展模式和主要再生区的位置。除了外伦敦的巴金-达格南（Barking and Dagenham），屋顶绿化面积较大以及拥有较高人均屋顶绿化面积的行政区主要位于内伦敦，许多屋顶绿化的大型开发项目都位于这些行政区。从历史上看，内伦敦的地方发展比外伦敦更早地采用了屋顶绿化政策。

表7-4　2017年大伦敦地区各区屋顶绿化统计

行政分区		屋顶绿化面积/m^2	人均屋顶绿化面积/m^2	广泛型占比/%	密集型占比/%
大伦敦（Greater London）		1 507 934	0.17	74.46	25.54
中央活力区（CAZ）		291 598	1.26	55.1	44.9
内伦敦（Inner London boroughs and councils）	伦敦金融城（City of London）	54 730.24	6.21	51	49
	陶尔哈姆莱茨（Tower Hamlets）	167 381.3	0.55	61	39
	格林尼治（Greenwich）	120 805.7	0.43	74.1	25.9
	伊斯灵顿（Islington）	85 365	0.36	79	21
	哈克尼（Hackney）	93 396.41	0.34	87	13
	西敏市（City of Westminster）	81 828	0.33	59	41
	康登（Camden）	77 718	0.32	82	18
	哈默史密斯-富勒姆区（Hammersmith and Fulham）	54 904.45	0.29	57	43
	南华克（Southwark）	81 640.06	0.25	76	24
	刘易舍姆（Lewisham）	77 893.42	0.25	82	18
	纽汉（Newham）	82 954.92	0.24	85	15
	旺兹沃思（Wandsworth）	70 940.2	0.22	66	34
	兰贝斯（Lambeth）	59 756.64	0.18	69	31
	肯辛顿-切尔西区（Royal Borough of Kensington & Chelsea）	18 974	0.11	64	36
外伦敦（Outer London boroughs and councils）	巴金-达格南（Barking and Dagenham）	51 704.14	0.24	97	3
	哈林盖（Haringey）	31 688.16	0.11	76	24
	巴尼特（Barnet）	44 755.03	0.11	72	28
	布伦特（Brent）	35 501.66	0.1	76	24
	萨顿（Sutton）	16 833.05	0.08	87	13

续表

行政分区		屋顶绿化面积/m²	人均屋顶绿化面积/m²	广泛型占比/%	密集型占比/%
外伦敦（Outer London boroughs and councils）	黑弗灵（Havering）	16 681	0.07	89.2	10.8
	泰晤士河畔的金士顿（Kingston-upon-Thames）	11 578.73	0.06	63	37
	泰晤士河畔的里士满（Richmond-upon-Thames）	13 578	0.06	71	29
	豪恩斯洛（Hounslow）	18 890.72	0.06	67	33
	希灵登（Hillingdon）	20 115.97	0.06	97.3	2.7
	伊令（Ealing）	22 964.96	0.06	81	19
	瓦尔珊森林（Waltham Forest）	18 457	0.06	78	22
	克罗伊登（Croydon）	22 006	0.05	85	15
	哈罗（Harrow）	12 728.19	0.05	84	16
	默顿（Merton）	9 532.36	0.04	96	4
	贝克斯利（Bexley）	9 063	0.04	78	12
	恩菲尔德（Enfield）	13 024	0.03	100	0
	布罗姆利（Bromley）	8 156.13	0.02	96.6	3.4
	里德布里奇（Redbridge）	2 356	0.007	88	12

7.1.1.2　北美

北美的屋顶绿化发展相比于欧洲虽起步较晚，但近年来发展迅速。一方面，北美最大的屋顶绿化倡导组织——绿色屋顶健康城市协会（包括技术和政策委员会成员）对于屋顶绿化的发展具有重要推动作用。绿色屋顶健康城市协会直接参与了多伦多、旧金山、丹佛、纽约市、温哥华和华盛顿特区的政策制定工作，并开发了一套用来解决成本预算问题的屋顶绿化绿色节能计算器；其专业屋顶绿化的培训和认证项目（green roof professional，GRP）专注于屋顶绿化系统的设计、安装和维护，促进了北美屋顶绿化的最佳实践。此外，绿色屋顶健康城市协会和绿色基础设施基金会组织（green infrastructure foundation，GIF）一直致力于开发一个全面的屋顶和墙体绿化性能评估系统，称为“活建筑”性能工具（living architecture performance tool，LAPT）（具体详见附录附表 2）。另一方面，北美从联邦到地方政府层面形成了一系列屋顶绿化政策。联邦层面，美国《联邦水污染控制法》《清洁水法》中的雨水管理规定直接适用于屋顶绿化系统。如《清洁水法》第 402（q）条规定的污水溢流政策要求由综合雨水管网系统服务的社区实施最佳管理实践（best management practices，BMPs），这些最佳管理实践中就包括屋顶绿化（Carter and Fowler，2008）。许多联邦机构也采取了绿色倡议，通过绿色建筑要求间接鼓励屋顶绿化。例如，美国总务管理局在 2003 年开始要求新建建筑获得 LEED 认证（Carter and Fowler，2008），屋顶绿化可以增加 LEED 认证的分值，从而获得联邦、州级或者市政有关基金和补贴。这个政策不是强制性的，而是鼓励屋顶绿化的实施。地方政府层面，为了实现绿色建筑、雨水管理等多个政策目标，超过31个北美辖区制订了针对屋顶绿化的要求或激励措施（表7-5）。其中，华盛顿特区是人均屋顶绿化面积最高的地区，其次是芝加哥、多伦多、纽约和西雅图。与欧洲类似，具有支持性绿色政策的城市持续主导每年的屋顶绿化实施。

表7-5　北美各辖区屋顶绿化政策

地区	法规	税收抵免	融资（降息/补贴）	雨水费折扣	建筑面积奖励	住宅管理计划	绿色指数
华盛顿特区	▲		▲	▲		▲	
芝加哥，伊利诺伊州	▲				▲		
多伦多，安大略省	▲		▲				
纽约	▲	▲	▲				
西雅图，华盛顿州	▲		▲	▲	▲		▲
亚当斯县，科罗拉多州				▲			
奥斯汀，得克萨斯州					▲		
巴尔的摩，马里兰州				▲		▲	
丹佛市，科罗拉多州	▲						
德文斯企业区，马萨诸塞州	▲			▲			
法夫，华盛顿州	▲						▲
韦恩堡，印第安纳州			▲				
圭尔夫，安大略省			▲	▲			
霍博肯，新泽西州					▲		
基奇纳，安大略省				▲			
马里昂县，印第安纳波利斯市				▲			
密尔沃基，威斯康星州			▲				
明尼阿波利斯，明尼苏达州				▲			
蒙哥马利县，马里兰州			▲				
纳什维尔，田纳西州			▲	▲			
帕洛阿尔托，加利福尼亚州			▲				
费城，宾夕法尼亚州		▲	▲	▲	▲		
波特兰，缅因州				▲			
波特兰，俄勒冈州	▲				▲	▲	
乔治王子郡，马里兰州			▲				
圣洛朗，蒙特利尔	▲						
旧金山，加利福尼亚州	▲						
锡拉丘兹，纽约州			▲				

注：住宅管理计划是指为鼓励业主自愿安装、维护绿色基础设施和雨水管理技术提供的财政激励和技术支持。

一些屋顶绿化政策通过性能或技术标准进行强制性管控（Carter and Fowler，2008）。

2009年，加拿大多伦多成为北美第一个强制推行屋顶绿化的地方政府。《绿色屋顶条例》规定所有总建筑面积为2000m^{2}或以上的新商业、机构和住宅开发项目都必须实施屋顶绿化。自2012年起，该细则也适用于工业发展，符合条件的项目将获得每平方米75～100加元的资助（Irga et al.，2017）。《绿色屋顶条例》和《生态屋顶激励计划》在2009～2018年开发了50hm^{2}的屋顶绿化，2016年，多伦多成为北美屋顶绿化面积最大的城市。在华盛顿特区，除达到联邦《清洁水法》中控制合流制溢流的要求外，还有两种强制建设绿色基础设施（包括屋顶绿化）的管理方法。第一种方法通过华盛顿特区《市政管理条例》的建设许可程序进行管理。2013年开始，《市政管理条例》要求面积超过464.5m^{2}的项目以及在前期评估中结构成本占总成本大于或等于50%的项目，必须实施雨水管理措施，达到就地吸纳最初3cm降水量的要求，且恢复土地开发前的排水能力。第二种方法通过绿化率（green area ratio）对土地再开发进行管理，要求所有需要房屋占用证的新建筑必须符合基于分区的适当绿化率（林和殷一鸣，2018）。波特兰规定所有新市政设施必须实施覆盖率达70%的屋顶绿化（不适宜实施屋顶绿化的建筑除外）（Carter and Fowler，2008），西雅图绿色指数政策要求需要景观美化的区域必须达到最低绿色指数分数，景观元素包括屋顶绿化和其他绿色基础设施，屋顶绿化必须包含至少2in的生长介质，如果超过4in则得分更高。此外，2017年美国首部强制性屋顶绿化政策——旧金山《更完善的屋顶条例》（Better Roof Ordinance）生效，该条例规定在大多数新建项目中，15%～30%的屋顶空间需采用太阳能屋顶、屋顶绿化或两者兼而有之（Gary and Dusty，2019）。

一些城市利用财政拨款、补贴和非财政激励措施鼓励屋顶绿化。芝加哥是为屋顶绿化提供财政激励和采购政策的早期采用者，财政激励和采购政策包括但不限于2005年屋顶绿化资助计划、2006年屋顶绿化改善基金、2015年建筑面积奖励、2015年绿色许可受益等级计划和绿色许可计划、2017年可持续发展政策。在华盛顿特区，“智慧河流屋顶计划”（River Smart Rooftops Program）为特区内屋顶绿化的实施提供补贴（Irga et al.，2017）；还有两项雨洪政策也通过财政激励鼓励屋顶绿化实施，一是截流超过要求的雨洪体积可转化为雨洪截流信用额，在雨洪市场进行交易；二是减少不透水地表可以获得水费减免，增加透水面积可以获得水费折扣和雨洪费折扣（林和殷一鸣，2018）。而在明尼阿波利斯和波特兰等城市提供高达100%的雨水费折扣。纽约的“绿色屋顶房产税减免”计划提出超过屋顶可利用面积50%的植被覆盖百分率，每年能够抵消48.44美元/m^{2}的房产税，屋顶绿化1/4费用可享受贷款，最高可达10万美元。同时，纽约在房产税减免政策方面不仅促进屋顶绿化的安装，还鼓励多种绿色技术的整合（生物太阳能屋顶绿化）。在这种情况下，业主可以获得一年的房产税减免，或者是每平方英尺生物太阳能屋顶绿化4.5美元的税收减免。2016年纽约屋顶绿化总面积达到242 811m^2，人均屋顶绿化面积达到0.03m^2。类似地，墨西哥屋顶绿化的不同类型房产税减免率在10%～25%。在旧金山，业主可以用固定的低利率支付100%的屋顶绿化费用，包括所有相关成本，如材料、工程、劳动力、安装、维护等费用，且资金可以长期偿还。在波特兰（俄勒冈州）、奥斯汀和西雅图，政府为在所有新开发项目中实施屋顶绿化的开发商提供建筑面积方面的激励（Irga et al.，2017）。例如，在奥斯汀，如果屋顶绿化占屋顶总面积的30%～49%，则可额外奖励2ft^2

建筑面积，如果占50%以上，则可奖励$3ft^2$；波特兰对安装符合要求的屋顶绿化（土壤规格、施工要素、维护计划等）的建筑给予建筑面积奖励。此外，波士顿、芝加哥、温哥华、西雅图、洛杉矶等城市都按照美国LEED绿色建筑认证的可持续发展要求实施屋顶绿化（Liberalesso et al.，2020）。

7.1.1.3 亚洲

在亚洲，不同于欧美生态环境的驱动因素，导致城市绿地缺失的高密度发展进程加快了屋顶绿化的实施（Irga et al.，2017）。虽然新加坡因其在屋顶上创造绿色空间而得到国际认可，但与欧美城市相比，人均屋顶绿化面积相对较小。新加坡2009年发布的《空中绿化奖励计划》（SGIS）利用财政激励措施降低行业的成本壁垒，旨在鼓励在既有建筑上实施屋顶和墙体绿化，该计划资助高达50%的安装成本；《城市空间与高层建筑景观设计计划》(LUSH）为屋顶绿化提供开发免税和激励措施；绿色建筑标志（Green Mark）认证体系通过发展绿色和智能建筑促进建筑的可持续性。至2016年，新加坡屋顶和墙体绿化面积共$7.2hm^2$，人均屋顶绿化面积达$0.09m^2$。在日本，政府从1999年开始对修建屋顶花园的业主提供低息贷款。建筑面积在$2000m^2$以上，屋顶花园面积占楼顶总面积40%以上可以得到其修建资金的低息贷款，主体建筑还可享受部分低息贷款；2005年，日本从国家层面要求所有城市地区的新公寓或办公楼至少有20%的植被屋顶。2012年东京绿色计划提供税收优惠，并规定面积在$1000m^2$以上的私有建筑或面积在$250m^2$以上的公共建筑屋顶空间的20%必须进行屋顶绿化（Carter and Fowler，2008），否则，每年需支付2000美元罚款；此外，日本名古屋为绿色倡议的经济激励提供了多种可能性，它的“绿色名古屋”（Nice Green Nagoya）认证体系提供了0.1% ~0.2%住房贷款折扣。

7.1.1.4 南美

南美屋顶绿化推广政策主要包括强制性要求和税费减免。巴西的瓜鲁霍斯强制要求新建三层以上的建筑实施屋顶绿化；巴西的累西腓和阿根廷的科尔多瓦要求建筑面积超过$400m^2$的项目必须实施经市政当局批准的屋顶绿化。巴西的戈亚尼亚、瓜鲁柳斯、萨尔瓦多、里约热内卢和桑托斯等城市通过减少房产税或可持续认证政策推广屋顶绿化（Liberalesso et al.，2020）。在戈亚尼亚和瓜鲁柳斯，采用最佳管理实践的土地所有者最高可享受20%的房产税减免，其中屋顶绿化占减免总额的3%，业主最多可享受5年的优惠。在桑托斯，根据屋顶绿化面积，房产税减免幅度为1.5% ~3%，最长期限为3年。萨尔瓦多设有可持续认证计划“IPTU Verde”鼓励市政工程的可持续性，每年房产税减免5%~10%，为期3年，到期可再延长3年，该认证适用于新建建筑、既有建筑的扩建或翻新。里约热内卢在市级设立了“合格”（Qualiverde）认证计划鼓励进行可持续实践，获得认证的项目在建设许可过程中享有优先权，该认证适用于新建和既有建筑（住宅、商业、混合或政府公用类）。阿根廷的布宜诺斯艾利斯通过第4428/2012号法律规定，对在其物业内安装屋顶绿化系统的建筑业主，在公共照明费、清运费方面最多可减税20%（Liberalesso et al.，2020）。

7.1.2　政策成功实施条件

对目前全球范围成功实施屋顶绿化的城市进行的政策审查结果表明，屋顶绿化政策成功实施需要一些必要的条件和标准（Carter and Fowler，2008）。

（1）环境问题驱动的政策基础：屋顶绿化政策总是由一些在城市地区发现的环境问题所驱动，主要的三个环境问题是城市雨水径流影响、传统屋顶的热影响以及在高度发达地区的绿色空间缺乏或生物多样性减少。如果没有这些环境问题的驱动，屋顶绿化倡议通常没有政策基础。

（2）屋顶绿化的最佳实施区域：利用屋顶绿化技术进行环境问题修复的一个重要特点是，它们在为城市提供最大效益方面受到应用限制。实施屋顶绿化政策最有效的地区通常是高度发达的高密度城区，这些地区往往对应着高比例的屋顶面积、大面积不透水区域。在城市化程度较低的地区，其他措施可能更易实施。

（3）非政府组织等的积极倡导：欧洲和北美的屋顶绿化政策都是由一小部分群体发起的。在德国，1975 年成立的德国景观研究发展建设协会（FLL）为屋顶绿化建设和促进政策创新铺平道路，其制定的屋顶绿化指南更成为其他国家的参考标准。在北美，成立于 1999 年的非营利组织——绿色屋顶健康城市协会组织大型国际屋顶绿化会议，开展各地屋顶绿化政策制定。

（4）全面的监督实施机制支持：欧洲和北美实施屋顶绿化政策的地区在人员配备和技术援助方面都有足够的制度支持。虽然技术知识通常可以由负责屋顶绿化实施的私营公司提供，但管理机构的工作人员必须具备足够的专业能力，以便屋顶绿化实施能够满足立法、城市系列可持续发展战略所表达的要求。同时，屋顶绿化项目建成后，相关部门会审核其是否按方案执行，这些保证了屋顶绿化从规划到建设的管控。

7.2　中国屋顶绿化政策筛选

7.2.1　中国城市环境特点

中国幅员辽阔、气候分区不同、区域政策环境不同、经济发展水平差异较大。因此，中国屋顶绿化的推广有其自身特点（Xiao et al.，2014），有必要对这些典型情况、特征进行调查，为中国屋顶绿化政策框架制定奠定基础。

7.2.1.1　气候条件

屋顶绿化的适用性在很大程度上取决于当地的气候条件，因为不同的地区、气候条件直接影响屋顶绿化的生存状况，植物的选择也不尽相同，需要以长期适应观察为基础，采用当地植物或在邻近地区引种（Xiao et al.，2014）。中国南北气候差异较大，南方地区基本能满足植物生长需求条件，而北方对屋顶绿化植物的抗寒性、耐旱性和防风能力提出了较高要求，这使得北方屋顶绿化植物选择具有很大的局限性。根据中国建筑气候区划标准中不同气候区特点（图 1-7），屋顶绿化技术在中国的推广优先考虑以防热为主的Ⅲ区（夏热冬冷地区）、Ⅳ区（夏热冬暖地区）、Ⅴ区（温和地区），其次是以耐旱、抗寒和防风为主的Ⅱ区（寒冷地区）。

7.2.1.2 经济发展

中国是最大的发展中国家，在寻求环境与经济发展之间的平衡时，发展中国家往往会为经济发展牺牲环境（Chen et al.，2019）。自改革开放以来，我国经济发展取得巨大成就，但粗放的经济发展方式也不可避免地付出了环境代价，经济快速发展与环境承载力之间的矛盾突出，发达国家的环境问题以压缩型、复合型的形式在我国凸显。近些年来，环境污染问题引起了我国的高度重视，十八届五中全会将生态文明建设首次列入“十三五”规划，其提出了“创新、协调、绿色、开放、共享”五大发展理念，将环境保护提升到国家战略高度，为屋顶绿化发展提供了良好的机遇。此外，我国区域之间经济发展水平存在着巨大的差距，东部沿海地区经济发达，中西部地区较落后，而屋顶绿化新兴技术的推广需要财政支持。因此，在屋顶绿化发展的初级阶段，政策制定应根据各城市的财政特点因地制宜，优先选取资源环境承载条件和经济发展基础较好的国家中心城市（集中了空间、人口、资源和政策上的主要优势）作为试点进行示范推广。

7.2.1.3 城市建设

中国是高密度城区分布最集中的国家之一（李敏和叶昌东，2015）。随着城市化进程不断加快，建筑密度不断增加，城市绿地不断减少，空气污染严重、城市内涝严峻、热岛效应显著、生态环境问题突出。在城市生态建设方面，根据《中国城市统计年鉴》近年来发布的统计数据（图 7-4），2000 年以来，我国城市人均绿化面积虽有持续增加的趋势，但仍低于 $60m^2$ 的城市理想环境标准（Xiao et al.，2014）。此外，尽管中国屋顶绿化水平处

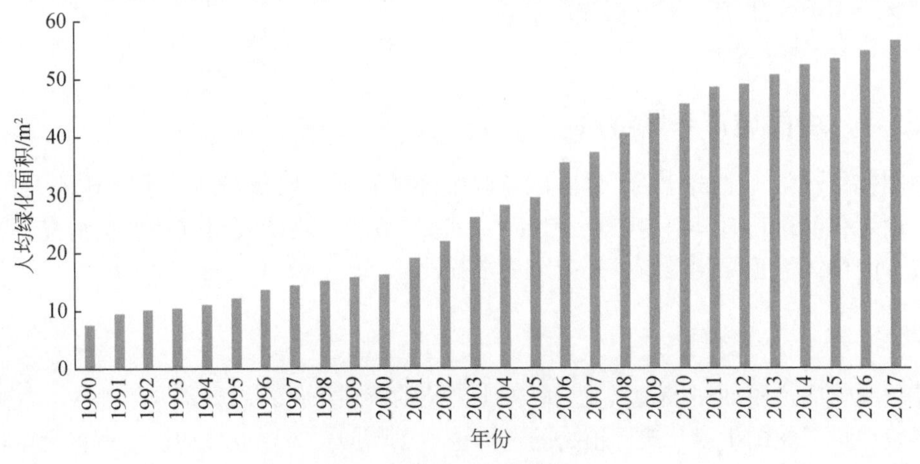

图 7-4　中国人均绿化面积

资料来源：作者根据《中国城市统计年鉴》绘制

于领先地位的城市采取了一些措施，但屋顶绿化的实践仍然相对滞后，与欧美国家和新加坡、日本等亚洲国家相比有很大的差距（Wong and Lau，2013）。据2015年全球人均屋顶绿化面积统计，欧美屋顶绿化水平处于领先地位的城市人均屋顶绿化面积均在1m^2以上（Gary and Dusty，2019），而在中国，建设量相对较大的深圳、北京、上海人均屋顶绿化面积仅分别为0.21m^2、0.1m^2、0.09m^2。在中国利用空置的屋顶空间进行绿化应对环境问题，具有较大发展空间与前景。

7.2.1.4　政策环境

我国屋顶绿化的发展独具特色，表现在政策环境不同导致的屋顶绿化基本驱动力差异。目前中国屋顶绿化实施的主要推动力还是“第五立面”美化，相比于欧美国家，没有上升到解决环境问题的高度。生态效益是实施屋顶绿化的主要驱动因素，而不仅是美学方面的考虑。近几年来，作为地面绿化的有益补充增加中心城区绿化量、改善城市环境成为当前我国多数城市屋顶绿化政策制定的主要依据，尤其北京、上海、深圳这类特大城市，屋顶绿化在节地上的正收益巨大（谭一凡，2015）。但由于对屋顶绿化潜在的生态效益仍缺乏认识，人们对其在城市绿色基础设施的定位未达到重要高度，屋顶绿化还处于初级发展阶段。但由于对屋顶绿化潜在的生态效益仍缺乏认识，其在城市绿色基础设施的定位未达到重要高度，还处于初级发展阶段。因此，在新时代生态文明建设背景下，中国应提升屋顶绿化的定位，借鉴欧美国家类型丰富的环保政策，鼓励对屋顶绿化进行生态或环境目标投资，更快地积累生态效益结果。

7.2.2　屋顶绿化实施障碍

虽然屋顶绿化的实施情况因地而异，但已有研究表明，实施屋顶绿化面临着类似的认知和社会制度挑战。无论是中国，还是其他任何国家，认知障碍都源于缺乏意识、特定的社会文化心态以及对传统制度安排的依赖（Dhakal and Chevalier，2017）。屋顶绿化短期的高成本、公众认知障碍、使用安排不当，是目前中国普遍认可的屋顶绿化推广障碍（Xiao et al.，2014；Chen et al.，2019）。

（1）根据以往研究，高额成本（建设成本、维护成本）是阻碍屋顶绿化实施的最大障碍（Zhang et al.，2012；Tabatabaee et al.，2019）。城市规划者和公共决策者在推广屋顶绿化时，很难获得私人业主的投资。人们通常错误地认为屋顶绿化是长期投资和短期回报的项目。然而，各种研究通过生命周期的成本效益分析证实了屋顶绿化的经济效益（Berardi et al.，2014；Langston，2015），表明屋顶绿化比传统屋顶更具经济效益（Carter and Keeler，2008；Shafique et al.，2018）。同时，与新建建筑相比，既有建筑实施屋顶绿化更具成本效益（Castleton et al.，2010）。这是因为既有建筑大多隔热性能较差，每年消耗大量能源，实施屋顶绿化可以提高既有建筑的隔热性能，产生多种效益。因此，应在所有阶段，包括设计、建设和维护，分配财政补贴和奖励。

（2）认知障碍是阻止公众实施屋顶绿化的重要因素（Wilkinson and Reed，2009）。一方面，中国与西方先进的屋顶绿化知识体系存在显著差异。已有大部分研究在欧洲和美国发达国家开展，这些国家的研究占总量的66%（Blank et al.，2013），从而使这些国家的决策者更好地理解这项技术提供的若干好处，进一步推动城市屋顶绿化的实施。而在发展中国家的研究非常有限，阻碍了屋顶绿化的推广（Shafique et al.，2018）。另一方面，在大多数研究中，缺乏成本和效益数据来评估屋顶绿化对当地条件的适用性是被高度引用的障碍（Dhakal and Chevalier，2017）。在缺乏此类数据的情况下，实施屋顶绿化对公众来说具有一定风险，对其可靠性的怀疑会阻止他们接受该技术（Williams ct al.，2010）。实际上，屋顶绿化的许多社会生态效益在经济上不易被量化。因此，投资者在决策过程中并未考虑这些效益。但是，一些通过成本效益分析的研究表明，如果考虑到环境和社会效益，屋顶绿化的应用对于业主而言是可行的（Teotónio et al.，2018）。从这个角度来看，在制定公共政策时必须认识到屋顶绿化的非货币收益。

（3）屋顶绿化使用安排不当的现象在发展中国家非常普遍，中国也不例外（Zhang et al.，2012）。这一障碍表明项目开发商往往忽视屋顶绿化设计者意图和开发商在项目初始时承诺的良好使用（Chen et al.，2019）。在中国大多数情况下，开发商只把屋顶绿化当作营销工具，当这些建筑投入使用后，屋顶绿化很少能像最初承诺的那样长久使用，比如雨水储存和自动灌溉。因此，政府部门应建立全面的实施监督机制，确保屋顶绿化按设计使用。

7.2.3 屋顶绿化政策工具

7.2.3.1 国家层面

中国目前还没有推进屋顶绿化发展的国家法规，国家政策主要是确定大的方向和目标。《国务院关于加强城市绿化建设的通知》(国发〔2001〕20号）于2001年推出，强调“要充分利用建筑墙体、屋顶和桥体等绿化条件，大力发展立体绿化”。2007年、2008年国家分别颁布了第一版《种植屋面工程技术规程》（JGJ 155-2007）①、《种植屋面用耐根穿刺防水卷材》（JC/T 1075-2008），为屋顶绿化提供技术支持（Xiao et al.，2014）。2010年住房和城乡建设部发布的《城市园林绿化评价标准》（GB/T 50563-2010），以是否有立体绿化鼓励政策、技术措施和实施方案，以及实施后效果为一项考核标准。2014年住房和城乡建设部发布的《海绵城市建设技术指南—低影响开发雨水系统构建（试行）》中提出屋顶绿化是实践海绵城市建设的重要组成。2016年住房和城乡建设部发布的《国家园林城市系列标准》要求国家园林城市制定立体绿化推广的鼓励政策、技术措施和实施方案。2019年住房和城乡建设部发布的国家标准《城市绿地规划标准》（GB/T 51346-2019）提出城市绿地系统专业规划根据城市建设需要可以增加生物多样性保护规划、立体绿化规划等专业规划，并建议了城市立体绿化重点布局区域。在新版国家标准《绿色建筑评价标准》

① 现行标准为JGJ 155-2013。

（GB/T50378-2019）中屋顶绿化作为降低城市热岛强度的措施列入评价指标中（图1-4）。

7.2.3.2　省市层面

中国省市级政府近几年也推行了一系列屋顶绿化政策（图7-5），主要包括城市绿化条例等地方性法规政策，技术规程、规范、标准、办法等规范性政策，规划、意见、方案等指导性政策，财政直接补贴、绿地率折算等经济性奖励政策，绿色建筑等评估性政策。其中，海南、陕西、浙江及上海、深圳、杭州、重庆等通过地方性法规推动屋顶绿化，但应用范围主要是新建、改建、扩建的市政公用设施或公共建筑。此外，除上海、深圳对屋顶绿化建设、监管、责任有详细的内容要求外，其他城市的条例内容多仅为"鼓励发展"等管制性程度较弱的描述。由于各城市屋顶绿化对植物材料、建筑安全、适用范围等技术要求不同，其制定的屋顶绿化技术规程、标准等规范性政策各不相同，有待于在实践中总结经验、不断完善。经济激励政策在国际经验中被证明是在屋顶绿化推广初期有效的政策，尤其是在屋顶绿化行业并不活跃的城市。中国的经济激励政策主要是直接财政补贴和间接的绿地率折算，但由于政府的财政负担，采用直接财政补贴政策的省市较少。近年来经济增长较快的国家中心城市，如重庆、武汉、广州等，对于屋顶绿化没有给予足够的重视，这些城市应加大对屋顶绿化的激励力度（Chen et al.，2019）。

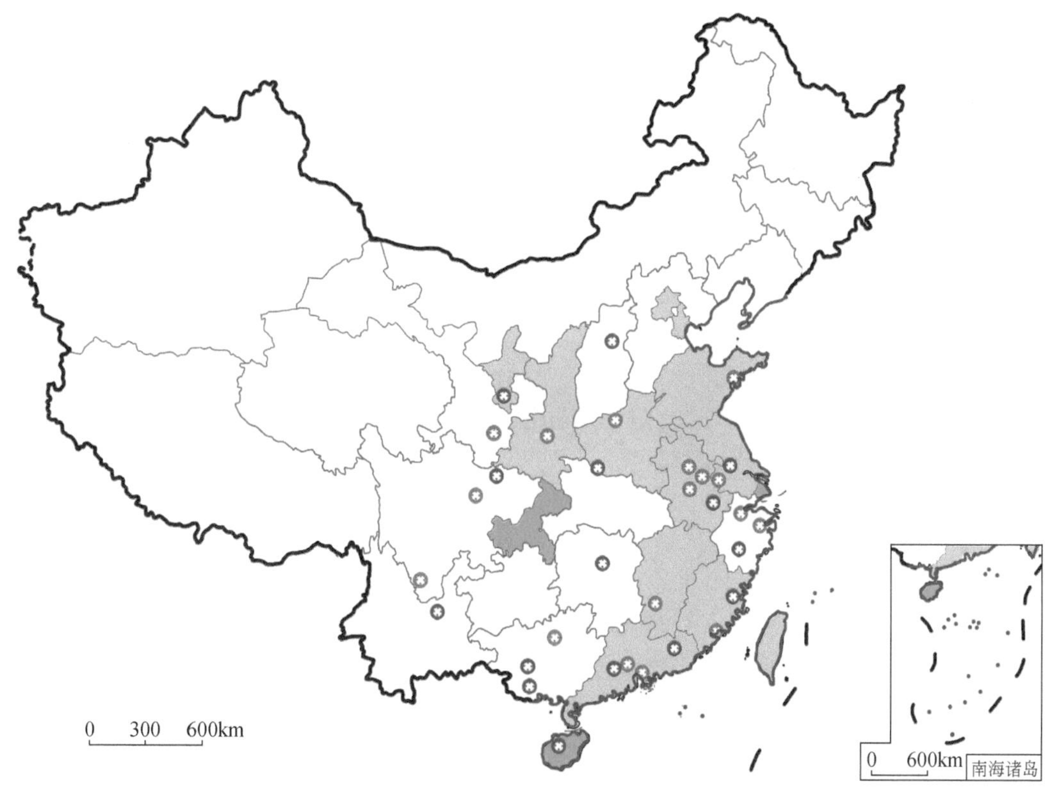

图7-5　中国出台屋顶绿化政策的城市分布

除香港外，中国屋顶绿化水平较高的城市主要是发达城市，如北京、上海、成都、深圳，这些城市也对应着相对全面的屋顶绿化政策（表7-6）。四川是我国较早关注屋顶绿化的省级行政区，成都屋顶绿化开始于20世纪70年代初。1994年四川颁布的地方标准《蓄水覆土种植屋面工程技术规范》成为成都屋顶绿化施工的主要依据，2001年发布的《成都市建设项目公共空间规划管理暂行办法》加强了新建建筑屋顶绿化管理工作，2002年《成都市市容市貌管理暂行规定》提出“临街建（构）筑物外立面及屋顶，应实施垂直绿化或屋顶绿化”。2005年《关于进一步推进成都市城市空间立体绿化工作的实施方案》成为我国屋顶绿化公共政策的先导，分区域进行强制性要求［五城区（含高新区）、龙泉驿、青白江、新都、温江区以及双流县和郫县范围内新开工楼房（12层以下、40m高度以下的中高层和多层、低层非坡屋顶建筑）应按有关要求实施屋顶绿化］，同时屋顶绿化改造经费实行“以奖代补”的政策，由市、区、社区三级组织开展“优秀屋顶花园”等评选活动。此外，为规范屋顶绿化技术，成都于2001年出台了《成都市屋顶绿化及垂直绿化技术导则（试行）》。为鼓励发展屋顶绿化，成都于2012年出台了《成都市园林绿化条例》，并于2015年在《成都市绿地系统规划（2013-2020）》中将屋顶绿化单独成篇，纳入成都城市总体规划，2017年在《实施“成都增绿十条”推进全域增绿工作方案》中明确提出屋顶绿化增绿目标。

北京是中国较早开展屋顶绿化建设的城市之一，也是北方城市推广屋顶绿化的先驱。1983年，北京长城饭店屋顶花园成为我国北方地区第一个大型屋顶绿化工程。2004年《北京市城市环境建设规划》明确要求高层建筑中30%的层顶和低层建筑中60%的层顶要进行绿化。2005年实施的北京市地方标准《屋顶绿化规范》（DB11/T 281-2005）① 成为北京乃至北方城市开展屋顶绿化建设和管理的重要依据。北京2006年开始对屋顶绿化实行补贴，每平方米补贴50~100元；2008年前后以奥运会为契机大举推广屋顶绿化，在取得显著成效的基础上总结经验，于2011年对包括屋顶绿化在内的立体绿化工作做出统筹安排，发布《北京市人民政府关于推进城市空间立体绿化建设工作的意见》（京政发〔2011〕29号）。该文件强制规定：新建、改建项目附属绿化用地面积未达到规划要求，但项目用地范围内无地下设施的绿地面积已达到规划标准50%以上，建筑屋顶面积50%以上必须设计、建设花园式屋顶绿化。其屋顶绿化面积的20%可计入该项目附属绿化用地面积。此外，鼓励措施中，新建、改建项目附属绿化用地面积在未计入屋顶绿化面积前已达到规划要求的，按屋顶绿化面积享受防洪费减免优惠政策。认建屋顶绿化面积1m²，可折算3株义务植树任务。对城市空间立体绿化建设工作中表现突出的单位或个人给予表彰和奖励，并将城市空间立体绿化建设工作完成情况作为评选市级花园市单位和绿化美化先进单位、先进个人的重要依据。随后，2013年《北京市人民政府办公厅关于印发发展绿色建筑推动生态城市建设实施方案的通知》要求北京市新建项目执行绿色建筑标准，并基本达到绿色建筑等级评定一星级以上标准。地方标准《绿色建筑评价标准》（DB11/T 825-2021）中对采用屋顶绿化降低热岛强度的建筑实行加分鼓励。

① 现行标准为DB11/T 281-2015。

上海是中国首个以立法形式对公共建筑推行强制性屋顶绿化政策的城市（谭一凡，2015），相比于多数城市将屋顶绿化纳入其他政策（如海绵城市政策等），也是屋顶绿化特有政策类型最全面的城市。2007发布的《上海市绿化条例》提出“新建机关、事业单位以及文化、体育等公共服务设施建筑适宜屋顶绿化的，应当实施屋顶绿化”，是我国最早写入屋顶绿化政策的地方性法规。2010年上海世博会是上海屋顶绿化发展的重大转折，2011年包括屋顶绿化在内的立体绿化被纳入《上海市绿化发展“十二五”规划》。2014年上海发布《关于推进本市立体绿化发展的实施意见》，提出将屋顶绿化作为城市绿化新增长点和重要发展方向。2015年修订的《上海市绿化条例》进一步从法规层面明确了立体绿化的建设责任、义务和权利，将立体绿化提升到与地面绿化同等重要的地位。为了将法规的刚性要求落实到规划阶段，从源头上保障立体绿化发展，2016年发布的《上海市立体绿化专项规划》作为绿地系统规划的组成部分，确立今后一个时期的立体绿化发展方向、目标任务。在技术支持政策层面，上海相继推出了一系列规范性技术文件，包括《上海市屋顶绿化技术规范》《立体绿化技术规程》等。在经济性激励政策层面，2014年《本市新建屋顶绿化折算抵算配套绿地实施意见（试行）》详细制定新建建筑屋顶绿化与地面绿化的折算方法；2016年《上海市建筑节能和绿色建筑示范项目专项扶持办法》将立体绿化示范项目纳入建筑节能项目专项扶持范围，并依据办法制订《上海市立体绿化示范项目扶持资金申报指南》，花园式屋顶绿化绿化面积补贴200元/m^2，组合式屋顶绿化补贴100/m^2，草坪式屋顶绿化补贴50元/m^2，单个项目的扶持资金总额累计不超过600万元，加大对立体绿化的扶持力度。

近年来，深圳屋顶绿化发展已经走在全国前列。1999年《深圳市屋顶美化绿化实施办法》首次提出“为美化市容市貌，提高环境质量，把我市建设成为园林式、花园式、现代化的国际性城市，推进全市的屋顶美化绿化工作”；2007年《深圳市绿色建筑设计导则》和2009年《深圳市绿色住区规划设计导则》规定“新建、改建、扩建的公共建筑中的办公建筑、商场建筑和旅馆建筑，可上人屋面的绿化面积占屋面面积的比例应大于50%”；2012年《美丽深圳绿化提升行动工作方案》首次设立屋顶绿化硬指标，规定凡是政府投资新建设项目，必须开展屋顶绿化建设；2013年《深圳市落实新一轮绿化广东大行动的十项措施》，提出“力争到2020年城市中心区屋顶绿化率达到5%，城市非中心区屋顶绿化率达到1.5%”。2016年《深圳经济特区绿化条例》从法规层面首次对立体绿化设专章予以规定，明确新建公共建筑及新建高架桥、人行天桥、大型环卫设施等市政公用设施应当实施立体绿化，鼓励其他新建建筑、构筑物及适宜实施立体绿化的既有建筑、构筑物实施立体绿化。同年编制《深圳市立体绿化建设发展指引》，结合立体绿化建设发展潜力评估，确定全市立体绿化总体发展目标与策略，明确分类与分区发展建设总体空间指引等。2019年《深圳市立体绿化实施办法》明确规定“新建公共建（构）筑物实施屋顶绿化或架空层绿化的指标，实际绿化面积不宜少于屋顶或架空层可绿化面积的60%”。在技术支持政策层面，深圳也推出了一系列规范性技术文件，包括《屋顶绿化设计规范》《深圳市既有建筑屋顶绿化容器种植技术指引》《广东省立体绿化技术指引（试行）》等。在经济性激励政策层面，《深圳市城市规划标准与准则》《深圳市立体绿化实施办法》均详细规定了屋顶绿化折算绿地率比例（覆土深度1.5m以上的屋顶绿化可按0.8的系数折算等)；《宝安区已建成建筑物屋顶绿化奖励暂行办法实施细则》根据奖励项目综合评定结果，对申请人按奖励标准一次性核拨奖励资金；《深圳市立体绿化实施办法》提出建设经费补贴参考标准，花园式屋顶绿化为300元/m²，简单式屋顶绿化为180元/m²，养护经费补贴参考标准，按照现行有效的《深圳市园林建筑绿化工程消耗量定额》立体绿化养护适用指标的50%进行补贴。

表7-6　中国屋顶绿化先进城市政策

城市	法规性政策	规范性政策	指导性政策	经济性政策
成都	《成都市园林绿化条例》	《成都市屋顶绿化及垂直绿化技术导则（试行)》；《成都市建设项目公共空间规划管理暂行办法》；《成都市立体绿化美化规划建设导则》；《蓄水覆土种植屋面工程技术规范》；《成都市市容市貌管理暂行规定》	《关于进一步推进成都市城市空间立体绿化工作的实施方案》；《关于推进城市立体绿化发展的实施意见（征求意见稿)》；《实施“成都增绿十条”推进全域增绿工作方案》；《成都市绿地系统规划（2013-2020)》	《关于进一步推进成都市城市空间立体绿化工作的实施方案》
北京	—	《屋顶绿化规范》；《绿色建筑评价标准》；《垂直绿化技术规范》	《北京市城市环境建设规划》；《北京市人民政府关于推进城市空间立体绿化建设工作的意见》；《北京市人民政府办公厅关于印发发展绿色建筑推动生态城市建设实施方案的通知》；《北京市屋顶绿化建设和养护质量要求及投资测算》	《北京市人民政府关于推进城市空间立体绿化建设工作的意见》
上海	《上海市绿化条例》	《垂直绿化技术规程》；《上海市屋顶绿化技术规范》；《立体绿化技术规程》；《新建项目立体绿化规划控制操作细则》	《上海市立体绿化专项规划》；《上海市人民政府办公厅转发市绿化市容局关于推进本市立体绿化发展实施意见的通知》；《2015年本市立体绿化工作实施方案》；《上海市绿化和市容管理局关于组织申报2015年上海市立体绿化示范项目的通知》	《上海市建筑节能项目专项扶持办法》；《上海市新建屋顶绿化折算抵算配套绿地实施意见（试行)》；《2015年上海市立体绿化示范项目扶持资金申报指南》
深圳	《深圳经济特区绿化条例》	《屋顶绿化设计规范》；《深圳市屋顶美化绿化实施办法》；《深圳市立体绿化实施办法》；《深圳市绿色住区规划设计导则》；《深圳市绿色建筑设计导则》；《深圳市绿色城市规划导则》；《深圳市城市规划标准与准则》	《深圳市福田区立体绿化建设发展纲要》；《深圳市既有建筑屋顶绿化容器种植技术指引》；《广东省立体绿化技术指引（试行)》；《美丽深圳绿化提升行动工作方案》；《2016年深圳市立体绿化工作实施方案》；《深圳市落实新一轮绿化广东大行动的十项措施》；《深圳市立体绿化建设发展指引》；《深圳市城市绿化发展规划纲要（2012—2020)》	《深圳市立体绿化实施办法》；《宝安区已建成建筑物屋顶绿化奖励暂行办法》；《深圳市城市规划标准与准则》

7.2.3.3　政策总结

尽管中国政府推行了一系列屋顶绿化政策，但屋顶绿化的发展还处于初级阶段，各地发展不均衡、可持续性不佳。相比于屋顶绿化技术的快速进步，屋顶绿化政策缺乏顶层系统设计导致的政策基础不牢、效力偏弱，是屋顶绿化发展的主要的约束因素：

（1）既有政策体系亟待完善。由于过去长期行政管理条块分割产生的自然资源认知差异以及行业法规不同导向下的政策差异（罗彦等，2019），各地现行公共政策通常缺乏系统性、跨领域协作的高度，与生态环境、水资源保护和城市建筑等相关政策联动不足，导致政策类型单一、配套法规不完善、适用范围小、整体效果有限、可持续性不强（谭一凡，2015）。随着国务院机构改革和自然资源部的组建，新一轮改革强调国土空间必须坚持生态优先、区域统筹、协同共治的原则，打破部门行政管理职能条块分割的约束（罗彦等，2019）。因此，在国土空间统一治理体系的背景下，应构建以规划为引导，涵盖跨学科、多部门协同的屋顶绿化政策体系，完善既有政策体系的系统性、完整性顶层设计。

（2）政策细节制定有待提升。即使在城市屋顶绿化水平高的城市，中国推广屋顶绿化的政策相比欧美国家也是过时的（Xiao et al.，2014）。我国屋顶绿化政策用词以“宜”“鼓励”“提倡”为主，与欧美国家相比强制性不足；对屋顶绿化面积折算的具体规定有建筑高度、功能、覆土深度、植物种类等前提要求，与国外屋顶绿化可有效、大比例地计入绿地指标相比折算率较低（马力和李智博，2018）。例如，德国地下停车场顶板绿化也被看作是屋顶绿化，而在中国，其绿化需要至少3m覆土才被认定为绿地；此外，我国很多城市也出台了经济激励政策，但是多为定点定向补助（如公共建筑），且补贴力度较小。

7.2.4　屋顶绿化政策建议

从国际经验看，屋顶绿化推广必须要有系统性、组合性的政策。此外，Shen等（2016）提出，环境的不同造成政策的差异，因此有效的政策应该适合当地的发展。为了更好地了解国际政策的适用性，本章进行了一项初步研究。基于中国气候条件、经济发展、城市建设和政策环境，筛选适用于中国环境的屋顶绿化政策。收集的屋顶绿化政策分为三大类、七小类：管制性政策（法规性政策、规范性政策）、激励性政策（指导性政策、奖励性政策、评估性政策）、援助性政策（组织与专业培训政策、知识与信息政策）。就这些屋顶绿化政策类别而言，根据中国的环境情况，建议了23项屋顶绿化政策（表7-7）。

表7-7　中国屋顶绿化建议政策

分类		建议政策	编号
管制性政策	法规性政策（RP）	在现有的国家法规中明确增加屋顶绿化内容要求，包括在《中华人民共和国城乡规划法》中增加规划开发符合区域环境水文特征要求	RP1
		制订屋顶绿化条例	RP2
	规范性政策（CP）	制订屋顶绿化规范、标准等	CP1
		创新引用绿色空间指数规划工具	CP2

续表

分类		建议政策	编号
激励性政策	指导性政策（DP）	制订城市屋顶绿化战略	DP1
		编制立体绿化专项规划	DP2
		制订全面的屋顶绿化设计、建设、维护指南	DP3
		开发屋顶绿化的成本效益计算工具	DP4
		灵活的行政管理流程（项目开发许可审查优先等）	DP5
	奖励性政策（FP）	建立屋顶绿化研究基金	FP1
		启动屋顶绿化资助计划	FP2
		提供屋顶绿化低息贷款	FP3
		税费减免（为屋顶绿化公司减税、雨水费减免、财产税减免）	FP4
		容积率/建筑密度/绿地率奖励	FP5
	评估性政策（EP）	在现有或将要构建的与生态可持续发展相关的评价体系中纳入屋顶绿化元素（如低碳城市评价标准）	EP1
		开发全面的屋顶绿化性能评估系统（如北美的活建筑性能工具 LAPT）	EP2
		建立屋顶绿化标识制度/认证制度	EP3
援助性政策	组织与专业培训政策（OP）	建立屋顶绿化协会、组织、机构	OP1
		提供相关的专业教育和培训	OP2
		建立专业屋顶绿化系统施工团队	OP3
	知识与信息政策（KI）	促进公众对屋顶绿化的认识（如大型活动的宣传）	KI1
		提供知识经验分享平台（如 APP、网站、会议）	KI2
		鼓励屋顶绿化创新（如各类竞赛）	KI3

7.2.4.1 管制性政策

管制性的法规性政策和规范性政策为屋顶绿化实施提供了最高水平的保障，被认为是最有效的政策（Huang et al.，2016）。管制性政策的目标通常是多样的，如减少非透性屋面面积、改善水质、缓解城市热岛效应等，该政策尤其适用于城市新开发项目。管制性政策可以建立市场，并提供可预测的需求，以便私营部门加大活动力度，及早大幅度降低建设和维护成本，从而提高屋顶绿化的成本效益。同时，如果没有管制性政策，激励性政策（如财政补贴等）难以落实（Tan et al.，2018）。因此，应在屋顶绿化发展的中长期建议法规性政策，并采取其他配套政策，克服屋顶绿化在中国的实施障碍。

通过立法推动屋顶绿化是管制性政策的重要形式，包括法律、法规。目前，中国国家层面尚无有关屋顶绿化推广的法律，建议在《中华人民共和国城乡规划法》中增加规划建设项目需符合区域环境水文特征的要求，并在实施细则中增加能体现屋顶绿化的相关内容；在《城市绿地系统规划编制纲要》中增加适宜地区（例如高密度城区）屋顶绿化规划编制要求，同时鼓励各地方政府因地制宜，保证城市建设在规划阶段体现屋顶绿化理念，在建设阶段切实将屋顶绿化纳入法律义务的范围。然而，法规性政策可能在政治上不受欢迎，因此，目前的应用范围极其有限（Carter and Fowler，2008；Baek and Park，2012），通常是产权归属于政府、利益相关方的公共建筑较易协调。值得注意的是，美国丹佛于2017年通过的《绿色屋顶条例》（*Green Roof Ordinance*）规定，新建和既有建筑均应实施屋顶绿化。对所有既有建筑实施屋顶绿化的要求引起一些民众的特别关注，并导致了有组织和资金支持的反对行动。因此，最终对其进行了修订，要求建筑包含“冷屋顶”或一系列合规性选项之一（包括屋顶绿化），使业主可以自主选择投资回报率高的选项。鉴于此，灵活地提供多种合规性选项的管制性政策可以使政策实施易于落地。以旧金山为例，采用太阳能屋顶、屋顶绿化或两者结合的方案是《更完善的屋顶条例》获得批准和实施的关键。

政府以行政命令形式下达屋顶绿化任务（规范、标准、办法等）、通过绿色空间指数规划工具将屋顶绿化纳入发展规划的强制性内容的政策，是另一种管制性政策。规范、办法等行政命令主要通过技术标准和性能标准要求进行管制性规定。技术标准包括要求所有特定类型的建筑必须全部或部分进行屋顶绿化（Carter and Fowler，2008），一般以建筑功能、高度、占地面积以及屋顶形式等为标准对地面、屋顶或墙体绿化指标进行具体的管制性规定。性能标准是通过使用屋顶绿化技术达到城市部分地区的环境控制标准（如现场雨水截留量），这些环境控制标准主要基于雨水管理目标、城市绿化要求或屋顶反射率值（源于城市热岛现象）（Carter and Fowler，2008）。使用基于性能的度量标准而不是规定系统或其组件的优势是使市场可以灵活地、最好地满足性能要求，同时允许技术方法的演变和创新。绿色空间指数规划工具通过将一定比例的区域留作绿色空间，即对指定区域的绿色基础设施指标进行定量评估，规定指标下限来约束场地的开发建设。西方国家一些城市通过此方法成功地促进了城市绿色基础设施建设，如柏林的生境面积指数（BAF）、马尔默的绿色空间指数（green space factor）、西雅图的绿色指数（green factor）。

7.2.4.2　激励性政策

指导性政策，如计划、战略、规划等作为指南提供长期方向，是促进大规模屋顶绿化可持续发展的重要前提。指导性政策指引建筑开发商或业主未来工作的同时也引导市场未来的宏观趋势。因此，指导性政策在初期会有更显著的作用（Dowson et al.，2012；Tan et al.，2018）。目前中国仅上海、深圳和厦门开展了城市立体绿化专项规划的工作，政府可以从编制屋顶绿化规划开始，从宏观整体层面满足城市屋顶绿化发挥最大化效益的需求，解决当前中国屋顶绿化统筹缺失，缺乏整体性和系统性的问题。同时，灵活的行政管理流程（项目开发许可审查优先等）是一种不太常见的激励政策，但它很适用于不需要额外预算的、财政保守的城市，建议在中国引入此类政策鼓励开发商在项目开发中采用屋顶绿化技术。此外，理解任何新技术的附加值和成本对于短期和长期的效益都是至关重要的，开发屋顶绿化成本效益计算工具进行预期财务分析，可以解决不可避免的对屋顶绿化安装和维护的第一成本的担忧问题。这种方式应基于当地专业知识、行业和房地产经济的实际条件。并且，鉴于广泛的经济因素，财务分析应适用于一系列建筑类型。例如，住宅和商业建筑面临不同的成本和效益情景。

奖励性政策被认为是管制性政策的补充选择之一（Weiss et al.，2012），主要包括财政拨款、补贴、以奖代补等适用于经济发达城市的直接经济激励政策，以及税费减免、低息贷款、项目开发许可审查优先和绿地率、容积率、密度奖励等适用于资金来源更稳定的长期性间接经济激励政策。与指导性政策和管制性政策的长期效应相比，这些奖励性政策不但在短期内最有效（Huang et al.，2016；Tan et al.，2018），而且是迄今为止国际上解决环境问题最能形成长效机制的方法。因此，建议在屋顶绿化实施的全过程实施奖励性政策。财政直接补贴一般是按每平方米补贴一定金额或按项目总费用的一定比例予以补贴，可以为业主补贴屋顶绿化的初始建设成本，这往往是决定是否实施屋顶绿化的限制因素（Carter and Keeler，2008；Baek and Park，2012）。补贴的金额因城市而异，取决于公共资金的可用性和当地的屋顶绿化产业发展（供需规律）。而已有研究表明，补贴金额至少应该是屋顶绿化成本和收益之间的差额，应以建设成本的10%～50%进行补贴（Liberalesso et al.，2020）。这些类型的直接经济激励有助于克服采用新技术的障碍，特别是在屋顶绿化行业并不活跃的中国市场，以增加屋顶绿化安装成本投资的形式减少市场摩擦对鼓励社会理想行为尤为重要（Carter and Fowler，2008），是目前各地政府最常用的政策，也是针对既有建筑屋顶绿化最有效的措施。但是，这种政策增加了政府的财政负担，更适合经济发达的城市。

间接经济激励政策不需要实质性的财政投入，具有自愿的优势，有利于那些能够根据其场地条件以成本效益高的方式采用屋顶绿化的业主。缺点是很难保证安装屋顶绿化系统，特别是其他更熟悉的可持续实践也可能用于实现相同的环境目标（Carter and Fowler，2008）。其中，绿地率、容积率奖励是非货币性政策里运用最广泛、最经济可行、效果最显著的激励政策，而中国目前仅北京、上海、杭州等城市配套出台了绿地率折抵标准和计算公式（谭一凡，2015）。税费减免和低息贷款政策实施时间跨度大，但由于耗资相对较少，给政府带来的经济负担较轻，实施起来更容易。在当前中国正在制定的房地产税征收政策中，应纳入对屋顶绿化实行税费优惠的奖励。同时，环境保护税费作为重要的经济调控手段，建议针对中国目前城市化发展过程中出现的暴雨内涝等环境问题，制定适应中国国情、顺应当前经济发展需要的环境税费政策。此外，从国际趋势来看，人们对制定与绿色基础设施融资有关的政策表现积极，如欧洲投资银行的自然资本融资基金（NCFF）是一个专门为城市绿化项目提供长期贷款融资的计划；另一种吸引投资的方式是市政绿色债券，尽管目前只是小规模使用，但在国际上越来越受欢迎。例如，约翰内斯堡发行了1360亿美元的绿色市政债券，这种债券可用于建设大型绿色基础设施项目（Dhakal and Chevalier，2017）。长远而言，中国应该建立创新的融资机制。

目前屋顶绿化的经济、社会、环境价值与其财务分析不匹配，其量化效益无法补贴实施成本，因此阻碍了业主对它们的投资。评估性政策（如评价标识、评级）的目标是确保屋顶绿化项目在规划实施后能够实现可量化和可复制的性能效益，从而能够使公众以更大的信心为其设计、安装和维护提供资金。目前全球范围有许多评估可持续建设的体系，如美国的LEED、新加坡的绿色建筑标志、日本的“绿色名古屋”、巴西的“合格”可持续认证体系。这些系统重视绿色基础设施的应用，是推广屋顶绿化的重要激励政策。在中国，屋顶绿化作为城市热岛效应缓解措施被纳入绿色建筑评价标准，但并不能全面体现屋顶绿化的生态效益，因此建议开发一套全面的屋顶绿化评级系统，供地方政府确定统一的设计、施工、维护的性能要求。评估性政策不但帮助人们了解屋顶绿化的评估标准，而且鼓励用户和开发商实现屋顶绿化的高能效水平（Tan et al.，2018）。然而，在执行这些政策时也存在困难，如数据收集复杂、评估软件开发困难和专业人员缺乏等。基于这些原因，建议在中国屋顶绿化发展的中长期采用评估性政策。

7.2.4.3　援助性政策

援助性政策是政府、非政府机构对屋顶绿化的研究和建设进行技术等方面的支持以及推广宣传工作而制定的政策，包括组织与专业培训政策、知识与信息政策，是对管制性政策和激励性政策的补充。组织与专业培训政策包括专业协会以及专业教育和培训，可以帮助解决屋顶绿化实施的实际问题并提供创新技术（Tan et al.，2018）。在屋顶绿化行业良好的国家，非政府注册的行业协会、媒体机构及非营利性组织对城市屋顶绿化的发展起到重要的推动作用，包括国际屋顶绿化协会、欧洲屋顶和墙体绿化协会、德国景观研究发展建设协会、北美绿色屋顶健康城市协会、意大利屋顶绿化协会、日本屋顶利用协会、韩国屋顶绿化和基础设施协会、美国屋顶节能评级委员会等。非政府组织具有显著的公益性特征，它们可以协调各利益相关者制定屋顶绿化政策、编写规范标准、组织学术交流会、建设示范性屋顶绿化项目。同时，这些组织所提供的专业技能培训和教育，对于屋顶绿化的发展也是必不可少的（Tan et al.，2018）。鉴于这些优势，建议从屋顶绿化发展的中期开始制定组织与专业培训政策。

知识和意识是实施可持续实践的出发点（Tabatabaee et al.，2019），社会接受可以说是一项技术决定性的驱动因素（Dhakal and Chevalier，2017）。根据以往的研究，信息不对称、缺乏意识和专业知识是采用屋顶绿化技术的障碍（Carter and Keeler，2008；van der Meulen，2019），这些障碍甚至抵消了激励性政策的有效性。对于这些障碍，强制规定实施屋顶绿化政策不能提高利益相关者的积极性，甚至引发不满。而知识与信息政策可以通过活动宣传、信息发布和经验分享等方式克服这些障碍，增加公众对屋顶绿化及相关政策的认识，并由此消除认知障碍，提高社会接受度（Brudermann and Sangkakool，2017；Tan et al.，2018）。知识与信息政策虽然作用缓慢，却有长期的影响，灵活性是其突出优势之一（Shen et al.，2016）。因此，建议在屋顶绿化发展的全过程实施知识与信息政策。

7.3　中国屋顶绿化政策框架

7.3.1　屋顶绿化政策行政分级

从国际经验看，城市范围、州范围甚至全国范围内的组合政策成效尤为显著，因为在宏观的空间尺度上促进了更多的认识。国家政策可以授权控制雨水、高温或其他类型的环境保护，地方政府可以要求或鼓励屋顶绿化作为在特定地点或情况下（如对应大面积不透水的最佳实施区域）实现环境保护目标的一种措施。

7.3.1.1 国家级政策

目前，大多数生态系统服务都没有市场，因为这些服务缺乏合适的工具而无法货币化（Dhakal and Chevalier，2017）。在这种情况下，土地开发活动很可能忽视区域的水文特征，导致开发违背生态文明建设的理念。通过国家法律规定要求规划和开发符合区域景观的水文特征，如空间规划、水资源管理和环境保护等相互关联的职能部门需要置于国家机构的统一管理之下，或至少需要一个强有力的协调机制，克服阻碍屋顶绿化实施的、相互冲突的政策和行动（Dhakal and Chevalier，2017）。同时，结合国情、依据气候条件（优先中国建筑气候分区中的Ⅲ、Ⅳ、Ⅴ区）、经济发展（优先国家中心城市）等制定差异化政策。

7.3.1.2 城市级政策

多数情况下，地方政府负责与土地管理、政策制定和发展控制相关的职能，被称为最有潜力鼓励变革的政府级别（Tassicker et al.，2016）。同时，国务院机构改革也明确提出赋予省级及以下机构更多自主权，提高地方的治理能力。因此，城市级政策对于屋顶绿化发展起着至关重要的作用。由于各城市的地情不同，屋顶绿化政策并不是针对每个城市一刀切的解决方案。在国家级政策的统一指导下，城市级政策应遵循“大政策统一、小政策有别”的原则，根据管辖区的位置和目标而有所不同（Carter and Fowler，2008；van der Meulen，2019），对建议的三大类政策进行灵活组合，满足不同城市的需求。从政策基础来看，在进一步研究当地气候条件与社会经济环境的基础上，根据每个城市的主要环境问题和发展目标，采用具体、现实和有效的首选解决方案。从财政角度来看，对一些面临公共资金短缺、无法改善基本系统（例如供水、卫生、能源等）的财政保守城市来说，某些直接经济激励政策是不可行的，不需要额外预算的间接经济激励政策可能更合适（Brudermann and Sangkakool，2017；Irga et al.，2017）。

7.3.2 屋顶绿化政策实施阶段

屋顶绿化政策的成功实施是漫长的利益实现过程（Carter and Fowler，2008；Irga et al.，2017）。因此，上述有关屋顶绿化政策的讨论，已进一步发展成为一个架构。本研究将屋顶绿化政策的实施分为三个阶段，即试点探索阶段、渐进推广阶段和全面实施阶段（图7-6）。在每个阶段，根据各阶段的目标实施不同的屋顶绿化政策，同时，政策可根据城市不同发展阶段进行调整。例如，在目前中国税费体系不完善的背景下，近期可以直接以财政补贴和“以奖代补”的形式进行财政激励，远期考虑采用抵扣税费、提供低息贷款等政策。

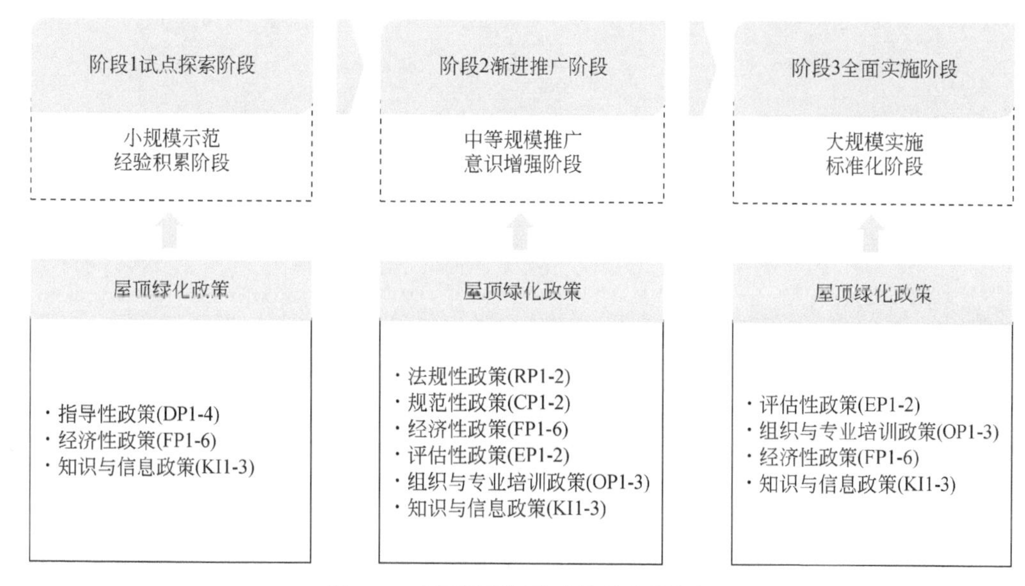

图 7-6　中国屋顶绿化政策的实施框架

图中编号对应表 7-7 中中国屋顶绿化建议政策中的政策编号

7.3.2.1　试点探索阶段

在试点探索阶段，主要提出指导性政策、奖励性政策和知识与信息政策。以小规模的屋顶绿化试点项目示范为主，由易入难、积累相关经验。指导性政策为可持续实施屋顶绿化提供了建设方向，奖励性政策可降低实施成本、鼓励利益相关者进行屋顶绿化建设，知识与信息政策可克服因缺乏屋顶绿化相关知识导致社会接受度低的障碍。由于规模小，相关的绿色改造技术和政策容易在试点项目中实施，但最初缺乏屋顶绿化实施的经验和知识发展缓慢（Tan et al., 2018）。因此，这一阶段应重点识别和解决屋顶绿化实施过程中出现的技术和政策问题。

7.3.2.2　渐进推广阶段

在渐进推广阶段，屋顶绿化将成为一项强制性要求，法规性政策、规范性政策和奖励性政策可以在很大程度上促进屋顶绿化的推广。第一阶段积累的经验和知识可以应用到更广泛的建筑类型中，随着公众对屋顶绿化技术意识的增强，屋顶绿化很容易被大众接受。更重要的是，在这一阶段要规范屋顶绿化的技术和政策，营造公开、公正、公平的市场氛围，使屋顶绿化步入规范化、科学化的轨道，规范的屋顶绿化技术和政策可为屋顶绿化推广提供指导。

7.3.2.3　全面实施阶段

在全面实施阶段，评估性政策和组织与专业培训政策是规范整个国家屋顶绿化市场的关键政策。在这个阶段，技术已经成熟，大规模实施也会通过规模经济来降低成本。标准化将是这一阶段的突出特点。此外，新技术的创新研发与相关的政策扶持密切相关，需要进一步探索技术和政策之间的相互关系，推动屋顶绿化市场的可持续发展。

参考文献

曹春香，陈伟，黄晓勇，等．2017．环境健康遥感诊断指标体系．北京：科学出版社．

曹翊坤，付梅臣，谢苗苗，等．2015．基于 LSMM 与 MSPA 的深圳市绿色景观连通性研究．生态学报，35（2）：526-536．

陈利，朱喜钢，孙洁．2017．韧性城市的基本理念、作用机制及规划愿景．现代城市研究，（9）：18-24．

陈柳新，唐豪，刘德荣．2017．对高密度特大城市绿地系统规划中立体绿化建设发展的思考——以深圳为例．广东园林，39（6）：86-90．

陈云．2020．以制度理性破除“技术迷信”．国家治理，（14）：19-24．

陈竹安，况达，危小建，等．2017．基于 MSPA 与 MCR 模型的余江县生态网络构建．长江流域资源与环境，（8）：92-100．

董菁，左进，李晨，等．2018．城市再生视野下高密度城区生态空间规划方法——以厦门岛立体绿化专项规划为例．生态学报，38（12）：4412-4423．

董靓，黄瑞．2014．基于气候适应性的城市屋顶绿化系统规划研究以成都为例．风景园林，（5）：103-106．

董楠楠，贾虎，王敏，等．2016．从数量统计到效能评估——高密度城市绿色空间数据库的建设与应用．西部人居环境学刊，31（4）：14-17．

杜兰 S C．2011．高密度住宅建筑．北京：中国建筑工业出版社．

冯含睿．2015．治理视角下的政府理性分析．城市问题，（3）：75-80，104．

傅伯杰，陈利顶，马克明．2011．景观生态学原理及应用．2 版．北京：科学出版社．

高雅玲，黄河，李治慧，等．2019．基于 MSPA 的平潭岛生态网络构建．福建农林大学学报（自然科学版），48（5）：640-648．

高宇，木皓可，张云路，等．2019．基于 MSPA 分析方法的市域尺度绿色网络体系构建路径优化研究——以招远市为例．生态学报，39（20）：7547-7556．

韩丽莉，柯思征，陈美铃．2015．容器式屋顶绿化在古建筑中的应用——以上海黄浦区政协人大屋顶绿化为例．中国园林，31（11）：9-12．

韩林飞，柳振勇．2015．城市屋顶绿化规划研究——以北京市为例．中国园林，31（11）：22-26．

何晓瑶．2020．基于 TOPSIS 模型的现代农业发展水平评价——以内蒙古自治区为例．中国农业资源与区划，41（9）：213-219．

胡德勇，乔琨，王兴玲，等．2015．单窗算法结合 Landsat 8 热红外数据反演地表温度．遥感学报，19（6）：964-976．

胡星，张宛．2020．中西部国家中心城市综合承载力比较研究．中国名城，（11）：4-11．

黄河，余坤勇，高雅玲，等．2019．基于 MSPA 的福州绿色基础设施网络构建．中国园林，35（11）：70-75．

黄瑞，董靓，吴淋梅. 2016. 基于阻力指数的屋顶斑块生态网络规划研究. 中国园林，32（6）：100-104.

姜之点，彭立华，杨小山，等. 2018. 街区尺度屋顶绿化热效应及其与城市形态结构之间的关系. 生态学报，38（19）：337-351.

李和平，刘志. 2019. 中国城市密度时空演变与高密度发展分析——从1981年到2014年. 城市发展研究，26（4）：46-54.

李敏，叶昌东. 2015. 高密度城市的门槛标准及全球分布特征. 世界地理研究，24（1）：38-45.

李绍红，王少阳，吴礼舟. 2017. 基于MCS-TOPSIS耦合模型的岩体质量分类研究. 岩石力学与工程学报，36（5）：1053-1062.

林T Z，殷一鸣. 2018. 基于绿色基础设施的城市社区复兴——以华盛顿特区为例. 国际城市规划，33（3）：23-31.

廖远涛，肖荣波. 2012. 城市绿地系统规划层级体系构建. 规划师，28（3）：46-49，54.

刘明欣，代色平，周天阳，等. 2017. 湿热地区简单式屋顶绿化的截流雨水效应. 应用生态学报，28（02）：620-626.

刘世梁，侯笑云，尹艺洁，等. 2017. 景观生态网络研究进展. 生态学报，37（12）：3947-3956.

刘小生，陈英俊，黄玉生. 2007. 基于GIS技术的洪水淹没区确定. 测绘科学，（5）：136-137，206.

龙瀛，张恩嘉. 2019. 数据增强设计框架下的智慧规划研究展望. 城市规划，43（8）：34-40，52.

罗彦，蒋国翔，邱凯付. 2019. 机构改革背景下我国空间规划的改革趋势与行业应对. 规划师，35（1）：11-18.

骆剑承，吴田军，吴志峰，等. 2020. 遥感大数据智能计算. 北京：科学出版社.

马力，李智博. 2018. 国内外立体绿化公共政策的比较研究. 国土与自然资源研究，（2）：65-67.

孟晓东，王云才. 2016. 从国外经验看我国立体绿化发展政策的问题和优化方向. 风景园林，（7）：105-112.

聂芹，阮华敏，满旺，等. 2018. 海湾型城市地表温度景观格局时空演变特征. 福州大学学报（自然科学版），46（05）：657-664.

仇江啸，王效科，逯非，等. 2012. 城市景观破碎化格局与城市化及社会经济发展水平的关系——以北京城区为例. 生态学报，32（9）：2659-2669.

邵天然，李超骕，曾辉. 2012. 城市屋顶绿化资源潜力评估及绿化策略分析——以深圳市福田中心区为例. 生态学报，32（15）：4852-4860.

沈清基，彭姗妮，慈海. 2019. 现代中国城市生态规划演进及展望. 国际城市规划，34（4）：37-48.

沈滢洁，王成刚，曹乐，等. 2017. 屋顶绿化对城市降温效应的模拟分析——以南京市为例. 气象，43（5）：610-619.

史北祥，马尔温S，杨俊宴. 2021. 高密度城区建成环境的迭代演化与品质提升：后智慧城市转型的探索. 国际城市规划，1-10. http://kns.cnki.net/kcms/detail/11.5583.TU.20210208.1326.002.html [2021-2-22].

苏平. 2013. 空间经营的困局——市场经济转型中的城市设计解读. 城市规划学刊，（3）：106-112.

谭一凡. 2015. 国内外屋顶绿化公共政策研究. 中国园林，31（11）：5-8.

汪光焘. 2018. 城市：40年回顾与新时代愿景. 城市规划学刊，（6）：7-19.

王建国. 2018a. 从理性规划的视角看城市设计发展的四代范型. 城市规划，42（1）：9-19，73.

王建国. 2018b. 基于人机互动的数字化城市设计——城市设计第四代范型刍议. 国际城市规划，33（1）：1-6.

王书敏，何强，孙兴福，等. 2012. 两种植被屋面降雨期间调峰控污效能分析. 重庆大学学报，35（5）：137-142.

王仙民. 2007. 屋顶绿化. 武汉：华中科技大学出版社.

王新军，席国安，陈聃，等. 2016. 屋顶绿化适建性评估指标体系的构建. 北方园艺，(2)：85-88.

魏艳，赵慧恩. 2007. 我国屋顶绿化建设的发展研究——以德国、北京为例对比分析. 林业科学，43（4)：95-101.

吴德政. 2014. 厦门岛城市森林布局优化研究. 长沙：中国林业科技大学.

吴志强. 2018a. 论新时代城市规划及其生态理性内核. 城市规划学刊，(3)：19-23.

吴志强. 2018b. 人工智能辅助城市规划. 时代建筑，(1)：6-11.

肖文涛，王鹭. 2019. 韧性城市：现代城市安全发展的战略选择. 东南学术，(2)：89-99，246.

徐田婧，彭立华，杨小山，等. 2019. 亚热带季风区城市典型绿化屋顶的径流削减效应. 生态学报，39（20)：7557-7566.

徐威杰，陈晨，张哲，等. 2018. 基于重要生态节点独流减河流域生态廊道构建. 环境科学研究，31（5)：805-813.

许恩珠，李莉，陈辉，等. 2018. 立体绿化助力高密度城市空间环境质量的提升——“上海立体绿化专项发展规划”编制研究与思考. 中国园林，34（1)：67-72.

许峰，尹海伟，孔繁花，等. 2015. 基于 MSPA 与最小路径方法的巴中西部新城生态网络构建. 生态学报，35（19)：6425-6434.

于亚平，尹海伟，孔繁花，等. 2016. 南京市绿色基础设施网络格局与连通性分析的尺度效应. 应用生态学报，27（7)：2119-2127.

俞孔坚. 1999. 生物保护的景观生态安全格局. 生态学报，(1)：10-17.

俞立平，宋夏云，王作功. 2020. 评价型指标标准化与评价方法对学术评价影响研究——以 TOPSIS 评价方法为例. 情报理论与实践，43（2)：15-20，54.

张冬冬. 2015. 中国城市政府管理体制的结构性突破——以上海市“两级政府、三级管理”体制作为研究对象. 杭州师范大学学报（社会科学版)，37（1)：110-115.

张京祥，陈浩. 2010. 中国的“压缩”城市化环境与规划应对. 城市规划学刊，(6)：10-21.

张京祥，赵丹，陈浩. 2013. 增长主义的终结与中国城市规划的转型. 城市规划，(1)：45-55.

张棋斐，文雅，吴志峰，等. 2018. 高密度建成区湖泊水体的热缓释效应及其季相差异——以广州市中心城区为例. 生态环境学报，27（7)：1323-1334.

赵楠楠，王世福. 2018. “实施后评估”到“影响前评估”：新时期城市设计思考//中国城市规划学会. 共享与品质——2018 中国城市规划年会论文集（14 规划实施与管理). 北京：中国建筑工业出版社：69-79.

赵燕菁. 2014. 存量规划：理论与实践. 北京规划建设，(4)：153-156.

赵燕菁，邱爽，宋涛. 2019. 城市化转型：从高速度到高质量. 学术月刊，51（6)：32-44.

朱文彬，孙倩莹，李付杰，等. 2019. 厦门市城市绿地雨洪减排效应评价. 环境科学研究，32（1)：74-84.

Alex Y H L，Jim C Y. 2012. Citizen attitude and expectation towards greenspace provision in compact urban milieu. Land Use Policy，29：577-586.

Alshehhi R，Marpu P R，Woon W L，et al. 2017. Simultaneous extraction of roads and buildings in remote sensing imagery with convolutional neural networks. ISPRS Journal of Photogrammetry and Remote Sensing，130（Supplement C)：139-149.

Amani-Beni M, Zhang B, Xie G D, et al. 2019. Impacts of urban green landscape patterns on land surface temperature: evidence from the adjacent area of Olympic Forest Park of Beijing, China. Sustainability, 11: 513.

Amani-Beni M, Zhang B, Xie G, et al. 2018. Impact of urban park's tree, grass and waterbody on microclimate in hot summer days: a case study of Olympic Park in Beijing, China. Urban Forestry & Urban Greening, 32: 1-6.

Antrop M. 2004. Landscape change and the urbanization process in Europe. Landscape and Urban Planning, 67 (1-4): 9-26.

Baek C H, Park S H. 2012. Changes in renovation policies in the era of sustainability. Energy and Buildings, 47: 485-496.

Barbieri T, Despini F, Teggi S. 2018. A multi-temporal analyses of land surface temperature using landsat-8 data and open source software: the case study of Modena, Italy. Sustainability, 10: 1678.

Berardi U, GhaffarianHoseini A, GhaffarianHoseini A. 2014. State-of-the-art analysis of the environmental benefits of green roofs. Applied Energy, 115: 411-428.

Berardi U. 2012. Sustainability assessment in the construction sector: rating systems and rated buildings. Sustainable Development, 20 (6): 411-424.

Besir A B, Cuce E. 2018. Green roofs and facades: a comprehensive review. Renewable and Sustainable Energy Reviews, 82: 915-939.

Bianchini F, Hewage K. 2012. Probabilistic social cost-benefit analysis for green roofs: a lifecycle approach. Building and Environment, 58: 152-162.

Blank L, Vasl A, Levy S, et al. 2013. Directions in green roof research: a bibliometric study. Building and Environment, 66: 23-28.

Blaschke T, Hay G J, Weng Q, Resch B. 2011. Collective sensing: integrating geospatial technologies to understand urban systems-an overview. Remote Sensing, 3 (8): 1743-1776.

Brudermann T, Sangkakool T. 2017. Green roofs in temperate climate cities in Europe-an analysis of key decision factors. Urban Forestry & Urban Greening, 21: 224-234.

Burton E. 2002. Measuring urban compactness in UK towns and cities. Environment and Planning B, Planning and Design, (29): 219-250.

Cai Y B, Chen Y H, Tong C. 2019. Spatiotemporal evolution of urban green space and its impact on the urban thermal environment based on remote sensing data: a case study of Fuzhou city, China. Urban Forestry & Urban Greening, 41: 333-343.

Cao J J, Hu S, Dong Q, et al. 2019. Green roof cooling contributed by plant species with different photosynthetic strategies. Energy and Buildings, 195: 45-50.

Carter T, Fowler L. 2008. Establishing green roof infrastructure through environmental policy instruments. Environmental Management, 42 (1): 151-164.

Carter T, Jackson C R. 2006. Vegetated roofs for stormwater management at multiple spatial scales. Landscape and Urban Planning, 80 (1): 84-94.

Carter T, Keeler A. 2008. Life-cycle cost-benefit analysis of extensive vegetated roof systems. Journal of Environmental Management, 87 (3): 350-363.

Castleton F, Stovin V, Beck S, et al. 2010. Green roofs; building energy savings and the potential for retrofit. Energy and Buildings, 42: 1582-1591.

Chen X, Shuai C Y, Chen Z H, et al. 2019. What are the root causes hindering the implementation of green roofs in urban China? Science of the Total Environment, 654 (3): 742-750.

Csurka G, Perronnin F. 2011. An efficient approach to semantic segmentation. International Journal of Computer Vision, 95 (2): 198-212.

Dhakal K P, Chevalier L R. 2017. Managing urban stormwater for urban sustainability: barriers and policy solutions for green infrastructure application. Journal of Environmental Management, 203: 171-181.

Dong J, Lin M X, Zuo J, et al. 2020. Quantitative study on the cooling effect of green roofs in a high-density urban area—a case study of Xiamen, China. Journal of Cleaner Production, 255: 120152.

Dowson M, Poole A, Harrison D, et al. 2012. Domestic UK retrofit challenge: barriers, incentives and current performance leading into the Green Deal, Energy Policy, 50: 294-305.

Eksi M, Rowe D B. 2016. Green roof substrates: effect of recycled crushed porcelain and foamed glass on plant growth and water retention. Urban Forestry & Urban Greening, 20: 81-88.

Fassman-Beck E, Hunt W, Berghage R, et al. 2015. Curve number and runoff coefficients for extensive living roofs. Journal of Hydrologic Engineering, 21 (3): 04015073.

Fassman-Beck E, Voyde E, Simcock R, et al. 2013. 4 living roofs in 3 locations: does configuration affect runoff mitigation? Journal of Hydrology, 490: 11-20.

Francis L F M, Jensen M B. 2017. Benefits of green roofs: a systematic review of the evidence for three ecosystem services. Urban Forestry & Urban Greening, 28: 167-176.

Gary G, Dusty G. 2019. Living Roofs and Walls from policy to practice-10 years of urban greening in London and beyond. https: //livingroofs. org/london-2019-green-roof-report/ [2021-2-22] .

Goudarzi H, Mostafaeipour A. 2017. Energy saving evaluation of passive systems for residential buildings in hot and dry rons. Renewable & Sustainable Energy Reviews, 68: 432-446.

Grunwald L, Heusinger J, Weber S. 2017. A GIS-based mapping methodology of urban green roof ecosystem services applied to a Central European city. Urban Forestry & Urban Greening, 22: 54-63.

Guo G, Wu Z, Chen Y. 2019. Complex mechanisms linking land surface temperature to greenspace spatial patterns: evidence from four southeastern Chinese cities. Science of the Total Environment, 674: 77-87.

Haaland C, van den Bosch C. 2015. Challenges and strategies for urban green-space planning in cities undergoing densification: a review. Urban Forestry & Urban Greening, 14: 760-777.

Hong W, Guo R, Su M, et al. 2017. Sensitivity evaluation and land-use control of urban ecological corridors: a case study of Shenzhen, China. Land Use Policy, 62: 316-325.

Hong W, Guo R, Tang H. 2019. Potential assessment and implementation strategy for roof greening in highly urbanized areas: a case study in Shenzhen, China. Cities, 95: 102468.

Honjo T, Takakura T. 1990. Simulation of thermal effects of urban green areas on their surrounding areas. Energy and Buildings, 16: 443-446.

Huang B, Mauerhofer V, Geng Y. 2016. Analysis of existing building energy saving policies in Japan and China. Journal of Cleaner Production, 112: 1510-1518.

Huang B, Ni G H, Grimmond C S B. 2019. Impacts of urban expansion on relatively smaller surrounding cities during heat waves. Atmosphere. 10 (7): 364.

Imran H M, Kala J, Ng A W M, et al. 2018. Effectiveness of green and cool roofs in mitigating urban heat island effects during a heatwave event in the city of Melbourne in southeast Australia. Journal of Cleaner Production, 197: 393-405.

Irga P J, Braun J T, Douglas A N J, et al. 2017. The distribution of green walls and green roofs throughout

Australia: do policy instruments influence the frequency of projects. Urban Forestry & Urban Greening, 24: 164-174.

Jim C Y, Tsang S W. 2011. Modeling the heat diffusion process in the abiotic layers of green roofs. Energy and Buildings, 43: 1341-1350.

Kaaapen J P, Scheffer M, Harms B. 1992. Estimating habitat isolation in landscape. Landscape and Urban Planning, 23 (1): 12-16.

Karteris M, Theodoridou I, Mallinis G, et al. 2016. Towards a green sustainable strategy for Mediterranean cities: assessing the benefits of large-scale green roofs implementation in Thessaloniki, Northern Greece, using environmental modeling, GIS and very high spatial resolution remote sensing data. Renewable and Sustainable Energy Reviews, (58): 510-525.

Koc C B, Osmond P, Peters A. 2018. Evaluating the cooling effects of green infrastructure: a systematic review of methods, indicators and data sources. Solar Energy, 166: 486-508.

Kohler M, Kaiser D. 2019. Evidence of the climate mitigation effect of green roofs—a 20-year weather study on an extensive green roof (EGR) in Northeast Germany. Buildings, 9 (7): 157.

Langston C. 2015. Green roof evaluation: a holistic 'long life, loose fit, low energy' approach. Construction Economics and Building, 15: 76-94.

Li C Y. 2012. Ecohydrology and good urban design for urban storm water-logging in Beijing, China. Ecohydrology & Hydrobiology, 12 (4): 287-300.

Li D, Bou-Zeid E, Oppenheimer M. 2014. The effectiveness of cool and green roofs as urban heat island mitigation strategies. Environmental Research Letters, 9 (5): 055002.

Li D, Liao W L, Rigden A J, et al. 2019. Urban heat island: Aerodynamics or imperviousness? Science Advances, 5: eaau4299.

Liberalesso T, Cruz C O, Silva C M, et al. 2020. Green infrastructure and public policies: an international review of green roofs and green walls incentives. Land Use Policy, 96: 104693.

Lin W, Yu T, Chang X, et al. 2015. Calculating cooling extents of green parks using remote sensing: method and test. Landscape and Urban Planning, 134: 66-75.

Mahdiyar A, Tabatabaee S, Abdullah A, et al. 2018. Identifying and assessing the critical criteria affecting decision-making for green roof type selection. Sustainable Cities and Society, 39: 772-783.

Mallinis G, Karteris M, Theodoridou I, et al. 2014. Development of a nationwide approach for large scale estimation of green roof retrofitting areas and roof-top solar energy potential using VHR natural colour orthoimagery and DSM data over Thessaloniki, Greece. Remote Sensing Letters, 5 (6): 548-557.

Manso M, Castro-Gomes J. 2015. Green wall systems: a review of their characteristics. Renewable & Sustainable Energy Reviews, 41: 863-871.

McLellan B C, Chapman A J, Aoki K. 2016. Geography, urbanization and lock-in-considerations for sustainable transitions to decentralized energy systems. Journal of cleaner Production, 128: 77-96.

Mohajeri N, Assouline D, Guiboud B, et al. 2018. A city-scale roof shape classification using machine learning for solar energy applications. Renewable Energy, 121: 81-93.

Natural Resources Conservation Service. 1986. Urban hydrology for small watersheds. United States Department of Agriculture, Conservation Engineering Division, Technical Release 55: 2-6.

Ng E, Yuan C, Chen L, et al. 2011. Improving the wind environment in high-density cities by understanding urban morphology and surface roughness: a study in Hong Kong. Landscape and Urban Planning, (101):

59-74.

Nguyen H T, Pearce J M, Harrap R, et al. 2012. The application of LiDAR to assessment of rooftop solar photovoltaic deployment potential in a municipal district unit. Sensors. 12: 4534-4558.

Nielsen M. 2015. Remote sensing for urban planning and management: the use of window-independent context segmentation to extract urban features in Stockholm. Computers, Environment and Urban Systems, 52: 1-9.

Norton B A, Coutts A M, Livesley S J, et al. 2015. Planning for cooler cities: a framework to prioritise green infrastructure to mitigate high temperatures in urban landscapes. Landscape and Urban Planning, 134: 127-138.

Oliveira S, Andrade H, Vaz T. 2011. The cooling effect of green spaces as a contribution to the mitigation of urban heat: a case study in Lisbon. Building and Environment, 46: 2186-2194.

Palla A, Gnecco I. 2015. Hydrologic modeling of low impact development systems at the urban catchment scale. Journal of Hydrology, 528: 361-368.

Peng L L H, Jim C Y. 2015. Seasonal and diurnal thermal performance of a subtropical extensive green roof: the impacts of background weather parameters. Sustainability, 7: 11098-11113.

Perini K, Magliocco A. 2014. Effects of vegetation, urban density, building height, and atmospheric conditions on local temperatures and thermal comfort. Urban Forestry & Urban Greening, 13 (3): 495-506.

Perini K, Rosasco P. 2016. Is greening the building envelope economically sustainable? An analysis to evaluate the advantages of economy of scope of vertical greening systems and green roofs. Urban Forestry & Urban Greening, 20: 328-337.

Peuportier B, Thiers S, Guiavarch A. 2013. Eco-design of buildings using thermal simulation and life cycle assessment. Journal of Cleaner Production, 39: 73-78.

Pérez-Urrestarazu L, Fernández-Cañero R, Franco A, et al. 2016. Vertical greening systems and sustainable cities. Journal of Urban Technology, 22: 65-85.

Qin Z, Karnieli A, Berliner P. 2001. A mono-window algorithm for retrieving land surface temperature from Landsat TM data and its application to the Israel-Egypt border region. Internal Journal of Remote Sensing, 22: 3719-3746.

Raji B, Tenpierik M J, van den Dobbelsteen A. 2016. An assessment of energy-saving solutions for the envelope design of high-rise buildings in temperate climates: a case study in the Netherlands. Energy and Buildings, 124: 210-221.

Roy D P, Wulder M A, Loveland T R, et al. 2014. Landsat-8: science and product vision for terrestrial global change research. Remote Sensing of Environment, 145: 154-172.

Saadatian O, Sopian K, Salleh E, et al. 2013. A review of energy aspects of green roofs. Renewable & Sustainable Energy Reviews, 23: 155-168.

Saltelli A. 2002. Making best use of model valuations to compute sensitivity indices. Computer Physics Communications, 145 (2): 280-297.

Santamouris M, Cartalis C, Synnefa A, et al. 2015. On the impact of urban heat island and global warming on the power demand and electricity consumption of buildings—a review. Energy and Buildings, 98: 119-124.

Santamouris M. 2014. Cooling the cities—a review of reflective and green roof mitigation technologies to fight heat island and improve comfort in urban environments. Solar Energy, 103: 682-703.

Santos T, Tenedório J, Gonçalves J. 2016. Quantifying the city's green area potential gain using remote sensing data. Sustainability, 8: 1247.

Shafique M, Kim R, Rafiq M. 2018. Green roof benefits, opportunities and challenges-a review. Renewable &

Sustainable Energy Reviews, 90: 757-773.

Sharma A, Conry P, Fernando H J S, et al. 2016. Green and cool roofs to mitigate urban heat island effects in the Chicago metropolitan area: evaluation with a regional climate model. Environmental Research Letters, 11 (6): 064004.

Sharma A, Fernando H J, Hamlet A F, et al. 2017. Urban meteorological modeling using WRF: a sensitivity study. International Journal of Climatology, 37: 1885-1900.

Shen L, He B, Jiao L, et al. 2016. Research on the development of main policy instruments for improving building energy-efficiency. Journal of Cleaner Production, 112: 1789-1803.

Shen W, Wang X, Wang Y, et al. 2015. Deep contour: a deep convolutional feature learned by positive-sharing loss for contour detection. IEEE Conference on Computer Vision and Pattern Recognition, 3982-3991.

Silva C M, Flores-Colen I, Antunes M. 2017. Step-by-step approach to ranking green roof retrofit potential in urban areas: a case study of Lisbon, Portugal. Urban Forestry & Urban Greening, 25: 120-129.

Soulis K X, Ntoulas N, Nektarios P A, et al. 2017. Runoff reduction from extensive green roofs having different substrate depth and plant cover. Ecological Engineering, 102: 80-89.

Stovin V, Vesuviano G, Kasmin H. 2012. The hydrological performance of a green roof test bed under UK climatic conditions. Journal of Hydrology, 414: 148-161.

Sun T, Bou-Zeid E, Wang Z H, et al. 2013. Hydrometeorological determinants of green roof performance via a vertically-resolved model for heat and water transport. Building and Environment, 60: 211-224.

Tabatabaee S, Mahdiyar A, Durdyev S, et al. 2019. An assessment model of benefits, opportunities, costs, and risks of green roof installation: a multi criteria decision making approach. Journal of Cleaner Production, 238: 117956.

Tan Y, Liu G, Zhang Y, et al. 2018. Green retrofit of aged residential buildings in Hong Kong: a preliminary study. Building and Environment, 143: 89-98.

Tassicker N, Rahnamayiezekavat P, Sutrisna M. 2016. An insight into the commercial viability of green roofs in Australia. Sustainability, 8: 603.

Teotónio I, Silva C M, Cruz C O. 2018. Eco-solutions for urban environments regeneration: the economic value of green roofs. Journal of Cleaner Production, 199: 121-135.

Tewari M, Yang J, Kusaka H, et al. 2019. Interaction of urban heat islands and heat waves under current and future climate conditions and their mitigation using green and cool roofs in New York City and Phoenix, Arizona. Environmental Research Letters, 14: 034002.

Theodoridou I, Karteris M, Mallinis G, et al., 2012. Assessment of retrofitting measures and solar systems potential in urban areas using geographical information systems: application to a Mediterranean city. Renewable & Sustainable Energy Reviews, 16: 6239-6261.

Tian Y, Jim C Y. 2012. Development potential of sky gardens in the compact city of Hong Kong. Urban Forestry & Urban Greening, 11 (3): 223-233.

van der Meulen S H. 2019. Costs and benefits of green roof types for cities and building owners. Journal of Sustainable Development of Energy, Water and Environment Systems, 7: 57-71.

Velázquez J, Anza P, Gutierrez J, et al. 2019. Planning and selection of green roofs in large urban areas. Application to Madrid metropolitan area. Urban Forestry & Urban Greening, 40: 323-334.

Velázquez J, Gutierrez J, Hernando A, et al. 2017. Evaluating landscape connectivity in fragmented habitats: cantabrian Capercaillie (Tetrao urogallus cantabricus) in northern Spain. Forest Ecology and Management,

262：150-160.

Velázquez J，Anza P，Gutiérrez J，et al. 2019. Planning and selection of green roofs in large urban areas. Application to Madrid metropolitan area. Urban Forestry & Urban Greening，40：323-334.

Vijayaraghavan K. 2016. Green roofs：a critical review on the role of components，benefits，limitations and trends. Renewable and Sustainable Energy Reviews，57：740-752.

Vogt P，Riitters K H，Iwanowski M，et al. 2007. Mapping landscape corridors. Ecological Indicators，7（2）：481-488.

Voogt J A，Oke T R. 2003. Thermal remote sensing of urban climates. Remote Sensing of Environment，86（3）：370-384.

Wang J，Xu C，Pauleit S，et al. 2019. Spatial patterns of urban green infrastructure for equity：a novel exploration. Journal of Cleaner Production，238：117858.

Weiss J，Dunkelberg E，Vogelpohl T. 2012. Improving policy instruments to better tap into homeowner refurbishment potential：lessons learned from a case study in Germany. Energy Policy，44：406-415.

Wiginton L，Nguyen H，Pearce J. 2010. Quantifying rooftop solar photovoltaic potential for regional renewable energy policy. Computers，Environment and Urban Systems，34：345-357.

Wilkinson S J，Reed R. 2009. Green roof retrofit potential in the central business district. Property Management，27（5）：284-301.

Williams N S G，Rayner J P，Raynor K J. 2010. Green roofs for a wide brown land：opportunities and barriers for rooftop greening in Australia. Urban Forestry & Urban Greening，9（3）：245-251.

Williams N S，Lundholm J，Scott-MacIvor J. 2014. Do green roofs help urban biodiversity conservation? Journal of Applied Ecology，51：1643-1649.

Wong J K W，Lau L S K. 2013. From the 'urban heat island' to the 'green island'? A preliminary investigation into the potential of retrofitting green roofs in Mongkok district of Hong Kong. Habitat International，39：25-35.

Xiao M，Lin Y，Han J，et al. 2014. A review of green roof research and development in China. Renewable & Sustainable Energy Reviews，40：633-648.

Xu N，Luo J C，Zuo J，et al. 2020. Accurate suitability evaluation of large-scale roof greening based on RS and GIS methods. Sustainability，12（11）：4375.

Yang J，Bou-Zeid E. 2019. Scale dependence of the benefits and efficiency of green and cool roofs. Landscape and Urban Planning，185：127-140.

Yang J，Wang Z H，Kaloush K E. 2015. Environmental impacts of reflective materials：is high albedo a 'silver bullet' for mitigating urban heat island? Renewable & Sustainable Energy Reviews，47：830-843.

Yao L，Chen L，Wei W，et al. 2015. Potential reduction in urban runoff by green spaces in Beijing：a scenario analysis. Urban Forestry & Urban Greening，14（2）：300-308.

Ye H，Yang Z P，Xu X L. 2020. Ecological corridors analysis based on MSPA and MCR model-a case study of the Tomur World Natural Heritage Region，Sustainability，12：959.

Yu H T，Jim C Y，Wang H Q. 2014. Assessing the landscape and ecological quality of urban green spaces in a compact city. Landscape and Urban Planning，121：97-108.

Yu Z，Guo X，Zeng Y，et al. 2018. Variations in land surface temperature and cooling efficiency of green space in rapid urbanization：the case of Fuzhou city，China. Urban Forestry & Urban Greening，29：113-121.

Zadeh L A. 1997. Toward a threoy of fuzzy information granulation and its centrality in human reasoning and fuzzy logic. Fuzzy Sets and Systems，90：111-127.

Zhang G，He B J，Zhu Z，et al. 2019. Impact of morphological characteristics of green roofs on pedestrian cooling in subtropical climates. International Journal of Environmental Research and Public Health，16：179.

Zhang X，Shen L，Tam V W Y，et al. 2012. Barriers to implement extensive green roof systems：a Hong Kong study. Renewable and Sustainable Energy Reviews，16：314-319.

Zhou D M，Liu Y X，Hu S S，et al. 2019. Assessing the hydrological behaviour of large-scale potential green roofs retrofitting scenarios in Beijing. Urban Forestry & Urban Greening，40：105-113.

Zinzi M，Agnoli S. 2012. Cool and green roofs：an energy and comfort comparison between passive cooling and mitigation urban heat island techniques for residential buildings in the Mediterranean region. Energy and Buildings，55：66-76.

Zribi M，Le Hégarat-Mascle S，Taconet O，et al. 2003. Derivation of wild vegetation cover density in semi-arid regions：ERS2/SAR evaluation. International Journal of Remote Sensing，24（6）：1335-1352.

Zubair O A，Ji W. 2015. Assessing the impact of land cover classification methods on the accuracy of urban land change prediction. Canadian Journal of Remote Sensing，41：170-190.

附　　录

附表1　近期（2017～2022年）拟建屋顶绿化重点项目列表

类型	序号	项目名称	屋顶绿化面积/m^2	备注
筼筜街道				
公共类	1	松柏小学	1 600	已建成部分人工草坪屋顶，希望继续采用人工草做绿化
	2	民立二小	1 000	有建设意向，拟建屋顶绿化面积1 000m^2
	3	厦门海洋学院	1 150	
	4	外国语学校（初中部）	1300	
	5	外国语学校附属小学	240	局部已建
	6	市档案馆	350	
	7	筼筜社区卫生服务中心	100	
	8	厦门市民政局	550	局部已建
	9	厦门市社会福利中心	100	
商业类	10	乐都会	900	屋顶已建部分游憩设施
	11	悦享中心	1 660	
居住类	12	松柏第二幼儿园	200	有建设意向，拟建屋顶绿化面积约200m^2
	13	思明区艺术幼儿园	260	有建设意向，拟建屋顶绿化面积约267m^2
	14	联合湖明幼儿园	700	有建设意向，拟建屋顶绿化面积约700m^2
	15	科技幼儿园	170	有建设意向，拟建屋顶绿化面积约173m^2
	16	仙岳幼儿园	120	有建设意向，拟建屋顶绿化面积约120m^2
公用类	17	滨北消防站	240	
	18	滨北电信机楼	800	
小计			11 440	
嘉莲街道				
公共类	1	松柏中学（初中）	1 160	有建设意向，局部已实施
	2	莲花中学（初中）	1 100	有建设意向，拟建屋顶绿化面积1 100m^2

续表

类型	序号	项目名称	屋顶绿化面积/m^2	备注
嘉莲街道				
公共类	3	莲龙小学	2 780	有建设意向，拟建屋顶绿化面积2 780m^2
	4	思明区群众文化艺术活动中心	200	
	5	厦门友好妇科医院	200	
	6	厦门莲花医院	220	
	7	厦门市莲花爱心护理院	160	
商业类	8	天虹商场	350	
居住类	9	厦门市实验幼儿园	300	有建设意向，有100m^2盆栽，大多已枯死，拟建屋顶绿化面积300m^2
	10	联合嘉华幼儿园	300	拟建屋顶绿化面积300m^2
	11	莲花幼儿园	900	有建设意向，拟建屋顶绿化面积900m^2
交通类	12	龙山充换电站	160	
小计			7 830	
开元街道				
公共类	1	大同中学（初中部）	320	局部已实施
	2	湖滨小学	700	有建设意向，拟建屋顶绿化面积700m^2
	3	厦门市艺术剧院	300	
	4	厦门大学附属中山医院	3 500	
	5	安宝医院	300	
	6	厦门市口腔医院（斗西分院）	100	
	7	174医院	450	
	8	厦门市定安养老院	210	
商业类	9	湖滨名宫	990	局部已实施
	10	科技大厦	480	局部已实施
居住类	11	禾祥新景赋来尔幼儿园	130	
小计			7 480	
梧村街道				
公共类	1	禾祥东小学	230	
	2	万寿小学	110	
	3	梧村街道综合文化站	100	
	4	梧村中医院	100	
	5	厦门市阳台山养老院	120	

续表

类型	序号	项目名称	屋顶绿化面积/m²	备注
梧村街道				
居住类	6	东浦幼儿园	230	有建设意向，拟建屋顶绿化面积230m²
	7	东浦嘉裕英语幼儿园	100	
	8	康桥双语幼儿园	190	
公用类	9	湖东路电信机楼	290	
	10	文屏清洁楼	100	
小计			1 570	
鹭江街道				
公共类	1	第十一中学（初中）	1 600	
	2	故宫小学	580	
	3	开禾小学	160	
	4	厦门地方戏曲综合楼	150	
	5	厦门天济医院	100	
	6	厦门老年大学	440	
商业类	7	天虹商场	480	
居住类	8	厦门市第五幼儿园	120	
公用类	9	浮屿消防站	400	
小计			4 030	
中华街道				
公共类	1	双十中学（初中部）	570	
	2	文安小学	480	局部已实施，有建设意向，拟建屋顶绿化面积488m²
	3	中华街道综合文化站	160	
	4	厦门市妇幼保健院	370	
	5	厦门市第一医院	210	
	6	厦门市思明区老年大学	100	
商业类	7	中华城	1 700	
公用类	8	文化宫电信机楼	130	
小计			3 720	
厦港街道				
公共类	1	思明小学	900	有建设意向，拟建屋顶绿化面积900m²
	2	演武小学	800	有建设意向，拟建屋顶绿化面积800m²。意向做盆栽式或花园式屋顶绿化
	3	思明区青少年宫	160	

续表

类型	序号	项目名称	屋顶绿化面积/m^2	备注
厦港街道				
公共类	4	中华儿女美术馆	1 000	
	5	厦门华侨博物院	180	
公用类	6	厦港消防站	100	
小计			3 140	
滨海街道				
公共类	1	科技中学	1 300	
	2	小白鹭艺术中心	140	
商业类	3	佳丽海鲜大酒楼	1 200	
	4	格兰会法餐厅	140	
	5	1 号海岸沙滩音乐餐厅	800	
居住类	6	曾厝垵幼儿园	250	有建设意向，拟建屋顶绿化面积 250m^2
小计			3 830	
莲前街道				
公共类	1	何厝小学	1 000	有建设意向，拟建屋顶绿化面积 1 000m^2
	2	金鸡亭小学	1 500	有建设意向，拟建屋顶绿化面积 1 544m^2
	3	前埔南区小学	880	有建设意向，拟建屋顶绿化面积 886m^2
	4	莲前小学	3 900	有建设意向，拟建屋顶绿化面积 3 975m^2
	5	金鸡亭中学	2 700	有建设意向，拟建屋顶绿化面积 2 780m^2
	6	逸夫中学	3 400	有建设意向，拟建屋顶绿化面积 3 400m^2
	7	莲前南街道文化站	170	
	8	莲成社区居委会	500	有建设意向，拟建组合式屋顶绿化面积 500m^2
	9	厦门市明珠养老院	2 000	有建设意向，拟建屋顶绿化面积 2000m^2
居住类	10	厦门市第三幼儿园	160	有建设意向，拟建屋顶绿化面积 160m^2
商业类	11	银领中心	400	有建设意向
公用类	12	前埔消防站	900	
小计			17 510	
湖里街道				
公共类	1	东渡小学	650	有建设意向，拟建屋顶绿化面积 650m^2
	2	东渡第二小学	1 050	有建设意向，拟建屋顶绿化面积 1 050m^2
	3	华昌小学	110	有建设意向
	4	厦门经济特区纪念馆	700	
	5	东渡综合文化站	290	
	6	市儿童医院	870	
	7	厦门市湖里区卫生防疫站业务办公楼	450	有建设意向，拟建屋顶绿化面积 450m^2

续表

类型	序号	项目名称	屋顶绿化面积/m²	备注
湖里街道				
商业类	8	厦门准丰投资有限公司	1 800	有建设意向，拟建屋顶绿化面积 1 800m²
	9	轩晟电子	6 800	共三栋楼，有建设意向，拟建屋顶绿化面积共 6800m²
	10	豪利大厦	1 700	有建设意向，拟建屋顶绿化面积 1 700m²
产业类	11	联发文创口岸	2 000	
	12	万山厂房	800	有建设意向，拟建屋顶绿化面积 800m²
	13	东南铝业厂房	1 200	有建设意向
居住类	14	明园小区	300	有建设意向，拟建屋顶绿化面积 300m²
	15	东渡幼儿园	50	有建设意向，拟建屋顶绿化面积 55m²
	16	塘边幼儿园	360	有建设意向，拟建屋顶绿化面积 360m²
公用类	17	康乐清洁楼	90	
	18	华荣消防站	140	
小计			19 360	
江头街道				
公共类	1	金尚中学	1 500	有建设意向，拟建屋顶绿化面积 1 500m²
	2	金尚小学	650	局部已实施，有建设意向，现有的绿化为学生实践基地，拟建屋顶绿化面积 650m²
	3	江头中心小学	460	有建设意向，拟建屋顶绿化面积 460m²
	4	厦门信息学校	4 930	有建设意向，拟建屋顶绿化面积 4 930m²
	5	厦门市中医院	710	
	6	江头街道吕岭社区行政办公楼	600	有建设意向，拟建屋顶绿化面积 600m²
	7	蔡塘物业办公楼	1 000	有建设意向，拟建屋顶绿化面积 1 000m²
	8	厦门市基督教新区堂	580	有建设意向，主楼和附属楼建议草坪式，拟建屋顶绿化面积 200、100m²，综合楼建议花园式，拟建屋顶绿化面积 280m²
	9	蔡塘养老院	4 000	有建设意向，拟建屋顶绿化面积 4000m²
商业类	10	华都大厦	3 000	有建设意向，拟建屋顶绿化面积 3 000m²
	11	蔡塘广场	2 500	
居住类	12	金尚社区	500	有建设意向，办公建筑拟建屋顶绿化面积 500m²
	13	冠宏花园	3 000	有建设意向，拟建屋顶绿化面积 3 000m²
	14	江华里	16 500	有建设意向，拟建屋顶绿化面积 16 500m²
	15	龙门天下	1 000	有建设意向，拟建屋顶绿化面积 1 000m²
公用类	16	江头消防中队	460	有建设意向，建议组合式，拟建屋顶绿化面积 460m²
小计			41 390	

续表

类型	序号	项目名称	屋顶绿化面积/m^2	备注
殿前街道				
公共类	1	翔鹭小学	1 000	
	2	厦门第三中学	2 000	
	3	兴隆社区卫生服务分中心	220	
	4	厦门象屿保税海关	800	
	5	航空城管理单元日间照料中心	340	
商业类	6	麦德龙	4 000	
居住类	7	兴园幼儿园	360	
公用类	8	火炬消防站	390	
小计			9 110	
禾山街道				
公共类	1	教师进修学校第二附属小学	500	有建设意向
	2	安兜小学	1 800	
	3	钟宅民族小学	800	
	4	五缘第二实验学校（小学）	1 600	
	5	五缘第二实验学校（初中）	3 100	
	6	湖里区档案馆	800	
	7	复旦大学附属中山医院厦门医院	3 600	
	8	湖里区妇幼保健院	230	
商业类	9	五缘慈济商业街	2 400	
居住类	10	特房五缘尚座（沿街商业）	1 900	
公用类	11	五缘湾消防站	200	
	12	安兜水厂	170	
小计			17 100	
金山街道				
公共类	1	厦门音乐学校	1 500	
	2	海峡旅游博览中心	7 800	
	3	金安社区办公楼	250	局部已实施，已建木质花箱、花盆，有建设意向，拟建屋顶绿化面积250m^2
商业类	4	万达广场	12 610	
	5	国贸金融中心	2 580	
居住类	6	欣高林幼儿园	180	局部已实施，有建设意向，拟建屋顶绿化面积180m^2
	7	五缘公寓活动室	250	有建设意向，拟建屋顶绿化面积250m^2
	8	高林南区幼儿园	500	有建设意向，拟建屋顶绿化面积500m^2
公用类	9	五缘湾东1清洁楼	100	
小计			25 770	

附表2 北美“活建筑”性能工具

北美“活建筑”性能工具（living architecture performance tool，LAPT）是屋顶和墙体绿化的评级系统，它的主要目标是证明屋顶和墙体绿化项目的规划能够实现可衡量和可复制的性能效益，从而可以更有信心地对其进行资助、设计、安装和维护。该系统目前正处于试点阶段，在8个性能领域设置了30分，总分可能达到110分，以下是分值和性能领域列表。

性能领域（performance area）	分值（credits）
1. 过程（process）	5
1.1 整合设计过程（integrated design process）	先决条件
1.2 利益相关者和社区参与（stakeholder and community engagement）	3
1.3 “活系统”专业技术（living systems expertise）	2
2. 水管理（water management）	25
2.1 雨水管理（stormwater management）	先决条件+16
2.2 灌溉（irrigation）	5
2.3 水平衡（water balance）	4
3. 能源节约（energy conservation）	14
3.1 围护结构热调节（envelope thermal moderation）	5
3.2 城市热岛缓解（urban heat island reduction）	4
3.3 可再生能源（renewable energy）	2
3.4 暖通空调集成（HVAC Integration）	3
4. 栖息地与生物多样性（habitat and biodiversity）	11
4.1 植物（plants）	4
4.2 基质深度和构成（growing media depth and composition）	2
4.3 生境要素（habitat elements）	2
4.4 生物质（biomass）	3
5. 健康与福祉（health and well-being）	21
5.1 亲生物设计—可见性（biophilic design-visibility）	2
5.2 亲生物设计—可及性（biophilic design-accessibility）	4
5.3 粮食生产（food production）	10
5.4 空气质量改善（air quality improvements）	3
5.5 声学设计（acoustics）	2
6. 材料与施工（materials and construction）	14
6.1 结构合理性（structural soundness）	先决条件
6.2 环境敏感型材料（environmentally sensitive materials）	3
6.3 可持续材料（sustainable materials）	3
6.4 建筑垃圾管理（construction waste management）	2
6.5 注重公平的采购和雇佣（equity-focused sourcing and hiring）	3
6.6 鸟类友好型玻璃（bird-friendly glass）	3

续表

性能领域（performance area）		分值（credits）
7. 后建设（post-construction）		10
	7.1 运营和维护（operations and maintenance）	先决条件+2
	7.2 化肥和农药使用（fertilizer and pesticide use）	2
	7.3 监测（monitoring）	3
	7.4 教育（education）	3
8. 创新（innovation）		10
	8.1 新方法或新战略（new approaches or strategies）	10
	8.2 杰出性能（exemplary performance）	
总计（total）		110

后 记

韧性城市建设为应对高密度城区环境问题提供了新的思路和方向，成为科学界和公众关注的焦点。屋顶绿化作为生态修复与景观重建的绿色技术，被认为是解决土地资源短缺与生态建设矛盾、推动韧性城市建设的有效措施。面向高密度城区屋顶绿化建设的迫切需求，本书以厦门岛为例，从“规划方法引领-规划技术支撑-政策体系保障”三部分对面向韧性城市建设的高密度城区屋顶绿化规划的理论、技术和政策进行了系统研究与提炼，尝试以新时代韧性城市规划理念为引导，综合运用高分遥感、机器学习等智能技术，发展遥感大数据驱动的、技术与政策相结合的规划方法体系，突破城市屋顶绿化科学规划与实施的应用瓶颈。

本书工作自 2017 年 9 月开始，历时近 4 年，由左进博士全面负责，董菁、刘君涛等协助撰写，天津大学建筑学院城市更新与智能技术研究室全体成员协同参与。感谢中国科学院城市环境研究所咎涛研究员，中国科学院空天信息创新研究院骆剑承研究员、张新研究员，天津大学建筑学院曾坚教授，厦门大学环境与生态学院曹文志教授，苏州中科蓝迪软件技术有限公司胡晓东总经理，以及厦门市城市规划设计研究院关天胜副总工程师、王宁高级工程师、范大林高级工程师、吴元君工程师等为本书研究提供的大力支持。

本书是“十三五”国家重点研发计划课题（2016YFC0502903）的重要成果之一。感谢骆剑承研究员为本书作序，骆老师的鼓励是我们进一步深化研究和集成创新成果的动力。《面向韧性城市建设的高密度城区屋顶绿化规划研究——以厦门岛为例》的完成和出版，凝聚着所有参与本书研究工作人员的智慧和心血，在这里深表感谢和崇高的敬意。

在全国乃至世界范围，各领域对城市屋顶绿化的研究逐渐广泛而深入。本书是此项具有挑战性工作的初步探索，限于时间和经验的不足，谨以虔诚之心，乞教于各位专家与同仁，敬请对书中不当之处批评指正，以帮助本书的研究不断完善。

左 进

2021 年 1 月于天津大学